U0330660

住房和城乡建设部"十四五"规划教材

高等学校土木工程专业创新型人才培养系列教材

BIM 技术及应用
（第二版）

刘荣桂　周　佶　何培玲　主　编

周建亮　孙　伟　吴　旭　封　帅　副主编

朱平华　主　审

中国建筑工业出版社

图书在版编目（CIP）数据

BIM技术及应用 / 刘荣桂，周佶，何培玲主编；周建亮等副主编. -- 2版. -- 北京：中国建筑工业出版社，2025. 4. --（住房和城乡建设部"十四五"规划教材）（高等学校土木工程专业创新型人才培养系列教材）.

ISBN 978-7-112-31131-6

Ⅰ. TU201.4

中国国家版本馆 CIP 数据核字第 2025Q8Q732 号

本书以 BIM 技术为工程背景，介绍了 BIM 技术的主要性质及其在工程中的应用。全书内容主要包括：BIM 技术的发展及应用现状、BIM 技术的特点及相关软硬件；此外，还介绍了 BIM 模型建立的基本流程及方法，同时对 BIM 技术在规划、设计、施工、运维中的应用进行了详细描述，且对 BIM 技术的发展前景进行了展望。这些成果为 BIM 技术在土木工程中的应用提供了很好的技术支持，也为相关 BIM 标准的修订与完善做出了宝贵贡献。

本书既可供高校土木工程、工程管理等专业的本科生、研究生学习，也可供从事 BIM 技术研究与应用的科研人员、工程设计人员和管理人员参考。

为了更好地支持教学，我社向采用本书作为教材的教师提供课件，有需要者可与出版社联系，索取方式如下：建工书院 https://edu.cabplink.com，邮箱 jckj@cabp.com.cn，电话（010）58337285。

责任编辑：仕　帅　吉万旺
责任校对：芦欣甜

住房和城乡建设部"十四五"规划教材
高等学校土木工程专业创新型人才培养系列教材

BIM 技术及应用（第二版）

刘荣桂　周　佶　何培玲　主　编
周建亮　孙　伟　吴　旭　封　帅　副主编
朱平华　主　审

*

中国建筑工业出版社出版、发行（北京海淀三里河路 9 号）
各地新华书店、建筑书店经销
霸州市顺浩图文科技发展有限公司制版
天津安泰印刷有限公司印刷

*

开本：787 毫米×1092 毫米　1/16　印张：19½　字数：480 千字
2025 年 5 月第二版　　2025 年 5 月第一次印刷
定价：**58.00** 元（赠教师课件）
ISBN 978-7-112-31131-6
（44700）

出 版 说 明

党和国家高度重视教材建设。2016 年，中办国办印发了《关于加强和改进新形势下大中小学教材建设的意见》，提出要健全国家教材制度。2019 年 12 月，教育部牵头制定了《普通高等学校教材管理办法》和《职业院校教材管理办法》，旨在全面加强党的领导，切实提高教材建设的科学化水平，打造精品教材。住房和城乡建设部历来重视土建类学科专业教材建设，从"九五"开始组织部级规划教材立项工作，经过近 30 年的不断建设，规划教材提升了住房和城乡建设行业教材质量和认可度，出版了一系列精品教材，有效促进了行业部门引导专业教育，推动了行业高质量发展。

为进一步加强高等教育、职业教育住房和城乡建设领域学科专业教材建设工作，提高住房和城乡建设行业人才培养质量，2020 年 12 月，住房和城乡建设部办公厅印发《关于申报高等教育职业教育住房和城乡建设领域学科专业"十四五"规划教材的通知》（建办人函〔2020〕656 号），开展了住房和城乡建设部"十四五"规划教材选题的申报工作。经过专家评审和部人事司审核，512 项选题列入住房和城乡建设领域学科专业"十四五"规划教材（简称规划教材）。2021 年 9 月，住房和城乡建设部印发了《高等教育职业教育住房和城乡建设领域学科专业"十四五"规划教材选题的通知》（建人函〔2021〕36 号）。为做好"十四五"规划教材的编写、审核、出版等工作，《通知》要求：（1）规划教材的编著者应依据《住房和城乡建设领域学科专业"十四五"规划教材申请书》（简称《申请书》）中的立项目标、申报依据、工作安排及进度，按时编写出高质量的教材；（2）规划教材编著者所在单位应履行《申请书》中的学校保证计划实施的主要条件，支持编著者按计划完成书稿编写工作；（3）高等学校土建类专业课程教材与教学资源专家委员会、全国住房和城乡建设职业教育教学指导委员会、住房和城乡建设部中等职业教育专业指导委员会应做好规划教材的指导、协调和审稿等工作，保证编写质量；（4）规划教材出版单位应积极配合，做好编辑、出版、发行等工作；（5）规划教材封面和书脊应标注"住房和城乡建设部'十四五'规划教材"字样和统一标识；（6）规划教材应在"十四五"期间完成出版，逾期不能完成的，不再作为《住房和城乡建设领域学科专业"十四五"规划教材》。

住房和城乡建设领域学科专业"十四五"规划教材的特点：一是重点以修订教育部、住房和城乡建设部"十二五""十三五"规划教材为主；二是严格按照专业标准规范要求编写，体现新发展理念；三是系列教材具有明显特点，满足不同层次和类型的学校专业教学要求；四是配备了数字资源，适应现代化教学的要求。规划教材的出版凝聚了作者、主审及编辑的心血，得到了有关院校、出版单位的大力支持，教材建设管理过程有严格保障。希望广大院校及各专业师生在选用、使用过程中，对规划教材的编写、出版质量进行反馈，以促进规划教材建设质量不断提高。

住房和城乡建设部"十四五"规划教材办公室

2021 年 11 月

序　言

当前，国家提出创新建筑业发展方式、促进建筑业转型升级的要求，我国建筑业正面临着前所未有的机遇与挑战。而建筑信息模型（BIM）技术在这一轮建筑业的变革中发挥着极为重要的作用——中国建筑业需要利用 BIM 技术实现在设计、施工、运维等各阶段、各专业、各环节的无缝集成，完成从粗放作业向精细作业的升级，实现从独立工作向协同工作的转变。在此背景下，推广和应用 BIM 技术是降低建造成本、提高建筑质量和运行效率、延长建筑物生命周期的最佳途径，也是我国建筑业实现信息化、工业化的必由之路。目前，上海、深圳等不少地方已经将此技术作为工程设计、施工和运维的必选技术。

虽然目前市面上介绍 BIM 的书籍很多，但这些书籍大多数是由软件界、工程界的人士编写，内容编排、阅读习惯等方面不太符合土木工程专业本科生、研究生教学的需要。同时，虽然不少国内高校已经尝试开设了 BIM 相关课程，但缺乏合适的教材，教学目标也不够明确，教学内容较为松散，且普遍存在重理论轻实践等问题。因此，由中国建筑工业出版社组织，江苏大学刘荣桂教授牵头编写了这本面向创新型人才培养的 BIM 教材。

该教材立足于 BIM 技术的统一化、协同化和集成化的科学定位，首先介绍了 BIM 技术的基本概念、内涵及特点；其次利用实际工程阐述了 BIM 技术的基础和相关信息模型的建立方法；在此基础上详细分析了 BIM 技术在建筑工程的规划、设计、施工、运维等工程全生命周期中的应用需求及方法，尤其是目前大力提倡的协同设计、绿色建筑评价、全生命周期管理等，同时对 BIM 技术的未来发展趋势进行了预测。作者在进行理论分析的同时密切联系实际，并通过大量的案例帮助读者细致、全面地了解 BIM 技术的应用流程及关键应用点，内容全面、新颖，可读性强。

该教材的主编刘荣桂教授具有近 30 年的土木工程专业人才的培养经历，编写团队成员以承担 BIM 相关课程教学任务的高校教师为主，同时吸纳了一些专业从事 BIM 相关软件开发和 BIM 技术研究的人员，使得本教材既能满足本科生、研究生的教学需要，也能符合工程的应用需求。

中国工程院院士、东南大学土木工程学院教授

2016 年 10 月 30 日

第二版前言

第二版教材在住房和城乡建设部、中国建筑工业出版社的大力支持下，被列为住房和城乡建设部"十四五"规划教材，再版发行，力求紧扣"十四五"建筑业规划发展纲要，以 BIM 技术为核心，从 BIM 技术基本理论概述、"新基建"背景下的 BIM 技术发展蓝图、建筑信息模型的建立和应用、BIM 技术在工程项目全过程中的应用、工程造价信息化与 BIM 技术的融合发展、数字化时代的智慧工地与虚拟建造等角度进行 BIM 技术理论与应用的全方位编写。第二版教材内容以理论结合实际为特点，以理论深化读者对 BIM 技术的正确认识，明确 BIM 技术工作的流程及要点，充分发挥 BIM 技术优势，引导读者快速入门并体会 BIM 技术理念，同时结合数字孪生技术，介绍相关最新的数字技术成果，如 CIM 技术及 BIM 与 CIM 的关系等。基于建筑业传统建造的转型升级，围绕 BIM 技术从建模、应用到大数据构建全过程这一主线进行阐述，本教材将突出表现为以下特点：

1. 面向全行业，从学校到工作，服务全学习周期。本书结合建筑业未来发展方向及相关政策，对建筑行业转型升级，建筑信息化推广发展进行展望及论述；同时，从项目管理角度出发，沿从业者角度倒推，贯穿工程项目全生命周期，囊括 BIM 技术的基本理念、应用的基本操作，理论结合实操，对 BIM 技术的应用进行论述；基于本书的受众广泛，可作为教材供高校土木工程、工程管理等专业的本科生、研究生学习。

2. 定位于 BIM 深化，精准于数字化应用。本书以工程项目全生命周期为出发点，将 BIM 技术贯穿始终，详细描绘当前 BIM 技术在"项目决策-设计-施工-运维"全过程中的应用；同时，着重介绍了当前建筑信息化最为突出的两个方向，虚拟建造（包括数字孪生）及 BIM 造价。从实际工作出发，对 BIM 技术的突破点及典型应用进行重点介绍，以求为读者建立行业发展大局观，准确把握行业智能建造的趋势与方向。

3. 教材结构系统，理论联系实际，案例与时俱进。本书以"理论-方法-应用-实战"为方法论，结构严谨，形象完整，深入浅出地帮助初次接触 BIM 技术的读者形象地展示 BIM 技术的应用和发展，同时能够系统地解决工程业务实操中的多种情景。

4. 信息科技化，技术图像化，着力于土木工程行业数字信息化推广。书中的相关应用和理论描述不是简单的工具使用和死板的制作步骤，而是编者在教学及实际工程中多年的经验中总结出来的智慧结晶，反映土木工程行业未来数字建造、智能建造的发展需求。

总之，BIM 技术作为数字化的工具，能够为传统的建筑业向数字化、信息化转变提供实用的解决方案。本书对于 BIM 与工程项目全过程应用全方位地讲解，为高校相关专业的师生、BIM 设计爱好者从业者提供有效学习渠道，符合行业未来的数字化发展需求，可以为未来云时代的 BIM 技术设计提供参考。

本书修订出版，主编由刘荣桂（南通理工学院，江苏大学）、周佶（河海大学）、何培玲（南京工程学院，南京工业大学浦江学院）担任；副主编由周建亮（中国矿业大学）、孙伟（江苏省苏中建设集团股份有限公司）、吴旭（南通理工学院）、封帅（南京中建八局智慧科技有限公司）担任。本书修订工作，除原有的编写人员参加外，鲁班软件股份有限公司副总裁张洪军、南通市达欣工程股份有限公司 BIM 技术中心主任王赛、硅湖职业技术学院讲师杜玉芬、南通市测绘院有限公司等为本书的修订提供了应用案例与参考资料。

　　感谢江苏省科技服务平台培育项目（编号：XQPT202102）对本书的资助；衷心感谢南通市建筑结构重点实验室项目（CP12015005）对本书的资助。

　　由于 BIM 技术与其他信息技术一样，发展迅速、时效性较强，表现手段与方法等随着软件技术的进步而显得更加便捷、多样，另外 BIM 技术的工程应用目前还有许多问题尚需进一步完善、解决，书中难免存在不妥之处，敬请广大读者批评指正。

刘荣桂

2024 年 12 月 28 日

第一版前言

建筑信息模型（Building Information Modeling，简写为 BIM）是以建筑工程项目的各项相关信息数据作为模型的基础，进行建筑模型的建立，并通过数字信息仿真模拟建筑物所具有的真实信息。利用 BIM 技术可以提升项目生产效率、提高建筑质量、缩短工程工期、降低建造成本。

BIM 技术目前在国内外得到了大量学术界、工程界人士的重视，如南京青奥中心、上海中心等重要建筑的设计、施工、管理均采用了 BIM 技术，获得了一定的经济效益。为进一步推广 BIM 技术在土木工程中的应用，作者应《高等学校土木工程专业创新型人才培养规划教材》编委会的邀请，联合江苏省的几所高校撰写了本教材。全书共 8 章，内容分别为：

绪论：介绍了国内外绿色运动的含义、绿色建筑及绿色运动的发展历史，分析了数字建造的内涵及特点。

第 1 章：介绍了 BIM 的基本概念和特点以及其主要应用范围；分析了 BIM 团队的设立方法；介绍了目前 BIM 技术的相关软件及硬件配置。

第 2 章：分析了 BIM 技术在城市规划中的应用方向，给出了利用 BIM 技术进行日照采光分析、空气流动分析、可视度分析、噪声分析的方法。

第 3 章：介绍了 BIM 技术的应用软件，重点介绍了目前广泛使用的 Revit 软件以及利用其建模的流程，并以某学生宿舍楼为例，详细讲解了 BIM 模型的建立方法。

第 4 章：介绍了 BIM 技术的参数化设计方法以及协同设计的含义，分析了基于 BIM 技术的工程量和成本估算、碰撞检测、绿色建筑评价等。

第 5 章：分析了 BIM 技术在施工阶段的应用，重点介绍了基于 BIM 技术的建筑施工场地布置、施工进度管理、施工质量安全管理、成本管理以及竣工时的成果交付。

第 6 章：介绍了建筑全生命周期及运维的概念，分析了 BIM 技术在运维中的应用方法。

第 7 章：介绍了 BIM 技术的发展趋势，重点分析了 BIM 技术与物联网、云计算、增强现实、三维激光扫描、3D 打印的集成应用。

参加本书编写的人员具体分工为（未标注工作单位的人员均为江苏大学教师）：刘荣桂编写绪论；延永东、陈妤编写第 1 章；栾蓉（扬州大学）编写第 2、4 章；周估（南京工业大学）编写第 3 章；周建亮（中国矿业大学）编写第 5 章；陈光编写第 6 章；韩豫编写第 7 章。刘荣桂对全书进行了最后统稿，东南大学吕志涛院士对本书进行了主审。江苏大学研究生张泾杰、马国鑫、南京工业大学研究生陈烨、周婧祎等人为本书内容的完成做出了很大的贡献，在此一并表示感谢。

感谢东南大学、扬州大学、中国矿业大学等兄弟单位的技术帮助；感谢南京建工集团有限公司、江苏金土木建设集团有限公司等企业为本书提供的工程实例；在此要特别感谢东南大学的吕志涛院士对本书出版的指导与支持。

BIM 技术在土木工程中的应用点很多,部分应用现在还未得到有效的解决。希望本书能起到抛砖引玉的作用,推动 BIM 技术在土木工程中的应用研究。

同时由于作者水平有限,书中难免存在不足之处,恳请读者批评指正。

编者

2016 年 10 月 18 日

目　录

绪　　论

本章要点及学习目标

本章要点：
(1) 绿色运动、绿色建筑、数字建造等概念及其相互关系。
(2) BIM 技术与绿色建筑、数字建造之间的相互关系。
学习目标：
(1) 了解绿色运动、绿色建筑、数字建造等概念及其相互关系、发展趋势。
(2) 了解 BIM 技术及其对绿色建筑、数字建造的作用。

0.1　关于绿色运动的概念

0.1.1　绿色运动

绿色运动，从狭义上讲，也称绿色建筑运动。它是围绕绿色建筑而形成的相关思想、理念及其活动的总称。绿色建筑的内容主要包含绿色设计与绿色建造（含数字建造）两个方面，其特点就是体现"环保、低碳、节能、智慧"。

在土木工程界，尤其是房地产开发领域，可持续发展和绿色建筑的概念是当今最热门的话题之一。然而，给"绿色建筑"一个精确的定义并不容易。

欧洲联邦环境行政办公室将绿色建筑定义为："在给定的建筑生命周期内，首先，通过人类有效的工作，增加建筑和建筑工地的使用能源，提高水及其他建筑材料的使用效率；其次，通过更好的选址、设计、施工、操作、维护和搬迁方案，减少建筑对人类健康和环境的影响。"

美国国家环境保护局将绿色建筑定义为："从选址到设计、施工、操作、维护、改造和拆除，贯穿整个建筑的生命周期内，使建筑结构在其建造和使用过程中，达到对环境负责和高效利用资源的目的。"

实质上当绿色建筑得到正确地应用时，这意味着能够改善建筑设计和施工实践，以便让建筑可以使用时间更长，运行成本更少，提高工人生产率并使居民具有更好的工作环境。更重要的是，这也是为了保护我们的自然资源，改善建筑环境，使人类适应地球的生态系统，可以更健康、更富裕的生活。

从早期相关概念的形成到如今席卷全球大部分地区，关于绿色运动的一般看法已经明显改变并被越来越多的人所接受。此外，可持续发展原则在国家发展战略中承担越来越重要的角色。在建筑工程领域，许多承包商、相关的建设者，正在寻求绿色认证（包括绿色建筑与建筑节能）。然而，由于传统观念的束缚，抵制绿色运动的潮流依然存在，或多或少地形成了一些谬论，给人们带来误导（如：绿色或可持续建筑的成本比传统建筑更多；绿色建筑只是另一个时尚，因此不是特别重要；绿色建筑往往是"没有吸引力的"或"丑陋的"，缺乏传统建筑的审美质量；绿色建筑没有提供今天的许多住户需求的舒适水平；绿色建筑产品往往很难找到；绿色建筑的工作性能不及传统建筑；建造高层的绿色建筑是不可能的；将现有的传统建筑转变为绿色建筑是很困难的或者说是不可能的；环保是一个全有或者全无的命题等）。但我们可以相信，随着"绿色建筑"的实践成果不断出现，相关的谬论必将一一被击穿，绿色运动必定在全球形成习惯或潮流。

0.1.2 绿色建筑和绿色运动的历史

对现代绿色运动深入透彻的理解，能够帮助人们尽量追溯它的起源。然而，当运动已经开始的时候要准确决定它的起源几乎是不可能的。在工业革命和电力制热和制冷到来的很久以前，古代原始人类只能使用基本的工具和自然材料来建造建筑物，在极端的温度下保护自己。虽然古代人类对废物治理没有概念，但是建造者融入了被动的设计，例如简单利用太阳和气候进行加热、制冷和照亮他们的建筑。在古巴比伦和古埃及，用土坯作为原始建筑的材料，在宫殿和房屋里建造风井。这些都是古代人类克服他们所面对的气候的挑战，追求舒适生存环境的举措，也是绿色建筑最初形成的简单例子。

最近我们研究发现，马克·威尔逊等学者相信绿色建筑的概念首先出现在美国。18世纪 90 年代的旧金山湾地区是为人们所知的第一湾，传统的革命性设计理念有绿色运动基础。环境意识积极运动的领导实践者，伯纳德·梅柏客和朱莉·摩根，发展了设计哲学，包含了如今建筑业的绿色运动等大多数概念。

一些历史学家将绿色运动的起源和雷切尔·卡森的书等联系在一起，倡导尊重自然，提醒保护原始森林的必要性。许多人相信在 19 世纪 70 年代的能源危机时，绿色运动就有它的基础，创造性地节约能源的方法，例如小建筑形式和主、被动的太阳能利用的设计，都源自绿色运动。

1973 年石油输出国组织的石油危机爆发，能源的消耗变为集聚关注的焦点。石油危机提醒我们，未来的繁荣和安全可能掌握在少数石油生产国的手中，这是非常危险的。这个催化事件有效地强调了增多能源种类、鼓励企业和政府重视开发太阳能、风能、水和地热能源利用的重要性。石油能源危机第一次使得全世界汽车加油站的汽油价格飙升。这对开明前卫的绿色运动思维构架师、环境学家和生态学家有着巨大的影响，他们开始怀疑传统建筑技术的智慧，促使他们寻求新的方法解决可持续发展问题。

初期的绿色运动，部分是根据维克多·欧尔焦伊、拉尔夫·劳伦、雷切尔·卡森的思想形成的。他们正式告知了一个环境设计的新时代的出现，也吸引了公众的注意力和想象力，使得我们重新审视交通和建筑依赖于化石燃料的弊端。事实上，后来许多国外立法的形成也来源于此，包括清洁空气法、国家环境政策法、水污染治理法、DDT 禁令、濒危物种法等。

美国建筑师协会通过形成一个能源工作组，通过研究高效能源设计来应对 1973 年的能源危机。1977 年，卡特总统政府建立了美国能源部。后来，能源工作研究组发展形成美国建筑师协会能源委员会。能源委员会起草了一些法案，包括"高效能源建筑国家"法案，成为美国建筑师协会游说国会的有效工具。19世纪70年代后期当美国建筑师协会倡导建筑能源研究的时候，其他活跃的委员会成员包括美国建筑师协会会员唐纳德·沃森、格雷格·福兰特和丹·威廉姆斯等也在为绿色建筑（包括绿色设计、绿色建造）摇旗呐喊。根据他们的建议，美国建筑师协会能源委员会由两个机构构成：第一机构主要研究被动系统（例如反射屋面材料和环境友好的建筑物的选择等）来达到节约能源的目标；第二机构主要研究应用新技术的方法，例如三重玻璃窗的应用等。美国建筑师协会环境委员会在1989年拓宽了范围，接下来的数年里，美国建筑师协会和美国建筑师能源科技顾问委员会，设法从美国环境保护组织获得基金，用于全生命周期分析的建筑产品的开发。

随着能源价格的下降，绿色建筑和相关能源问题的关注势头也相对削弱，虽然接着几年能源问题得到平息，但是凭借一些核心绿色建筑能源节约提倡者和绿色理念建筑师的努力，一些著名的建筑物还是在19世纪70年代建成。他们利用了绿色设计的概念，如采用玻璃屋顶，自然采光的中庭和装有镜子的窗户等。在加利福尼亚的格雷戈里·贝特森大楼，首次装有光伏能源敏感元件、地板下的冷却系统和区域气候控制设备等。

19世纪80年代，我们见证了大量的石油浪费现象（例如，1989年的埃克森·瓦尔迪兹石油泄漏事故等）后，大量的与节约能源相关的法案相继形成并开始见效；我们也见证了19世纪80年代至90年代早期美国的可持续性发展倡导者们在全球的保护工作，例如罗伯特·贝莱克（美国建筑师协会能源委员会产生的先驱）、威廉·麦唐纳（密歇根州胭脂河工厂的福特汽车公司）、西姆·万德尔·莱恩（位于萨克拉门托的格雷戈里·贝特森大厦建成）以及桑德拉·门德勒（华盛顿州的世界资源研究所总部办公室建成）等。其他国家的支持者包括德国的托马斯·赫尔佐克（奥地利的利兹设计中心建成），英国建筑师诺曼·福斯特（德国法兰克福市德国商业银行总部建成）和理查德·罗杰斯（法国巴黎蓬皮杜艺术中心建成），以及马来西亚航空公司建筑师杨经文（马来西亚吉隆坡的梅西加尼亚大厦建成）等。在1987年，联合国世界环境和发展委员会会议上，挪威首相布伦特兰夫人建议将"可持续发展"这个术语定义为："不会对后代满足他们自己的需求的能力产生影响，就能满足我们现在的需求。"

在1991年，乔治·布什总统推出了一项国家能源政策，美国建筑师协会主席詹姆斯·劳勒组建了一个咨询小组讨论相关问题的解决政策。根据这个政策，号召所有的相关单位（包括美国建筑规划局成员等）以实际行动来参与环境保护改革，包括采取立即停止使用消耗臭氧层的制冷剂等措施。

联合国环境和发展大会（也被称作地球峰会），1992年在巴西里约热内卢召开，这是一次很成功的会议。它吸引了17000位参会者和来自172个国家政府的代表团以及2400位非政府组织的代表。这次会议通过了《21世纪议程》，为实现全球的可持续发展提供了蓝图，会议达成了《里约宣言》《森林原则声明》《国际气候变化框架公约》《联合国生物多样性公约》等共识。里约热内卢峰会之后，美国建筑师协会选择"可持续发展"作为1993年在芝加哥举行的国际建筑师联合会和美国建筑师协会世界大会的主题，估计全世界范围内有10000名建筑师和设计专家参加了会议。今天，这个大会已经被看作是绿色建筑运动历史上的一个里程碑。

受到比尔·克林顿在1992年11月当选美国总统的鼓励，大量的可持续发展的支持者开始传播"绿化"白宫本身的宏大思想。在 1993 年 4 月 21 日，比尔·克林顿总统宣布了他雄心勃勃的计划，"绿化白宫"，使总统官邸成为效率和减少废物的模范。为实施这个计划，总统环境质量委员会召集了一个专家小组，其中成员包括美国能源部的联邦能源管理项目组、环境保护局、总务管理局、国家公园服务公司、白宫办公室管理和波托马克电力公司等。

美国白宫"绿化"倡议在前六年创造超过 140 万美元的节省费用，主要是改进了照明、供暖、空调、喷水装置，减少了用水量，由环境保护局主持环境审计、美国能源部能源审计（DOE）以及相关专家把关，其中有设计专家、工程师、政府官员和环保人士组成的设计团队，目的是使用可用的技术来制定可持续的能源保护策略，在三年内，减少了估计有 845t 的年度碳排放量，估计每年节约 30 万美元的能源和水储蓄。

比尔·布朗宁友邦阁下说："由绿化白宫开创的过程已经成为绿色建筑运动的一个组成部分。"当时的美国总统克林顿发表了一系列行政命令。首先是在 1998 年 9 月，指示联邦政府改善可回收利用的环保产品，包括建筑产品；其次是在 1999 年 6 月，鼓励国民机构提高能源管理，减少排放的技术行政命令。2000 年 4 月克林顿发布第三个行政命令要求联邦机构将环境责任融入他们的日常决策并进入他们的长期计划。总统的环境质量委员会聚集的团队产生了许多保护历史悠久的结构以及维持和改善建筑舒适性和效率的重要建议。

乔治·布什总统跟随父亲的脚步，在八年任期内，进一步绿化白宫，安装三个太阳能系统，包括一个卡巴纳水池、为水池和淋浴加热水的设备、补充大厦电力供应的光伏板。白宫绿化的方法适应了以下 7 个主要的议题：

1）围护结构：意识到大量的能量通过建筑构件散失，如屋顶和窗户，努力分析这些并找到解决方案，提高它们的效率。

2）照明：尽可能使用节能灯泡，并最大化使用自然光线。采取措施确保空房间的灯是关闭的。

3）加热、通风和空调（HVAC）：暖通空调措施是用来减少加热和冷却建筑物所需的能量同时提高居住的舒适性。正确的通风是帮助实现这一目标所必需的。

4）插头负载：安装节能办公设备，更换更节能的冰箱和冷却器。

5）避免浪费：开始全面回收铝、玻璃、纸张、家具、荧光灯、油漆溶剂、电池、激光打印机墨盒和有机庭院废弃物。

6）车辆：启动车辆使用更加清洁的替代燃料项目；白宫加入测试电动汽车的运行程序；鼓励员工使用公共交通，减少汽车的使用。

7）景观：白宫更新了理念，包括减少不必要的水和杀虫剂的使用，以及复杂场地增加有机肥料使用等方法。

白宫的绿化运动被证明是成功的，它激发了其他联邦部门潜在的绿色化需求。例如，在五角大楼、军区、美国能源部总部，以及三个国家公园（大峡谷、黄石公园和阿拉斯加德纳里峰公园）等地方开展绿色化运动。1996 年，美国能源部签署了一份理解性的研究和开发合作合约，目标是在 21 世纪为可持续发展建筑的建造和发展形成一系列铺垫性政策。

在美国和全世界范围内绿色运动得到了从市长、州长到元首等"绿色政客"的进一步帮助。明显的例子就是在 2006 年 5 月奥斯卡获奖纪录片《难以忽视的真相》中，美国前副总统戈尔将全球变暖和气候变化变成公众关注的热点，提高了许多问题的公众关注，包括我们的生活质量受到威胁，我们的水含有有毒化学物质，我们的自然资源将被耗尽等。另一个环保的政治家是美国前加州州长阿诺德·施瓦辛格，当他在 2006 年签署成为法律历史里程碑的《全球变暖解决方案法》时，使得加州成为全球应对气候变化的领导者，该法案使得加州温室气体排放量到 2050 年比 1990 年降低 80%。其他环保政客包括拉尔夫·纳达尔（美国前总统候选人和美国绿党领袖）、左翼伦敦市长肯·利文斯通、德国总理安格拉·默克尔、新西兰总理海伦·克拉克、前欧盟环境部长玛戈特斯特隆（1999～2004）、解振华（曾任中国气候变化事务特使）等。

来自 ICF 国际（ICFI）的绿色和平组织气候变化顾问的一份新报告称，包括美国前总统奥巴马的 8000 亿美元经济刺激方案在内的"绿色新政"环保措施，经计算每年最低可以减少温室气体排放约 6100 万 t，相当于近乎减少了路上 1300 万辆汽车一年的排放量。著名的绿色运动倡导者林赛迈克德福说："由于绿色政策的增多，企业高管从每个领域都在顺应绿色运动潮流，这些首先出自不断增长的市场需求。环保已经成为商业世界的一个销售优势，相关公司都开始渴望抓住机会并获得成功。"

0.1.3 绿色建筑的发展

一些学者认为，绿色建筑运动主要是应对能源危机的出现。因此，通过努力使建筑更有效率，能源种类增加与改进（包括水、各种建筑材料的使用方式等）。应该注意，"绿色建筑"和"可持续建筑"在我们的词汇表中是相对较新的术语；它们本质上代表了通过大楼的选址、设计、建设和运行的方式等方法来提高大楼的居民幸福感，以通过保护自然资源包括保护空气和水的质量的方式为后代保护环境。因此，绿色建筑的核心是改善传统设计、施工过程和标准，以便我们今天建造的建筑物能够持续使用更长时间、更高效、费用少，从而有助于人的健康生活和工作环境。

绿色建筑概念的到来从根本上改变了我们设计和建造房屋的方法。很明显，绿色建筑现象，在过去的二十年里，显著地影响了美国和全球建筑市场。各种环境研究一致表明，美国的建筑消耗了国家大约三分之一的一次性能源和将近三分之二的电力；研究还表明，在所有新的和翻新的美国建筑中，大约有 30% 发现存在建筑材料中的超过可接受范围的有害物排放、病原体和有害物质的发散，从而导致室内环境质量低劣。有关绿色建筑运动的持续努力进行正在解决这些环境影响，包括实现建设项目的可持续发展的目标。

一个成功的可持续设计的主要特征之一是应用多学科和综合"总"团队的方法，包含各种项目成员和利益相关者的决策过程，特别是在设计的早期阶段。这种方法有助于确保项目对建筑的使用者和所有者能更加高效地节能、健康地生活，并减少对环境的负面影响。

目前有很多关键问题，使我们正面对大量的挑战，例如全球变暖、水资源短缺、室内环境质量问题和生态系统的破坏严重问题。在像美国和中国这样的工业化国家，传统的建筑对环境持续造成的不利影响已经被明确证实。例如，据估计，美国的建筑施工，可产生 38% 的二氧化碳排放和 71% 的电能消耗；2008 年美国环境信息管理部门估计建筑的运行费用几乎占了所有能源消耗的 40%，如果将制造建筑材料和建造建筑所需能源包括在内的话，所有能源消耗数量估计将要增长 48％。

进一步估算，建筑物每年大约消耗 13.6％的国家可饮用水，根据环境保护局估计，拆除、新建和修复建筑的废物每年产生 13600 万 t 的垃圾，而且新建和修复建筑每年需 30 亿 t 或大约 40％的全球建筑原材料。碳排放增加使全球变暖的影响就是研究绿色建筑具有巨大意义的典型例子，现已不断受到国际社会的关注。主要目标就是到 2030 年所有新建的建筑要实现零排放，现有的建筑每平方米将减少消耗能源到以前所需的一半。

联合国 2007 年 3 月发布的报告中清楚地重申了建筑在全球变暖中的角色。根据一些保守估计，世界范围内建筑行业能减少 18 亿 t 的碳排放，更高效的能源政策能够减少超过 20 亿 t 或者接近在《京都协议书》中可减少量 3 倍的碳排放。众所周知，面对 2030 年的挑战，我们对于建筑能源的方法和知识需要巨大的改变。如今的工业建设正面对着来自全球经济危机，增长的物质需求，自然灾害的增多和绿色资源消耗等其他方面不断增长的压力。这些趋势已经使得工业产业通过了一系列努力来不断重新评估和调整其定位，努力建造节约能源和水资源更高效的建筑，提高建筑生命，保证总体人口的健康和幸福，最小化对环境的负面影响。

0.2 关于数字建造的概念

0.2.1 数字建造的特点

信息技术的发展已经在不断地改变传统建筑产业的生产方式，尤其在工程设计与工程建造两个方面。目前，信息技术在建筑设计、结构检算、工程施工、设施维护等领域的应用不断深化，提高了建设效率，改善了管理绩效，并形成"环保、低碳、节能、智慧"特征的绿色建筑的综合效果，其趋势是向专业化、集成化和网络化方向发展，由项目级向企业级进军。

1. 专业化

工程项目建设过程涉及从合同管理、成本管理到质量管理的方方面面。在粗放型生产时代，数字管理的水平很低，软件的功能专业化程度较低，与工程管理的结合度也很低。进入数字建造时代，各种软件的专业化、互动化、共享化程度很高。最终的效果是综合效益好，大数据所形成的各个专业的综合信息，可以为工程管理的有效决策提供数据支撑。

2. 集成化

今后，工程管理进入全生命管理时代。管理过程涉及业主、设计、监理、施工、政府等各个单位，具有时间长、介入单位多的特点。数字建造可以提供从项目立项、施工到运营、维修、拆除等全过程的一体化信息平台。实现数据集成、数据共享，彻底消除过去信息"碎片化"带来的各种弊端。

3. 网络化

"互联网＋"技术，也就是网络技术可以有效地压缩时空，大量地节省人力物力。工程项目建设进入网络化时代后，可以综合应用项目管理信息系统与专业技术软件的结合，实现全过程的信息化管理。我们可以通过建立统一的模型数据标准，实现各种信息之间的共享、转换与协同。各种工程管理资料可以自动生成并存储，在场与不在场的人员都可以同样掌握工程的进展与管理的信息；技术资源可以最大化利用，有效克服由"信息孤岛"带来的各种弊端。

0.2.2　数字建造的内涵

所谓数字建造，就是以数字化技术为基础，带动组织形式、建造过程的变革，并最终带来工程建设过程与产品的变革。数字建造会引起工程建造方法与管理模式的改变。从外延上讲，数字建造是以数字信息为代表的新技术、新方法驱动下工程建设的模式转移，它包括组织形式、管理模式、建造过程等全方位的变迁。数字建造将极大地提高建造的效率，使"环保、低碳、节能、智慧"成为可能。

本教材介绍的 BIM 技术，即建筑信息模型（Building Information Modeling）就是数字建造技术体系中的一个重要组成部分。"Building"代表行业属性，即 BIM 的服务对象是建设行业；"Information"是核心，就是要创建建设产品的数字化设计、建造的各种相关信息，包括几何信息、物理信息、功能信息、价格信息等；"Modeling"是 BIM 技术的表现形式，即 BIM 技术中的所有信息都是以数字的形式创建与存储的，具有多维（三、四、五）、数字化、直面对象等特征。

基于 BIM 的数字建造技术具有如下特征：

1. 两个过程

在 BIM 技术支持下，建筑工程设计与建造活动包括两个过程，即物理建造过程和产品数字化形成过程。

1）物理建造过程。其核心就是用数字技术构筑一个新的存在物，主要是体现为把工程图纸上的数字产品在特定的场地空间变成实物的一个过程，其主要任务有：地基与基础施工、主体结构施工、暖通与装饰工程施工等。同时在这个过程中，将各种材料、设备供应链所提供的"物质"成为特定功用的建筑产品与空间。

2）产品数字化形成过程。它是随着建设项目的不断推进，从初步设计、扩初设计、施工图设计、深化设计到建筑施工，再到运营、维护、拆除，在建设项目全生命周期的不同阶段都有相对应的数字信息不断地被增加进来，形成一个完整的建筑数字产品。它承载着建筑产品的设计信息、建造信息、运用维修信息、管理绩效信息等。基于 BIM 的数据技术，有效地连接了全生命周期的各个阶段，使工程数字化与工程物质化变成同等重要的一个平行过程。

2. 两个工地

与建筑工程建造活动的数字化和物质化相对应，同时存在着数字工地与实体工地两个战场。数字工地，基于先进的计算、仿真、可视化、信息管理等技术，实现整个建造过程的可计算、可控制、可预测。同时注意，数字工地与实体工地密不可分。实体工地反映建设的真实情况，通过实体工地的实时监控，可将因环境改变而发生的各种变化的建造信息传输给"数字工地"的信息平台。最终实现两个工地的"虚"与"实"的相互驱动、相互反馈、相互管控，从而实现物质流、资金流、信息流的精业组织，使各种效益最大化。

3. 两个关系

在数字建造模式下，可以充分显示"先试"与"后造"、"后台支持"与"前台操作"两种关系。

目前，图纸设计由于专业分工越来越细，各专业图纸之间相互"碰撞"是常见的问题。如果将这些图纸直接用于施工过程，势必造成因碰撞而产生的误工与浪费。在数字建造模式下，可以先试后造，就是通过计算机平台的虚拟建造过程，去发现各工种实际施工中可能发生的碰撞与冲突，从而可以优化施工顺序。通过 BIM 技术支撑的虚拟建造过程，还可以深化施工过程中的原有设计，大大提高实际建造的效率，达到节能、低碳、环保、智慧的综合效益。

数字建造还可以显示前台与后台的交互关系。数字建造的前台操作，离不开后台知识与智慧支撑；后台的软件、计算等也离不开前台的人力与物力的努力。同时，实际建造过程中发生的实时偏差等，也要通过前台操作，反映给后台去处理。后台的处理结果再通过前台向施工现场发出纠偏的指令等。

4. 两个产品

基于 BIM 的数字建造技术，实施后可以提供两个产品：一个是物化产品，另一个是数字产品。这个数字产品包含了显现与隐形两个部分的全部信息，这在物化产品运营、维修直至报废的整个过程中都起着至关重要的作用。美国国家标准技术研究院将 BIM 定义为：在 3D 数字技术的基础上，集成建设工程项目全生命周期的各个阶段不同信息的数据模型，是对工程建设项目实体与功能特性的数字化表达。

基于 BIM 技术的数字建造，其核心在于数字化的集成管理。在传统的建造模式下，由于缺乏统一的信息编码与有效的集成载体，工程项目建造过程中各类信息的交换与交流显得杂乱无章，管理粗放。BIM 数字技术，通过工程项目设计、建造过程中信息的收集、管理、交换、更新、存储流程，实现数字建造模式下"数字流"与"物质流"的高水平的交互、协同与重组，推动整个工程建造过程走向精业化，最终实现精业管理。

本章小结

本章主要介绍了绿色运动和绿色建筑的概念及其发展历史，描述了绿色建筑对我国乃至全世界经济发展的意义，在此基础上介绍了数字建造的概念及其与绿色建筑的关系，进一步阐述了数字建造在当今社会的发展特点。这些基础知识与 BIM 技术有着密切的关系。

思考与练习题

0-1　绿色运动和绿色建筑的含义是什么？

0-2　试描述绿色建筑的发展进程。

0-3　数字建造的含义及特点是什么？

第 1 章　BIM 技术简介

本章要点及学习目标

本章要点：
(1) BIM 的概念及基本特征。
(2) BIM 技术的实现方法。
(3) BIM 技术在实际工程建设各阶段的应用。
(4) BIM 技术相关的软件作用及部分典型软件对硬件的要求。
学习目标：
(1) 掌握 BIM 的概念及基本特征。
(2) 了解 BIM 技术在实际工程建设各阶段的应用。
(3) 掌握 BIM 技术相关的软件作用及部分典型软件对硬件的要求。

1.1　BIM 的认识

1.1.1　BIM 的概念

BIM（Building Information Modeling），即建筑信息模型，是信息技术在建筑工程项目管理的应用，简单地说就是该模型利用三维数字技术为基础，集成了建筑工程项目各种相关信息的工程数据模型，并以此对建筑项目进行设计、建造和运营管理。BIM 能有效地促进建筑项目周期各个阶段的知识共享，开展更密切的合作，将设计、施工和运营过程融为一体，建筑企业之间多年存在的隔阂正在被逐渐打破，这改善了易建性、预算的控制和整个建筑生命周期的管理，并提高了所有参与人员的生产效率。

自 2002 年以来，国际建筑业兴起了以围绕 BIM 为核心的建筑信息化的研究。BIM 是对建筑物理和功能特性的数字式表达，从建筑物诞生开始，就为建筑物整个生命周期提供可信赖的信息共享的知识资源。它基于 IFC 标准，是建筑生命周期各种信息的集成，基本前提是为土木建筑建造过程中的不同参与者（比如建筑师、结构师、建造师等）之间提供相互协作，方便对数据信息进行更新或修改等处理。因此，BIM 是基于开放标准（IFC），用于相互协作的共享数字式信息描述模型。该技术已经在世界范围的工程领域得到广泛应用，并不断发展，被中国政府列为"十二五"计划重点攻关项目。BIM 的技术核心是一个由计算机三维模型所形成的数据库，这些数据库信息在建筑全过程中动态变化调整，并可以及时准确地调用系统数据库中包含的相关数据，加快决策进度、提高决策质量，从而提高项目质量，降低项目成本，增加项目利润。

　　BIM技术成熟的同时也推动了工程软件的发展，尤其是工程造价相关软件的发展更加突飞猛进。传统的工程造价软件是静态的、二维的，处理的只是预算和结算部分的工作，对于工程造价过程管控几乎不起作用。BIM技术的引入使工程造价软件有了新的突破，可视化的4D图形造价软件实现了工程基础数据动态的自我调整，并且及时、准确地提供相关数据。

1.1.2　BIM的基本特征

　　BIM采用参数化来描述建筑单元，以墙、窗、梁、柱等建筑构件为基本对象，而不是CAD中的点、线、面等几何元素，并将建筑单元的各种真实属性通过参数的形式进行模拟，进行相关数据信息描述。在建筑信息模型中，建筑单元可以模拟除几何形状外的一些非几何属性，如材料信息、造价信息、设备信息等。

　　BIM采用关联性来描述建筑单元，建筑师或结构工程师修改某个单元构件的属性，建筑模型不仅将进行信息的自动更新，而且这种更新是相互关联的。关联性不仅提高了设计的工作效率，而且解决了图纸之间信息的错、漏、缺等问题。BIM贯穿工程项目的设计、建造、运营和管理等生命周期阶段，是一种螺旋式的智能化的设计过程。

　　BIM具有以下特点：

　　（1）BIM不限于在设计中的应用，它可应用在建筑工程项目的全生命周期中。

　　（2）用BIM进行设计属于数字化设计。

　　（3）BIM的数据库是动态变化的，在应用过程中不断地更新、丰富和充实。

　　（4）BIM提供了一个项目参与各方协同工作的平台。

　　BIM技术的核心是通过建立虚拟的建筑工程三维模型，利用数字化技术，为这个模型提供完整的、与实际情况一致的建筑工程信息库。该信息库不仅包含描述建筑物构件的几何信息、专业属性及状态信息，还包含了非构件对象（例如空间、运动行为）的状态信息。

　　通过工程信息模型可以使得交付速度加快（节省时间）、协调性加强（减少错误）、成本降低（节省资金）、生产效率提高、工作质量上升、收益和商业机会增多、沟通时间减少等。

　　在建设工程生命周期三个主要阶段（即设计、施工和管理）的每个阶段中，建设工程信息模型均允许访问以下完整的关键信息：

　　（1）设计阶段——设计、进度以及预算信息；

　　（2）施工阶段——质量、进度以及成本信息；

　　（3）管理阶段——性能、使用情况以及财务信息。

1.2　BIM的实现

　　由于BIM是一个信息中心，其信息量巨大，不同组织的信息需求不同，希望达到的目标也不同。所以，在应用BIM前，应先明确目标。

　　一个完整的BIM应用系统由专门组织中的人员、计算机硬件、计算机软件三部分组成。"组织中的人员"，是要表达一个思想——BIM应用需要依靠团队来完成，单纯依靠一个人完成，难度非常大。原因也非常简单——从投标开始至交付竣工，同时涉及的专业有建筑学、结构、装饰、强电、弱电、消防、供暖、通风与空调等，这不是靠个人之力可以完成的。所以，BIM应用应该有一个团队，团队人员间应有明确的分工，这是BIM应用成功的组织保证。

由于设计工作是一个反复修改的过程，通过BIM可将结构分析和计算从模型的建立、计算的实施到结果的输出中所涉及的大量数据转换成图形或图像，直观地显示在计算机屏幕上，让设计者能方便地分析计算结果的正确性与合理性。

在大型、复杂结构体系的设计过程中运用可视化技术，建立包括单元拓扑结构、节点信息、刚度数据、材料特性、边界支撑条件、荷载分布等信息丰富的有限元结构分析模型，可以增强计算软件的前后处理功能。比如，在超高层建筑结构的结构分析可视化计算中，某一局部分析过程修改后的动态演示，或者是施工阶段随时间变化的结构装配动态演示等。通过可视化技术还可以加快设计变更决策，快速检测工程设计中存在的错误和纰漏，降低建筑工程设计成本。

1.3   BIM的应用

1.3.1   BIM在设计方面的应用

在设计阶段采用BIM技术，可以对建筑设计进行分析与优化，确保设计的可施工性。首先，要建立建筑项目相关的3D设计模型，包括建筑、结构及建筑设备等；其次，基于建立的3D设计模型，可进行设计检测、协同修改。设计检测需要根据设定的相关参数，确定检测范围，从而检测设计冲突问题以及可施工性问题。对发现的问题及时进行分析和沟通，从而及时、有效地解决问题，得出合理的施工图。通过建立的三维设计模型，实现工程的三维设计，不仅能够根据3D模型自动生成各种图形和文档，而且始终与模型逻辑相关。当模型发生变化时，与之关联的图形和文档将自动更新。设计过程中所创建的对象存在着内在的逻辑关联关系，当某个对象发生变化时，与之关联的对象随之变化。

通过建立模型，实现不同专业设计之间的信息共享。各专业CAD系统可从信息模型中获取所需的设计参数和相关信息，不需要重复录入数据。避免数据冗余、歧义和错误，实现各专业的修改对象会随之更新。通过建立模型，实现虚拟设计和智能设计，实现设计碰撞检测、能耗分析、成本预测等。通过对结构上的分析，利用软件工具建立3D模型，完成结构图，并对结构进行分析得出合理的结构施工图；通过对能耗进行分析，可以对建筑物的能效进行分析和计算，从而对节能、经济、绿色进行更优化的设计。

1.3.2   BIM在投标环节的应用

投标是建筑施工单位承揽工程必经的一环。对许多施工单位而言，如何展示自己的技术实力与水平是非常重要的。

投标的时间一般非常紧，许多企业根本没有时间仔细审查图纸，更不用说核对工程量清单。BIM技术在这方面作用也非常大。只要BIM团队把建筑物模型建立起来，施工企业就会洞悉其中的一切，这种精细程度可以达到一根箍筋、一个接线盒，甚至是一个螺栓。建筑施工的重点、难点将会一目了然。

　　BIM 在投标中的应用主要是为了更好地表达和体现投标方案的意图。采用 BIM 技术可以更好地表达投标书中的进度计划、现场平面布置、质量控制要点及安全文明施工。BIM 中的动画，也可以更加形象地表达进度、质量、安全文明等方案内容。

　　如果投标中有哪些技术细节不清，也可以应用 BIM 技术进行多维模拟。根据模拟情况修改技术方案，提出技术措施，甚至对业主提出合理化的建议。

1.3.3　BIM 在项目现场管理的应用

　　通过 BIM 技术，可以精确模拟不同施工阶段的现场情况，为施工现场管理作指导。BIM 技术可以精确反映现场变化，查找资源，更加方便解决冲突。通过 BIM 技术，甚至可以在建造中跟踪每个工人的信息，为施工质量、安全、进度提供保证。

1.3.4　BIM 在技术交底中的应用

　　传统的技术交底是平面的，文字陈述多，不直观。采用了 BIM 技术之后，技术交底可以做成多媒体形式，内容中可以体现在许多传统技术交底时无法做到的项目。比如形象地给出完整的带语音的钢筋绑扎过程，可以模拟钢结构安装时每个节点的螺栓安装顺序和每道焊缝的焊接顺序及要求。这种交底形象直观，若工人在作业面上遇到问题，通过 3G 或 4G 网络，拿出手机即可观看视频，解决问题。有条件的企业，可以在作业面上配备三维激光扫描仪，实现远程作业指导。

1.3.5　BIM 在设备安装过程的应用

　　施工过程中相关各方有时需要付出几十万、几百万，甚至上千万的代价来弥补由设备管线碰撞等引起的拆装、返工和浪费等问题。BIM 技术的应用能够安全避免这种无谓的浪费。传统的二维图纸设计中，在结构、水暖电等各专业设计图纸汇总后，由总图工程师人工发现和解决不协调问题，这将耗费建筑结构设计师和安装工程设计师大量的时间和精力，影响工程的进度和质量。由于采用二维设计图来进行会审，人为的失误在所难免，使施工出现返工现象，不仅造成建设投资的极大浪费，并且还会影响施工进度。应用 BIM 技术进行三维管线的碰撞检查，不但能够彻底消除硬碰撞、软碰撞，优化工程设计，减少在建筑施工阶段可能存在的错误损失和返工的可能性，而且优化净空，优化管线排布方案。最后施工人员可以利用碰撞优化后的三维管线方案，进行施工交底、施工模拟，提高施工质量，同时也提高了与业主沟通的能力。

　　虚拟施工对全过程来讲，施工模拟的价值在于随时随地都可以非常直观快速地知道计划是什么样的，实际进展是怎么样的。无论是施工方、监理方，甚至非工程行业出身的业主领导都可以对工程项目的各种问题和情况了如指掌。这样通过 BIM 技术结合施工方案、施工模拟和现场视频监测，大大减少建筑质量问题和安全问题，减少返工和整改的情况。

1.3.6　BIM 在验收环节的应用

　　在工程质量验收中，经常会遇到一些需要验收的工程的形状、尺寸信息。这些信息包括轴线、洞口尺寸、预埋件偏差等。传统的验收手段一般都是查阅图纸，然后实测工程实体，这种检测劳动强度很高，且只能抽测。其代表性对工程质量、安全意义不是很强。

如果采用 BIM 技术建立工程的信息模型，辅之以三维激光扫描仪对整个工程实体扫描，将扫描的数据与 BIM 模型进行对比，偏差结果将非常容易地显示出来。这样，任何部位的细小偏差都会清晰呈现，既降低了劳动强度，又提高了验收效率；同时能及时、全面地发现重大偏差，特别是一些高层、超高层的偏差，因此与 BIM 模型进行对比非常重要。

1.3.7　BIM 在装饰设计中的应用

借助三维激光扫描仪，在装饰设计前，即可对拟装饰的部位进行扫描，以扫描而得的点云数据，并以此建立拟装饰部位的 BIM 模型，这种 BIM 模型是完全真实的，任何实际情况都会一览无遗。因此，装饰设计就可以在完全真实的条件下进行，一改以前设计与实际经常出现不一致的现象，可以提高装饰设计的速度，保证设计质量。

1.3.8　BIM 在运维阶段的应用

我们知道，BIM 是为了解决建筑全生命周期各阶段数据传递之间的问题，而产生的解决方案。将建筑项目中所有关于设施设备的信息，利用统一的数据格式存储起来，包括建筑项目的空间信息、材料、数量等。利用此数据标准，在建筑项目的设计阶段，即使用 BIM 进行设计，建设中如有变更设计也应及时反映在此档案中，维护阶段则能得到最完整、最详细的建筑项目信息。

在传统建筑设施维护管理系统中，多半还是以文字的形式列表展现各类信息，但是文字报表有局限性，尤其是无法展现设备之间的空间关系。当 BIM 导入运维之后，除了可以利用 BIM 模型对项目整体做了解之外，模型中各个设施的空间关系，建筑物内设备的尺寸、型号、口径等具体数据，也都可以从模型中完美展现出来，这些都可以作为运维的依据，并且合理、有效地应用在建筑设施维护与管理上。

1.4　BIM 技术团队

由于一项完整的建筑工程涉及的专业较多，因此若没有良好的专业组合，很难系统地进行 BIM 应用。因此要将 BIM 技术很好地应用于实际工程，首先需要建立一个高效的 BIM 团队。BIM 团队中应配备土建、电气、通风、空调、给水排水、强电、弱电、消防等各个专业的工程师以及相应的管理、协调人员。这些人员既可以专职进行 BIM 技术的研究及应用，也可以兼职从事本专业的 BIM 技术。根据工作目的，BIM 团队可分为企业级和项目级两种。

企业级 BIM 团队主要适用于施工企业，其目的主要在于完善公司 BIM 技术标准、挖掘 BIM 新的运用点、核算 BIM 使用成本、检验 BIM 运用价值、为了全面推广 BIM 技术运用储备人才。具体部门可根据企业业务及定位进行设立，如此可以充分利用 BIM 技术提升企业价值。对于建筑企业来说，BIM 技术团队是一个新生的职能部门，与传统模式下的预算成本部、工程部、材料部及各个项目部的工作对接要明确，才能充分发挥 BIM 数据全员共享的优势。

为了真正将 BIM 技术落到实处，针对每项工程项目还需专门成立一个项目级 BIM 团队。团队中应有 BIM 经理、BIM 总工程师和 BIM 建模师等。BIM 经理负责日常 BIM 工作的管理、安排 BIM 培训、配置和更新 BIM 相关的数据集、安排图纸会审；BIM 总工程师负责管理 BIM 模型、从模型中提取数据、统计工程量、生成明细表、保证数据质量；BIM 建模师负责根据本专业的设计图纸建立本专业的 BIM 模型，在三维环境里执行设计变更的修改，检查本专业的碰撞。BIM 经理在此团队中起关键作用，他既需要对项目有很透彻的了解，同时也应熟悉 BIM 技术，对各个专业也要有大概的了解，又能统一指挥、协调各个专业之间的关系。

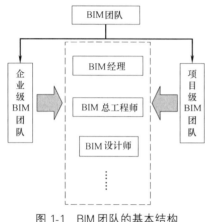

图 1-1   BIM 团队的基本结构

这两种 BIM 团队的基本结构如图 1-1 所示，利用 BIM 团队开展 BIM 工作的流程如图 1-2 所示。可分为 BIM 创建、BIM 应用、BIM 共享三个步骤。BIM 创建主要由各专业 BIM 工程师完成，BIM 应用主要由项目经理及各技术员操作，BIM 共享则由整个企业或行业来实施。

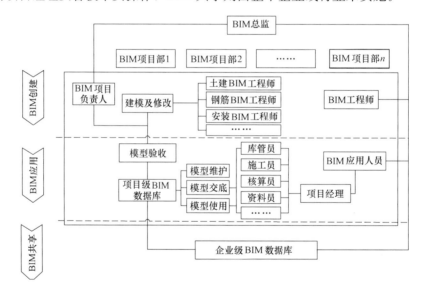

图 1-2   BIM 工作的流程

1.5   BIM 技术相关软件

尽管 BIM 技术不是指具体某个软件，但在使用时判断其是否为 BIM 相关专业软件的一个重要标准就是是否使用了以 BIM 技术为理念。建筑业已经普遍使用 Autodesk Revit 系列、Benetly 系列、ArchiCAD 等专业软件，这些都属于 BIM 技术的核心建模软件。我国目前与 BIM 相关的软件主要有中国建筑科学研究院开发的 PKPM 系列、上海鲁班和北京广联达等一些大型公司开发的分析管理软件。

1.6 BIM 应用硬件资源配置

BIM 应用的范围以及采用的软件决定 BIM 的硬件配置。目前 BIM 的硬件配置主要包括 BIM 计算机和 BIM 辅助硬件的配置。由于 BIM 技术以建筑三维信息模型为基础，其中包含大量的数据信息且对显示效果有一定的要求，因此 BIM 技术所需的硬件配置一般较高。其中不同软件所需的配置也不一样。

企业级 BIM 的硬件环境主要包括：客户端（个人计算机）、服务器、网络及存储设备等。BIM 应用硬件和网络在企业 BIM 应用初期的资金投入相对集中，对后期的整体应用效果影响较大。

鉴于 IT 技术的快速发展，硬件资源的生命周期越来越短。在 BIM 硬件环境建设中，既要考虑 BIM 对硬件资源的要求，也要将企业未来发展与现实需求结合考虑，既不能盲目求高求大，也不能过于保守，以避免企业资金投入过大带来的浪费或因资金投入不够带来的内部资源应用不平衡等问题。

企业应当根据整体信息化发展规划，以及 BIM 应用对硬件资源的要求进行整体考虑。在确定所选用的 BIM 软件系统以后，重新检查现有的硬件资源配置及其组织架构，整体规划并建立适应 BIM 应用需要的硬件资源，实现对企业硬件资源的合理配置。特别应优化投资，在适用性和经济性之间找到合理的平衡点，为企业的长期信息化发展奠定良好的硬件资源基础。

1. 基本配置

当前，采用个人计算机终端运算、服务器集中存储的硬件基础架构较为成熟，其总体思路是：在个人计算机终端中直接运行 BIM 软件，完成 BIM 的建模、分析及计算等工作；通过网络，将 BIM 模型集中存储在企业数据服务器中，实现基于 BIM 模型的数据共享与协同工作。

该架构方式技术相对成熟、可控性较强，在企业现有的硬件资源组织及管理方式基础上部署，实现方式相对简单，可迅速进入 BIM 实施过程，是目前施工企业 BIM 应用过程中的主流硬件基础架构。但该架构对硬件资源的分配相对固定，不能充分利用企业硬件资源，存在资源浪费的问题。

此种基础架构中，对个人计算机、数据服务器及配套设施的要求如下：

1）个人计算机要求

BIM 应用对于计算机运行性能要求较高，主要包括：数据运算能力、图形显示能力、信息处理数量等几个方面。企业可针对选定的 BIM 软件，结合工程人员的工作分工，配备不同的硬件资源，以达到 IT 基础架构投资的合理性价比。

通过软件厂商提供的硬件配置要求，一般只是针对单一计算机的运行要求而定，并未考虑企业 IT 基础架构的整体规划。因此，计算机升级应适当，不必追求高性能配置。建议施工企业采用阶梯式硬件配置，分为不同级别，即基本配置、标准配置、专业配置。

此外，对于少量临时性的大规模运算需求，如复杂模拟分析、超大模型集中渲染等，企业可考虑通过分布式计算的方式，调用其他暂时闲置的计算机资源共同完成，以减少对高性能计算机的采购数量。

2）集中数据服务器及配套设施的部署

集中数据服务器用于实现企业 BIM 资源的集中存储与共享。集中数据服务器及配套设施一般由数据服务器、存储设备等主设备，以及安全保障、无故障运行、灾备等辅助设备组成。企业在选择集中数据服务器及配套设施时，应根据需求进行综合规划，包括：数据存储容量要求、并发用户数量要求、实际业务中人员的使用频率、数据吞吐能力、系统安全性、运行稳定性等。在明确规划以后，可据此（或借助系统集成商的服务能力）提出具体设备类型、参数指标及实施方案。

2. 典型方案

如图 1-3 及图 1-4 所示分别为项目网络硬件配置和公司网络硬件配置的典型方案。

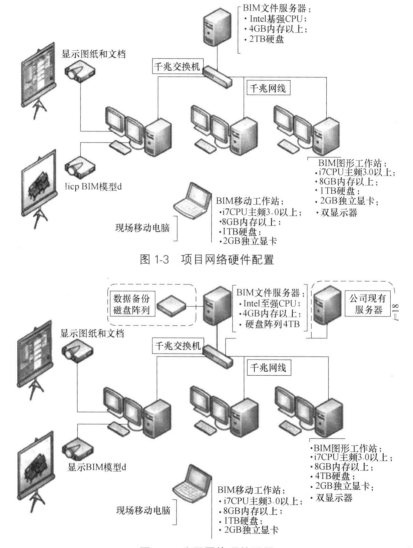

图 1-3 项目网络硬件配置

图 1-4 公司网络硬件配置

3. 其他硬件方案

1）基于虚拟化技术的 IT 基础架构

虚拟化技术已有 20 年的应用历史，相对于个人计算机终端运算的资源分配固定、浪费严重的问题，采用虚拟化技术可以实现存储与计算等资源的集中管理、按需分配、分时复用，使资源得到更高效、充分的利用。其总体思想是通过在各种硬件上部署虚拟化产品，使应用程序能够在虚拟的计算机元件基础上运行，脱离对硬件的直接依赖，从而实现硬件资源的重新分配与整合，以便更好、更高效地利用这些资源，最终达到简化管理、优化资源的目标。虚拟化已经从单纯的虚拟服务器成长为虚拟桌面、网络、存储等多种虚拟技术。

目前，国内外很多企业已经不同程度地采用了虚拟化技术来搭建企业的 IT 基础架构，它是企业 IT 基础架构建设的选择之一。对于这种架构，实现方式主要包含对企业硬件资源的整合以及虚拟化软件系统的部署应用两部分内容。目前较成熟的虚拟化系统，在管理能力、容错能力、系统稳定性、可扩展性等方面一般均能达到 BIM 的应用要求，但在图形显示、系统性能等方面还有待进一步提高。

2) 基于企业私有云技术的 IT 基础架构

云技术是一个整体的 IT 解决方案，也是企业未来 IT 基础架构的发展方向。其总体思想是：应用程序可通过网络从云端按需获取所要的计算资源及服务。对大型企业而言，这种方式能够充分整合原有的计算资源，降低企业新的硬件资源投入、节约资金、减少浪费。

随着云计算应用的快速普及，必将实现对 BIM 应用的良好支持，成为企业在 BIM 实施中可以优化选择的 IT 基础架构。但企业私有云技术的 IT 基础架构，在搭建过程中仍要选择和购买云硬件设备及云软件系统，同时也需要专业的云技术服务才能完成，企业需要相当数量的资金投入，这本身并没有充分发挥云计算技术核心价值。随着公有云、混合云等模式的技术完善和服务环境的改变，企业未来基于云的 IT 基础架构将会有更多的选择。

本章小结

BIM（Building Information Modeling），即建筑信息模型，是信息技术在建筑工程项目管理的应用。它具有可视化、协调性、模拟性、优化性和可出图性五大特点。一个完整的 BIM 应用系统由专门组织中的人员、计算机硬件、计算机软件三部分组成。BIM 技术适用性广，可用于规划设计、投标、现场管理、技术交底、设备安装、竣工验收、装饰、运维等环节中，且针对不同的应用点有不同的应用软件。

思考与练习题

1-1　BIM 技术的含义及特点是什么？

1-2　BIM 技术在建筑工程领域有哪些应用点？

1-3　BIM 技术的相关软件有哪些？请说出各个软件适用的范围。

第 2 章　BIM 技术在城市规划建设中的应用

本章要点及学习目标

本章要点：
(1) BIM 技术在城市规划建设中的各种应用。
(2) 应用 BIM 技术进行城市规划微环境生态的模拟。
学习目标：
(1) 了解 BIM 技术在城市规划建设中的各种应用。
(2) 掌握 BIM 技术模拟城市规划微环境生态的方法。

2.1　我国城市规划现状

1. 城市规划建设的定义

城市是一定区域内政治、文化、科技和信息的中心。现代城市的形成和发展除自然条件外，主要是在城市规划的指导下，进行不断建设和有效管理。

城市规划建设主要包含两方面的内容：城市规划和城市建设。

1) 城市规划是根据城市的地理环境、人文条件、经济发展状况等客观条件，制定适宜城市整体发展的计划，从而协调城市各方面发展，并进一步对城市的空间布局、土地利用、基础设施建设等进行综合部署和统筹安排的一项具有战略性和综合性的工作。

2) 城市建设是指政府主体根据城市规划的内容，有计划地实现能源、交通、通信、信息网络、园林绿化以及环境保护等基础设施建设，它是将城市规划的相关部署切实实现的过程。一个成功的城市建设，要求在建设的过程中实现人工与自然的完美结合，追求科学与美感的有机统一，实现经济效益、社会效益、环境效益的共赢。

在上述的两点中：规划是城市发展的龙头，是建设与管理的直接依据；建设是城市发展的基础，是规划和管理的具体实施和前提条件。两者相辅相成、相互促进、缺一不可。

2. 我国的城市规划现状

我国的城市化速度列居世界前茅，有超过半数的中国居民为城市人口。中国的城市化已经成为区域经济增长的火车头，并成为"中国奇迹"的重要支撑。其中，城市规划作为城市建设的龙头，对城市功能结构和城市未来发展都起着至关重要的作用。

在 20 世纪 90 年代，相关部门已在城乡规划管理、设计和监督部门引入地理信息系统 (GIS)，计算机辅助设计 (CAD)、全球定位 (GPS) 等先进的信息化技术，在过去的 20 多年中，我国在规划编制、规划设计、规划管理等方面大力推进信息技术，已取得了丰硕的成果。例如：地理信息系统与城市规划报批；虚拟现实及多媒体网络技术与城市规划；嵌入式地理信息系统与城市规划；地理信息系统与遥感技术结合等。但随着城市化速度的不断加快及对规划要求的不断提高，使得城市规划的信息量日益增高，目前的信息化手段已经不能满足要求，亟须新的技术。

2.2 BIM 在城市规划中的应用方向

BIM 是以三维数字技术为基础，集成了建筑工程项目各种相关信息的建筑信息模型。它为与建筑相关的各环节人员提供"模拟和分析"的科学协作平台，帮助他们利用三维数字模型对项目进行设计、建造及运营管理。

BIM 在城市规划中的应用方向包括：

1. 建立基于 BIM 技术多维信息模型

随着计算机技术的迅猛发展，目前我国城市规划领域大多采用计算机城市规划管理系统。该系统以 CAD+GIS 作为主要支撑平台，不仅利用相关的三维仿真技术建立三维空间模型与传统的 GIS 平台连接，并且共享基础地理信息数据。

与传统三维仿真技术相比，BIM 的多维度技术更为先进。引入 BIM 技术，建立的城市规划信息模型将是一个基于 BIM 技术的多维信息模型，该模型以传统的三维空间模型为基础，再加上从控制性详细规划到修建性详细规划这两个层次建立的基于同样数据结构，并且包含了所有规划信息的三维、多维模型。

2. 建立基于 BIM 技术的城市规划编制、管理平台

利用 BIM 技术强大的性能分析功能，可以很好地解决传统的城市规划编制和管理方法无法量化的缺点。

将 BIM 的性能分析技术与传统规划方案的设计、评审结合起来，将会对城市规划多指标量化、编制科学化和城市规划可持续发展产生积极的影响。

3. 建立 BIM+GIS 的新的支撑平台

城市规划信息模型建立以后，需要与城市规划现有的管理系统相结合，主要方向为现有规划 GIS 平台的结合。BIM 作为应用层，可以提取 GIS 层的数据并通过相互对应关系直接付诸到三维的 BIM 模型上，这样 BIM 模型与 GIS 平台可以扬长避短，在二维与三维两个方向结合，既发挥了 GIS 平台大尺度管理和规划各个专业专项高级分析的优势，也发挥了 BIM 数据整合和全生命周期管理及 BIM 高级分析的优势。

4. 建立基于 BIM 技术的城市规划微环境生态模拟平台

生态城市是 20 世纪 90 年代由联合国教科文组织提出的新概念。随着近几年国内提出的开展"生态规划""绿色规划"等理念，生态学很快对城市发展与建设产生了积极的影响。

生态城市作为一个多元化、多介质、多层次的人工复合生态系统，各层次、各子系统之间和各生态要素之间的关系错综复杂，而生态的城市规划相比于传统的城市规划也有了新的内容和要求，例如：

（1）高质量的环保系统；

（2）高效能的运转系统；

（3）高水平的管理系统；

（4）完善的绿地生态系统；

（5）高度的社会文明和生态环境意识。

利用 BIM 技术强大的性能分析，将 BIM 信息模型引入城市规划，建立不同层次的规划信息模型；同时建立城市建筑微环境的生态模拟系统，综合利用气象数据和外部环境数据，模拟城市不同层次的规划结果所带来的城市发展趋势及空间布局所产生的日照、通风、噪声等一系列的人居环境指数，并且通过评估这些指数来辅助城市规划的设计、管理和决策。

2.3　BIM 城市规划微环境生态模拟

城市规划的微环境生态，模拟主要分为：

（1）日照和采光；

（2）微环境的空气流动；

（3）城市规划可视度分析；

（4）建筑群热工分析；

（5）规划微环境的噪声分析。

通过这些分析，从规划角度和生态学角度解决了规划空间所产生的对人的舒适度的影响。

2.3.1　日照和采光

日照是影响建筑物外部区域气候状况的重要因素之一。好的日照设计不仅可以提高建筑物的舒适度和卫生条件，而且可以降低建筑物的供暖能耗并提供清洁能源。所以建筑物日照间距不仅是城市规划管理部门审核建设工程项目的重要指标，而且是规划设计的主要参考标准，还是控制建筑密度的有效途径之一。

近些年来，由于高层建筑的大量涌现，城市微环境的日照采光受到影响且日益严重。由于日照、采光分析涉及时间、地域、建筑造型等多种复杂因素，将这些相互影响的因素综合起来进行人工精确计算分析非常困难，所以在设计或审查阶段，利用传统方法进行的日照分析，往往不够科学准确。

而 BIM 技术则能很轻松地解决这些问题。如图 2-1 所示，为利用 BIM 技术模拟的某建筑南立面在大寒日日照有效时间（我国标准为 8 点到 16 点）的日照时间分布情况。由图 2-1 可见，受前面高楼的遮挡影响，所选建筑南立面未能达到满时日照，部分面积的日照时数较低（最低处仅为 0.2h）。

2.3.2　微环境的空气流动

建筑室外风环境是城市微热环境的重要组成部分，它不仅具有一般城市风环境的复杂性，而且还具有其自身的特殊性，例如，大气湍流引起的动量运输、污染物扩散、巷道风效应等。对其进行研究分析通常采用两种方法：风洞试验或 CFD 数值模拟。

CFD（Computational Fluid Dynamics）是指基于计算流体动力学原理的数值模拟方

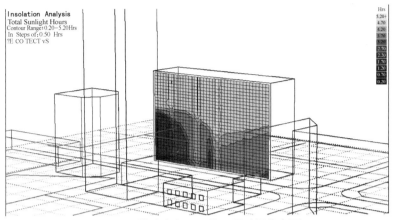

图 2-1 某建筑南立面的日照时间分布图

法。CFD数值模拟有以下作用：

（1）对小区建筑物的体型、布局等起到指导的作用；

（2）改善住区建筑周边人行区域的舒适性；

（3）通过调整规划方案、建筑布局、景观绿化布置改善住区流场分布、减小涡流和滞风现象，改善住区环境质量；

（4）分析在大风情况下可能因狭管效应引发安全隐患的区域。

利用CFD分析软件，可以方便、快捷地对建筑内、外环境的气流流场进行模拟仿真，可以形象直观地对建筑内、外环境的气流流动形成的流体环境做出分析和评价并及时地调整方案。这有利于规划师、建筑师在方案设计的时候全面、直观地对环境影响的因素进行把握。如图2-2所示为利用CFD模拟某居住小区的风场情况。

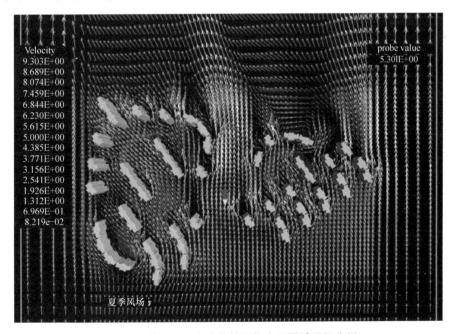

图 2-2 利用CFD完成的某居住小区夏季风场分析

2.3.3　城市规划可视度分析

规划可视度是指周围一定范围内的区域中对于指定建筑物的可见程度。可视度分析是城市设计师们在规划设计阶段，采取不同的手段及统计约束规则来确定可视性的方法，分析结果可以作为对城市形态和空间布局结构进行控制和调整的重要依据。

传统的可视度分析方法灵活性强，分析精度可根据需要进行调整，但随着采样点数的增加，计算量会急剧增加。同时，这种离散的模拟还会带来不确定性的问题。

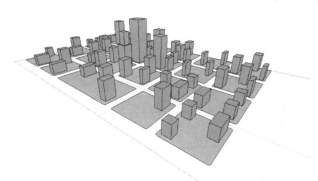

BIM技术的应用不仅使可视度分析变得简单很多，而且从结果可以清晰地看到分析对象的可视度分布。

如图 2-3 所示为某个位于城市中心区的地块，其中心位置有一栋140m 高的高楼，利用基于 BIM 技术的可视化分析软件，只要在需要分析的区域设置一定密度的分析网格，并指定目标对象（高楼），就

图 2-3　分析地块的三维 BIM 模型

可得到如图 2-4 所示的可视化分析结果。

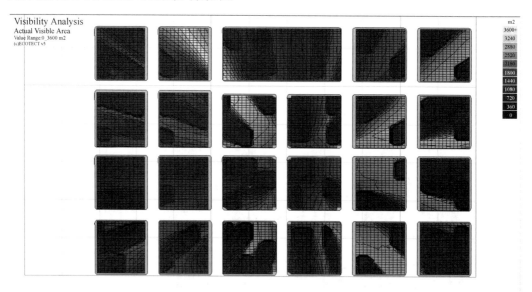

图 2-4　地块的可视化分析结果

2.3.4　规划微环境的噪声分析

现代工业文明在给人类带来极大方便的同时，也带来了前所未有的困扰。天上的飞机、地面的汽车、工厂的机器、建筑工地的施工机械，还有大街上熙熙攘攘的人群和楼内喧闹的邻居，噪声无处不在。如今，噪声污染已和水污染、空气污染、垃圾污染一起，并称为现代社会的四大公害。

规划微环境的噪声分析,可以帮助设计师们从设计阶段就开始重视噪声污染,利用噪声分析的结果,尽早采取措施,尽量降低噪声对规划微环境的影响。

如图 2-5 所示就是利用基于 BIM 技术的软件 Ecotect 完成的某地块噪声分析的结果。

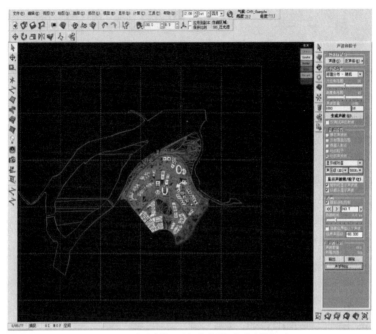

图 2-5　规划微环境噪声影响分析模型

本章小结

本章在分析了我国城市规划现状的基础上,分别从建立城市多维信息模型、城市规划编制和管理的多指标量化、建立 BIM＋GIS 的新支撑平台和建立基于城市规划微环境生态模拟平台等方面,介绍了 BIM 技术在城市规划建设中的各种应用;并且以 Ecotect 软件为例,重点介绍了 BIM 技术在城市规划微环境生态模拟中的应用方法。

随着 BIM 技术的普及和发展,在城市规划的三维平台中,利用 BIM 技术可以完全实现目前三维仿真系统无法实现的多维应用;并且利用 BIM 的性能分析与传统规划方案的设计、评审相结合,可以解决传统城市规划编制和管理方法无法量化的诸多问题指标(如舒适度、空气流动性、噪声云图等),这将会对城市规划多指标量化、编制科学化和城市规划可持续发展产生积极的影响。

思考与练习题

2-1　城市规划建设的定义是什么?

2-2　BIM 在城市规划中的应用方向有哪些?

2-3　城市规划微环境的生态模拟主要分为几个方面?基于 BIM 技术的模拟软件和方法主要有哪些?

第 3 章　BIM 应用技术基础

本章要点及学习目标

本章要点：
(1) 参数化基本建模方法与编辑方法。
(2) Revit 模型的成果细化及输出方法。
(3) 典型案例的建模方法。

学习目标：
(1) 掌握实体的参数化基本建模方法与编辑方法，进行熟练运用。
(2) 掌握 Revit 模型的成果细化及输出方法；重点掌握本章典型案例的建模方法。
(3) 了解模型运用的方法。

3.1　BIM 应用软件简介

Autodesk Revit 软件主要用于设计建筑信息模型，包括建筑、结构及 MEP 专业的功能模块。通过 Revit 软件创建参数族与信息模型，利用参数化修改引擎做到一处修改处处更新；通过协同工作减少各专业之间的协调错误；通过构件分类，有效地管理构件数据。

橄榄山快模软件是 Revit 平台上的插件程序，扩展增强了 Revit 的功能，提高用户创建模型的便捷性和工作效率。使用橄榄山快模的快速建模工具，可以提高建模的速度和准确度。

Navisworks 不仅可以整合和管理 BIM 模型的数据和信息，还可以完成模型渲染、冲突检测、施工过程模拟、数据整合、工程量计算等。

3.2　基本功能及操作

3.2.1　BIM 工作流程与项目组织

BIM 工作流程，如图 3-1 所示。

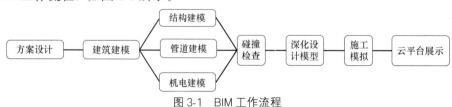

图 3-1　BIM 工作流程

BIM 建模流程：项目创建→绘制标高→绘制轴网→创建模型→生成立面、剖面和详图→模型及视图处理→标注及明细表统计→三维渲染图→布图与打印输出→与其他软件交互。

3.2.2　Revit 软件操作界面

1. 功能区

功能区提供了建模的所有命令与工具。这些命令与工具根据类别，分别被放置在不同的选项卡中，如图 3-2 和图 3-3 所示。

图 3-2　项目编辑器功能区

图 3-3　族编辑器功能区

2. 属性选项板

属性选项板展示了当前视图或图元的属性参数，其显示的内容随着选择对象的不同而改变，所展示的为实例属性。

注意：如果界面中没有出现属性选项板，单击"视图"选项卡→"用户界面"菜单，勾选"属性"，如图 3-4 所示，或者使用快捷键：VP。

3. 类型选择器

在属性选项板中点击下拉菜单，如图 3-5 所示，可以用于选择即将需要放置的族类型或者替代此时选中图元的族类型，防止多次修改参数，达到简化的目的。

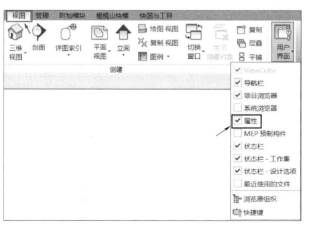

图 3-4　添加"属性"选项板

图 3-5　当前基本墙类型及其下拉列表

图3-6 项目浏览器

4. 项目浏览器

项目浏览器，如图3-6所示，显示了当前项目中所有视图、图例、明细表、图纸、族和组的逻辑层次。项目类别前的"＋"表示还包括其他子类别项目，"－"表示可以折叠各个分支。

项目浏览器有诸多功能，可以打开视图，关闭视图、复制视图、删除视图，创建新的族类型，重新载入族，编辑族、保存族等。

注意：如果界面中没有出现项目浏览器，单击"视图"选项卡→"用户界面"菜单，勾选"项目浏览器"，方法同属性选项板，无快捷键。

5. 上下文选项卡

激活某些工具或者选择图元时，会自动增加并切换到对应的"上下文选项卡"，其中包含一组只与该工具或图元的上下文相关的工具。

例如，单击"窗"工具时，将显示"修改|放置窗"的上下文选项卡，其中显示10个面板如图3-7所示。

图3-7 "修改|放置窗"选项卡下的面板

选择：包含"修改"工具。

属性：包含"属性"和"类型属性"按钮。

剪贴板：包含"复制""粘贴""剪切""匹配类型属性"工具。

几何图形：包含图形的多种连接方式。

修改：包含图形编辑的17种方法。

视图：窗在该视图中的显示模式。

测量：包含"测量"和"标注"工具。

创建：包含"创建零件""创建部件""创建类似"和"创建组"按钮。

模式：包含"载入族"和"内建模型"按钮。

标记：包含"在放置时进行标记"按钮，高亮时表示放置窗时会进行自动标注，暗显时不会进行自动标注。

灰色按钮代表该功能在此上下文选项卡中不能使用。按两次"Esc"键退出时，上下文功能区选项卡即会关闭。

6. 选项栏

当选择不同的工具命令时，命令附带的选项会出现在选项栏中；选择不同的图元时，与此图元相关联的选项也会显示在选项栏中。在选项栏中可以自己设置和填写相关参数。

以墙为例，如图3-8所示。单击"墙"按钮，选项栏中出现"高度/深度"栏，深度表示墙体的下部限制，高度表示墙体的上部限制；"未连接"表示墙体上部限制的楼层标高；"定位线"表示绘制墙体时墙体的定位线；"链"表示绘制非平行墙时是否连续绘制；

"偏移量"表示墙体绘制偏移鼠标参照线的位置;"半径"表示墙体连接时的圆弧半径,不勾选即为直角连接。

图 3-8 "修改|放置窗"选项栏

7. 视图控制栏

视图控制栏位于 Revit 底部的状态栏上方,如图 3-9 所示。通过它可以快速修改绘图区域的显示样式、比例、内容等。

比例:如图 3-10 所示,位于视图控制栏,代表视图的显示比例,可自定义。

详细程度:如图 3-11 所示,位于视图控制栏,代表图元显示的精细程度。

模型图样视觉形式:如图 3-12 和表 3-1 所示,分为"线框""隐藏线""着色""一致的颜色"和"真实"5 种视觉样式。

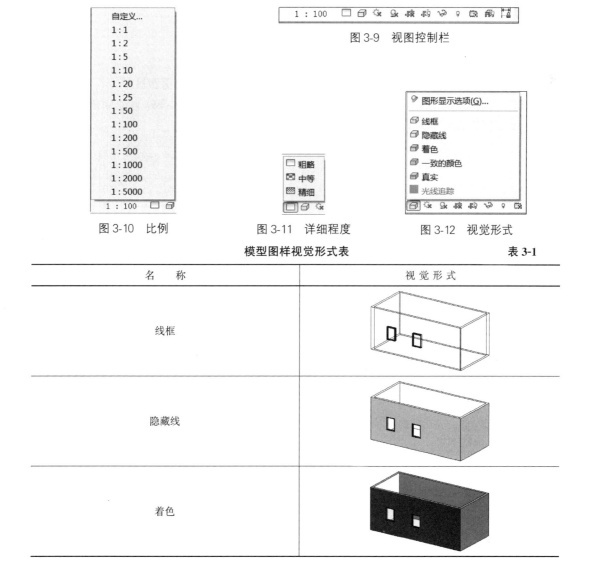

图 3-10 比例　　　　　图 3-11 详细程度　　　　图 3-12 视觉形式

模型图样视觉形式表　　　　　　　　　　　　　　表 3-1

名　　称	视 觉 形 式
线框	
隐藏线	
着色	

续表

名　　称	视　觉　形　式
一致的颜色	
真实	

关闭/打开日光路径：如图 3-13 所示，控制日光路径的开关。

关闭/打开阴影：控制阴影的开关。

关闭/显示剪裁区域：控制剪裁区域的开关。

不显示/显示剪裁区域：控制剪裁区域的显示，如果不显示，剪裁区域也存在。

临时隐藏/隔离：如图 3-14 和表 3-2 所示，如果是为了临时的操作方便而需要隐藏或单独显示某些图元，则可以选用"临时隐藏/隔离"命令。

图 3-13　日光路径开关

图 3-14　临时隐藏/隔离

临时隐藏/隔离类型解释说明表　　　　　　　　　　　　　　　　　表 3-2

临时隐藏/隔离类型	解　释　说　明
隐藏图元	只隐藏所选择的图元
隐藏类别	隐藏与所选择的图元相同类别的所有图元
隔离图元	单独显示选择的图元,隐藏未选择的其他所有图元
隔离类别	单独显示与所选择的图元相同类别的所有图元,隐藏未选择的其他所有类别的图元
将隐藏/隔离应用到视图	从"临时隐藏/隔离"命令中选择"将隐藏/隔离应用到视图"命令,将把当前视图的临时隐藏设置转变为永久隐藏,并在保存项目文件时自动保存隐藏设置以备以后编辑时使用
重设临时隐藏/隔离	取消隐藏/隔离模式,显示所有临时隐藏的图元

3.2.3　Revit 软件基本术语与操作方法

1. 项目

Revit 中"项目"是指单个设计信息数据库——建筑信息模型（BIM）。一个项目文件包含了建筑的所有设计信息，是 Revit 的基础文件。

项目是基于项目样板建立的，Revit 提供了如图 3-15 所示的构造、建筑、结构、机械

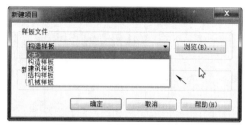

图 3-15　选择项目样板文件

四种专业样板，单击"浏览"按钮选择需要的样板模式，如图 3-16 所示。

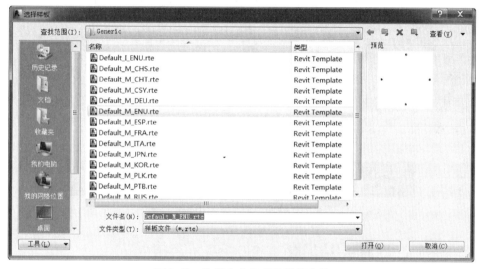

图 3-16　选择自定义项目样板文件

1）新建项目

方法一：

在主界面中，单击"项目"下的"样板"按钮，如图 3-17 所示，即以默认样板文件为项目样板，新建一个项目文件。

方法二：

"快速访问工具栏"，单击主界面左上角的快速"新建"命令，在弹出的新建项目对话框中选择样板文件，新建项目，如图 3-18 所示。

方法三：

"应用程序菜单"，单击主界面左上角的"▲"图标，在下拉菜单中单击选择"新建"→"项目"命令，如图 3-19 所示，在弹出的新建项目对话框中选择样板文件，新建项目。

2）基本项目设置

单击"管理"选项卡的"设置"面板，可设置项目信息。这里介绍最常用的如下三个：

（1）单击"管理"选项卡中的"项目信息"，如图 3-20 所示。在弹出的"项目属性"对话框中可填写项目信息，如图 3-21 所示。

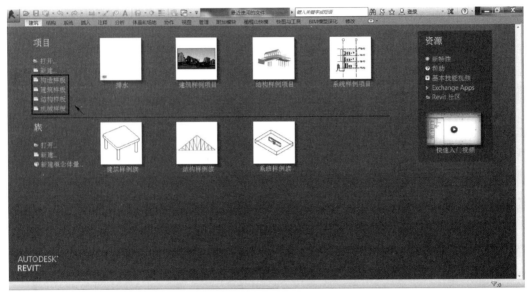

图 3-17　"最近使用的文件"界面中新建项目

图 3-18　快速访问工具栏中新建项目

图 3-19　应用程序菜单中新建项目

图 3-20　"项目信息"按钮

（2）单击"管理"选项卡中的"项目单位"，如图 3-22 所示。在弹出的"项目单位"对话框中可修改单位，如图 3-23 所示。点击格式中对应的按钮，弹出"格式"对话框，如图 3-24 所示，在该对话框中进行单位修改。

（3）单击"管理"选项卡中的"对象样式"，如图 3-25 所示，在弹出的"对象样式"对话框中可修改对象的线宽、线颜色、线型图案和材质，如图 3-26 所示。

图 3-21 填写项目信息

图 3-22 "项目单位"按钮

图 3-23 "项目单位"对话框

图 3-24 修改"项目单位"

图 3-25 "对象样式"按钮

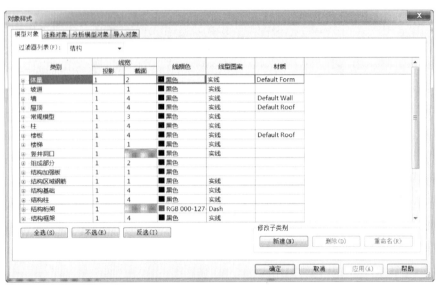

图 3-26 "对象样式"对话框

2. 图元

Revit 设计过程就是用添加图元来创建整个建筑。Revit 图元有 3 种：模型图元、基准图元、视图专有图元，如表 3-3 所示。

图元类型   表 3-3

图 元 类 型	解　释	举　例
模型图元	表示建筑的实际三维几何图形	主体：墙、楼板、屋顶等模型构件，门、窗、家具等
基准图元	表示项目中定位的图元	轴网、标高、参照平面
视图专有图元	表示只在放置这些图元的专有视图中显示，对模型进行描述	文字注释、尺寸标注、详图线、填充区域等

3. 组织图元（表 3-4）

组织图元   表 3-4

组 织 图 元	解　释	举　例
类别	以建筑构件性质为基础，对建筑图元归类的一组图元	柱
族	组成项目的构件，包含参数信息	矩形柱、圆形柱
类型	特定尺寸的模型图元族就是族的一种类型	450mm×600mm 矩形柱
实例	放置在项目中的每一个实际图元	KZ1

4. 类型参数与实例参数

类型参数：是指族中某一类型图元的公共属性，修改类型属性参数会影响项目中该族所有已有的实例和任何将要在项目中放置的实例的参数值。

如图 3-27 所示为常规矩形柱的类型属性对话框。

实例参数：是指某种类型的各个实例的特有属性，实例参数仅影响当前选择的图元或将要放置的图元。

如图 3-28 所示为常规矩形柱 300mm×300mm 的实例参数面板，也称为属性选项卡。点击属性选项卡中的"编辑类型"按钮，就会弹出"类型属性"对话框。

图 3-27　常规矩形柱的类型属性对话框

图 3-28　属性选项卡

5. 工作平面

工作平面：Revit 中的每一个实体都在工作平面上。在进行拉伸、旋转等创建实体的命令时，需要先创建工作平面，快捷键：RP。

创建方式：键盘键入"RP"→"工作平面"绘制状态→属性选项卡修改名称（图 3-29）。

指定工作平面的方法："建筑"选项卡→"工作平面"面板→"设置"工具，弹出工作平面对话框，如图 3-30 所示。

图 3-29　修改参照平面名称

图 3-30　指定工作平面对话框

有三种指定新的工作平面的方法：①名称，选择工作平面的名称；②拾取一个平面，点击选取一个参照平面或者实体的表面；③拾取线并使用绘制该线的工作平面，拾取任意一条线，并将该线所在的平面作为工作平面。

6. 图元绘制、草图模式

图元绘制方式如表 3-5 所示。

图元绘制方式   表 3-5

绘制方式图标	名称	绘制方式图标	名称
	直线绘制		相切-端点弧绘制
	矩形绘制		圆角弧绘制
	内接多边形绘制		样条曲线绘制
	外接多边形绘制		椭圆绘制
	圆形绘制		半椭圆绘制
	起点-终点-半径弧绘制		拾取线绘制
	圆心-端点弧绘制	—	—

草图模式绘制方式如表 3-6 所示。

草图模式绘制方式   表 3-6

方式	绘制流程	草图形状	立体形状
拉伸	绘制封闭的草图轮廓,将轮廓拉伸指定的高度后生成模型		
旋转	绘制封闭的草图轮廓,绕旋转轴旋转指定角度后生成模型		
放样	绘制二维轮廓,并将此二维轮廓沿放样路径放样生成模型		
融合	在两个平行平面上分别绘制二维图形,将两个图形融合形成模型		

续表

方式	绘制流程	草图形状	立体形状
放样融合	绘制两个不同的二维图形,将两个图形沿放样路径放样形成模型		
空心形状	空心形状的绘制方法同实心形状的绘制方法相同,区别在于空心形状绘制出的为空心体,一般可作剪切用	—	—

7. 图元编辑

Revit 提供了多种选择图元的方法。

1)选择单个图元

在视图中移动光标到一个基本图元构件上时,当图元高亮显示时单击鼠标左键,即可选择一个图元。

2)窗选

在视图中,从左上角单击鼠标左键并按住不放,向右侧拖拽鼠标拉出矩形实线选择框,此时完全包含在框中的图元高亮显示,在右下角侧松开鼠标,即可选择完全包含在框中的所有图元。

3)交叉窗选

在视图中,从右下角侧单击鼠标左键并按住不放,向左上角侧拖拽鼠标拉出矩形虚线选择框,此时完全包含在框中的图元和与选择框交叉的图元都高亮显示,在左侧松开鼠标,即可选择完全包含在框中的图元和与选择框交叉的所有图元。

4)Ctrl+单击

按住"Ctrl"键,光标箭头右上角出现"+"符号,连续单击拾取图元,即可选择多个图元。

5)按图元类别选择

窗选多个图元后,在最下面状态栏右侧的"过滤器" 会显示当前选择的图元数量或者"修改|多个"选项卡中的过滤器,如图 3-31 所示,打开"过滤器"对话框。如图 3-32 所示,在"过滤器"对话框左侧的"类别"栏中通过勾选或取消勾选图元类别前的复选框即可过滤选择的图元。"选择全部"按钮是选择全部的图元,"放弃全部"是取消选择全部的图元。

设置完成后,"过滤器"对话框下面的"图元总数"会自动统计新选择的图元总数。单击"确定"关闭对话框。此时选定的图元仅包含在"过滤器"中指定的类别,状态栏右下角的"已选择图元"总数自动更新。

8. 取消选择

选择图元后,在视图空白处单击鼠标左键或按"Esc"键即可取消选择。

9. 重做与取消操作

"快速访问工具栏"中的"重做与取消操作",如图 3-33 所示。

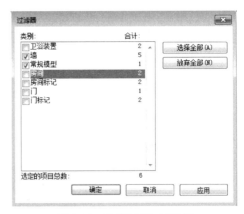

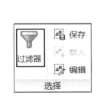

图 3-31　"过滤器"按钮　　　　　图 3-32　"过滤器"对话框

图 3-33　"重做与取消操作"按钮

10. 临时尺寸标注

临时尺寸标注是指选择图元时出现的蓝色尺寸标注，可用来精确定位图元。

如图 3-34 所示的墙和窗，单击选择窗，两侧出现到墙面距离的临时尺寸标注，如图 3-35 所示。单击左侧尺寸文字，键盘输入 1000mm 后回车，窗向左移动，距离左侧墙边距离 1000mm。

注：如果没有出现临时尺寸，在选项栏点击"激活临时尺寸"即可。

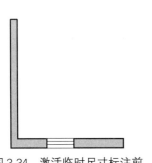

图 3-34　激活临时尺寸标注前

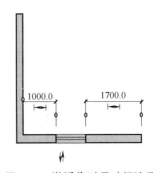

图 3-35　激活临时尺寸标注后

循环单击尺寸界线上的蓝色实心控制柄，可以在内外墙面和墙中心线之间切换临时尺寸界线参考位置；也可以在实心控制柄上单击按住鼠标左键不放，并拖拽光标到轴线等其他位置上松开，捕捉到新的尺寸界线参考位置。

3.2.4　实体创建方法

1. 基础

基础是建筑底部与地基接触的承重构件，是建筑物的地下部分。基础分类：结构中常用的基础类型有独立基础、条形基础、筏板基础、桩基础等。创建方法分为使用系统自带族和自行创建基础族两种。其绘制方式如图 3-36～图 3-39 所示。

1）独立基础绘制流程

图 3-36 独立基础流程

2）条形基础绘制流程

图 3-37 条形基础流程

3）筏板基础绘制流程

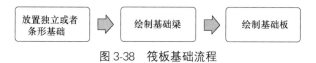

图 3-38 筏板基础流程

4）桩基础绘制流程

图 3-39 桩基础流程

【例 3-1】 如图 3-40 所示是四桩承台平面及剖面图，圆桩长度为 2.4m，建立如图 3-41 所示的四桩承台模型。

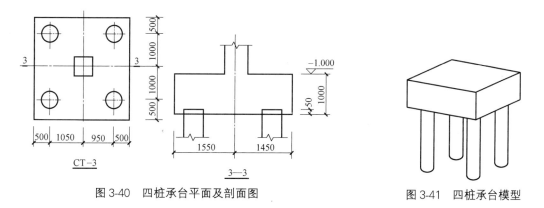

图 3-40 四桩承台平面及剖面图　　　　　　　图 3-41 四桩承台模型

【解】

步骤 1：单击 Revit 左上方的"应用程序菜单"按钮，选择"新建"→"族"命令，如图 3-42 所示。

步骤 2：在弹出的对话框中，选择"公制结构基础.rft"文件，如图 3-43 所示，点击"打开"按钮。

步骤 3：进入族编辑器后，默认为"参照标高"的楼层平面。用键盘输入"RP"命令，在选项栏的偏移量中填入"1500.0"，如图 3-44 所示。

图 3-42   新建"族"

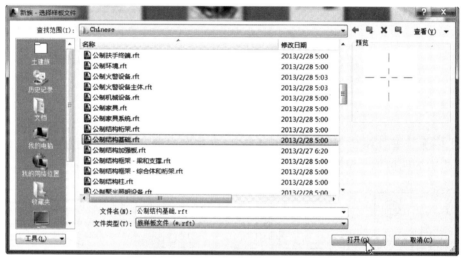

图 3-43   打开"公制结构基础.rft"

图 3-44   填写偏移量

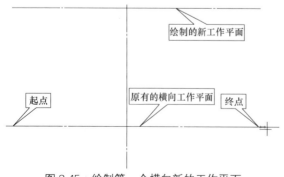

图 3-45   绘制第一个横向新的工作平面

步骤 4：沿着原有的横向工作平面，从左到右绘制一个新的工作平面，新的工作平面距原有的工作平面1500mm，如图 3-45 所示。

步骤 5：同步骤 4，沿着原有的横向工作平面，从右到左绘制第二个新的工作平面。

步骤 6：在选项栏的偏移量中填入"1450.0"，沿着原有的纵向工作平面，从上到下绘制一个新的工作平面，如图 3-46 所示，新的工作平面距原有的工作平面 1450mm。

步骤 7：在选项栏的偏移量中填入"1550.0"，同步骤 6，沿着原有的纵向工作平面，从下到上绘制第二个新的纵向工作平面，按"Esc"键退出。所有的参照平面绘制完成，如图 3-47 所示，可选中参照平面，然后拉动两端的伸缩柄将参照平面拉长。

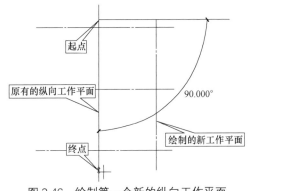

图 3-46　绘制第一个新的纵向工作平面

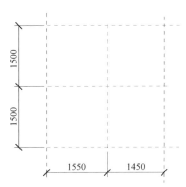

图 3-47　绘制完成的参照平面

步骤 8：单击"创建"选项卡中的"拉伸"命令，如图 3-48 所示。

图 3-48　"创建"→"拉伸"

步骤 9：确认绘制模式为"矩形"，如图 3-49 所示。选项栏中深度为"1000"，偏移量为 0.0，如图 3-50 所示。

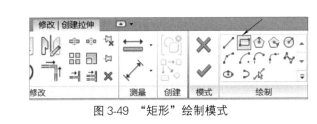

图 3-49　"矩形"绘制模式

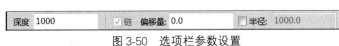

图 3-50　选项栏参数设置

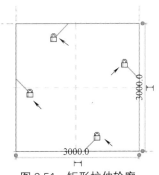

图 3-51　矩形拉伸轮廓

步骤 10：沿着步骤 4～步骤 8 绘制的参照平面，绘制矩形拉伸轮廓，矩形顶点为步骤 4～步骤 8 绘制的参照平面交点，并点击小锁形状的符号，使轮廓与参照平面锁定，如图 3-51 所示。

步骤 11：点击"修改|创建拉伸"选项卡中"模式"面板中的"✔"，如图 3-52 所示，完成绘制。

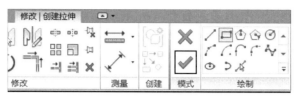

图 3-52   完成"创建拉伸"草图绘制

步骤 12：单击"注释"选项卡中的"对齐"命令，依次点击上、下两根参照线，在参照线中间适当的位置点击放置尺寸，如图 3-53 和图 3-54 所示，按两次"Esc"键退出。

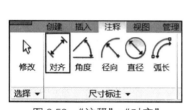

图 3-53   "注释"→"对齐"

图 3-54   绘制尺寸线

步骤 13：点击尺寸线"3000"，在选项栏的"标签"中选择"长度"参数，如图 3-55 所示，结果如图 3-56 所示。

图 3-55   在选项栏的"标签"中选择"长度"参数

步骤 14：单击"注释"选项卡中的"对齐"命令，依次点击上参照线、横向中心工作平面、下参照线，在适当位置放置尺寸线，点击尺寸线附近的"EQ"，使上下两边距中心线的距离相等，如图 3-57 所示。

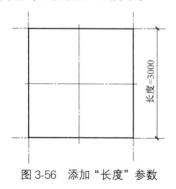

图 3-56   添加"长度"参数

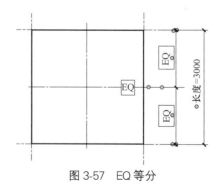

图 3-57   EQ 等分

步骤 15：同步骤 12，绘制"宽度"尺寸线。单击"注释"选项卡中的"对齐"命令，依次点击轮廓左边，纵向中心线，在适当位置放置尺寸，尺寸为"1550"，按两次"Esc"键。点击尺寸"1550"，在选项卡的"标签"中选择"添加参数"，在弹出的对话框中，参数类型为"族参数",名称为"基础左宽",参数分组方式为"尺寸标注",选择"类型"复选按钮,如图 3-58 和图 3-59 所示。点击"确定"按钮即可,结果如图 3-60 所示。

图 3-58　添加参数

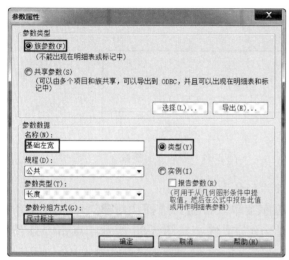

图 3-59　参数属性框

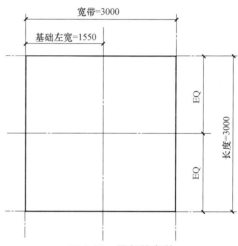

图 3-60　添加的参数

步骤 16：使用"RP"命令绘制四个参照平面,在选项栏设置偏移量为"500",绘制方式为"拾取线" 。将光标移动至图 3-47 中的参照线上,当参照线出现在矩形内部时,拾取该参照线。绘制参照平面尺寸线(无法选中图 3-47 参照线时,配合使用"Tab"键),最后如图 3-61 所示。

步骤 17：点击任一尺寸线"500",在选项栏的标签中添加参数"桩边距"。完成后,再选择另外三条尺寸线"500",点击选项栏的标签中的"桩边距"参数,如图 3-62 所示。

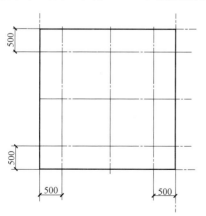

图 3-61　绘制四个参照平面

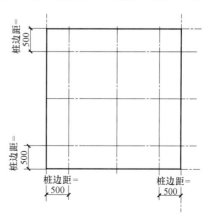

图 3-62　添加"桩边距"参数

步骤 18：在"项目浏览器"中（如果界面中没有出现项目浏览器，单击"视图"选项卡→"用户界面"菜单，勾选"项目浏览器"），切换到"前"视图，如图 3-63 所示。

步骤 19：键盘输入"RP"，绘制一个新的工作平面，距离参照标高 50mm，绘制尺寸线"50"，添加参数"最小预埋件"。同时绘制尺寸线"1000"，添加参数"基础高度"，如图 3-64 所示。

图 3-63　切换到"前"视图

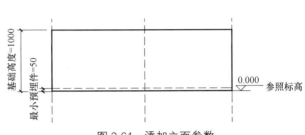

图 3-64　添加立面参数

步骤 20：点击"保存"按钮，保存文件并命名为"基础"。

步骤 21：单击 Revit 左上方的"应用程序菜单"按钮，选择"新建"→"族"命令，在弹出的对话框中，选择"公制常规模型 . rft"文件，如图 3-65 所示，点击"打开"按钮。

图 3-65　选择"公制常规模型 . rft"文件

步骤 22：在"参照标高"平面，单击"创建"选项卡中的"拉伸"命令，确认绘制模式为"圆形"，如图 3-66 所示，选项栏中深度为"-2400.0"，偏移量为 0，勾选"半径"，输入"250.0"，如图 3-67 所示。在工作平面的交点处，点击放置圆。

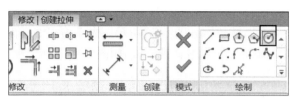

图 3-66 选择绘制模式为"圆形"

图 3-67 修改"选项栏"参数

步骤 23：单击"注释"选项卡中的"径向"命令，在"放置尺寸标注"选项卡中选择"径向"，如图 3-68 所示，点击绘制的圆，出现半径尺寸，按一次"Esc"键退出。点击该尺寸，在选项栏的"标签"中添加"圆桩半径"参数，完成如图 3-69 所示。

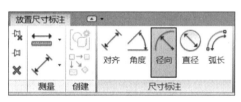

图 3-68 "径向"按钮

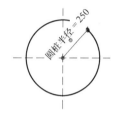

图 3-69 完成"圆桩半径"参数

步骤 24：点击"修改|创建拉伸"选项卡中"模式"面板中的"✔"，完成绘制。

步骤 25：在"项目浏览器"中，切换到"前"视图。绘制一个参照平面，在参照标高之上 50mm，点击桩身及上部拉伸杆，将桩顶与参照标高对齐，并锁定。单击"注释"选项卡中的"对齐"命令，并依次点击参照标高与桩底，绘制尺寸"2400"，在选项栏"标签"中添加参数"桩长"。依次点击桩顶与参照标高，绘制尺寸"50"，在选项栏"标签"中添加参数"最小预埋件"，完成如图 3-70 所示。

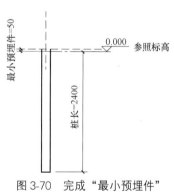

图 3-70 完成"最小预埋件"参数添加

步骤 26：点击"保存"按钮，保存文件名为"圆桩"。

步骤 27：点击"创建"选项卡中的"载入到项目并关闭"按钮，如图 3-71 所示。

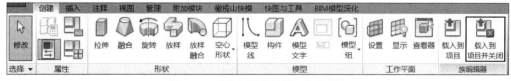

图 3-71 "载入到项目并关闭"按钮

注意：此时"基础"族文件必须和"圆桩"在同一个 Revit 中并处于打开状态，且将"基础"族切换到"参照标高"平面。

步骤 28：将"圆桩"载入到"基础"族中以后，放置在工作平面左上交点处。点击"修改"选项卡中的"对齐"按钮，如图 3-72 所示。先点击工作平面，再点击圆桩的水平直径，如图 3-73 和图 3-74 所示。点击"锁定"，如图 3-75 所示。

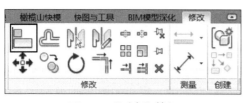

图 3-72　"对齐"按钮

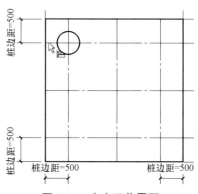

图 3-73　点击工作平面

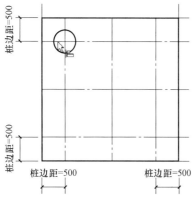

图 3-74　点击圆桩的水平直径

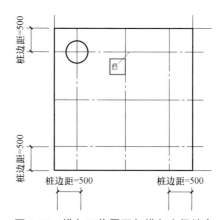

图 3-75　横向工作平面与横向直径锁定

步骤 29：再点击纵向工作平面，绑定纵向的直径，如图 3-76 和图 3-77 所示。

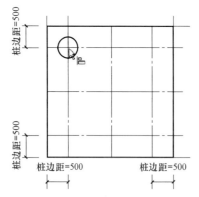

图 3-76　纵向工作平面与纵向的直径对齐

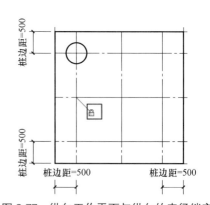

图 3-77　纵向工作平面与纵向的直径锁定

步骤 30：单击"修改"选项卡中的"复制"命令，选择"圆桩"，敲击一下"空格"键，选中"圆桩"的圆心作为基点，再点击工作平面的右上角交点，如图 3-78 和图 3-79 所示，完成复制如图 3-80 所示。

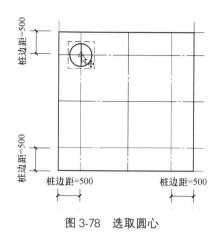

图 3-78 选取圆心

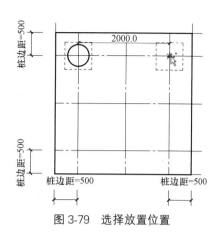

图 3-79 选择放置位置

步骤 31：选择左上"圆桩"，按住"Ctrl"键，再选择右上"圆桩"，单击"修改"选项卡中的"镜像-拾取轴"按钮，点击中间的工作平面作为镜像轴，将"圆桩"镜像到下边，如图 3-81 和图 3-82 所示。

步骤 32：同步骤 28 和步骤 29，绑定另外三根"圆桩"的横、纵向直径，即可。

步骤 33：在项目浏览器中切换到"前"立面，分别将四根圆桩的顶部与最小预埋件的参照平面锁定（可将"基础"的矩形承台临时隐藏，方便圆桩与参照平面锁定）。保存，四桩承台创建完成。

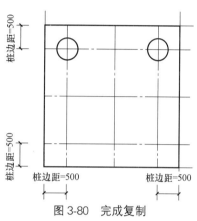

图 3-80 完成复制

图 3-81 "镜像-拾取轴"按钮

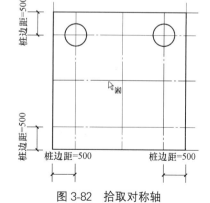

图 3-82 拾取对称轴

【例 3-2】 图 3-83 是独立基础平面及剖面图。根据 CAD 图纸建立如图 3-84 所示的独立基础模型。

【解】

步骤 1：单击 Revit 左上方的"应用程序菜单"按钮，选择"新建"→"族"命令，在弹出的对话框中，选择"公制结构基础.rft"文件，点击"打开"按钮。

步骤 2：进入族编辑器后，默认为"参照标高"的楼层平面。同【例 3-1】创建基础矩形承台方法一样。单击"创建"选项卡中的"拉伸"命令，确认绘制模式为"矩形"，选项

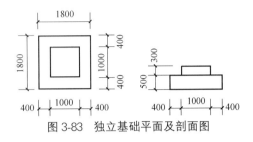

图 3-83　独立基础平面及剖面图

图 3-84　独立基础模型

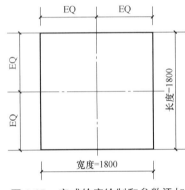

图 3-85　完成轮廓绘制和参数添加

栏中深度为"－800"，偏移量为 0。沿参照平面的交点，绘制矩形拉伸轮廓，与参照平面对齐。点击"修改|创建拉伸"选项卡中"✔"，完成绘制并添加参数，如图 3-85 所示。

注意：尺寸线两端必须是点击参照平面来限制图形。

步骤 3：绘制空心拉伸的参照平面，并添加参数，如图 3-86 所示。单击"创建"选项卡中的"空心形状"下拉列表中的"空心拉伸"命令，确认绘制模式为"矩形"，绘制轮廓如图 3-86 所示，选项栏中深度为"－300"，偏移量为 0。完成绘制后，在项目浏览器中切换到"前"立面，添加参数 h_1 和空心拉伸的高度参数 h_2，如图 3-87 所示。

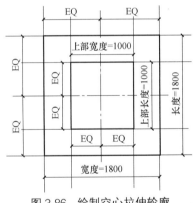

图 3-86　绘制空心拉伸轮廓

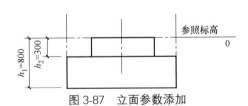

图 3-87　立面参数添加

2. 墙体

在 Revit 中，墙属于系统族，不需要从外部载入。Revit 中按用途可分为三类：基本墙、叠层墙和幕墙。按类型可分为两类：结构墙和建筑墙，区别在于，结构墙可以配置钢筋，而建筑墙不可以。叠层墙由上下多种不同的"基本墙"组成。其绘制流程如图 3-88 和图 3-89 所示。

1）基本墙和叠层墙的绘制流程

图 3-88　基本墙和叠层墙的绘制流程

2）幕墙的绘制流程

图 3-89　幕墙的绘制流程

【例 3-3】　绘制普通墙体

已知墙体结构层为 240mm 厚，外部面层使用 10mm 厚灰色涂料，内部面层使用 10mm 厚白色涂料，在层高为 3600mm 的 F1 和 F2 楼层平面内绘制，绘制效果如图 3-90 所示。

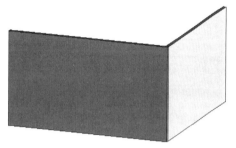

图 3-90　墙体三维视图

【解】

步骤 1： 打开"第三章项目素材"文件夹中的"墙体.rvt"文件，在"项目浏览器"中切换至 F1 楼层的平面视图，单击"建筑"面板中的"墙"工具的下拉列表，选择"墙：建筑"工具，如图 3-91 所示。

步骤 2： 单击"属性"面板中的"编辑类型"按钮，如图 3-92 所示。弹出"类型属性"对话框。在对话框中，确认"族"选项为"系统族：基本墙"，"类型"选项为"常规—200mm"，单击"复制"按钮，在弹出的对话框中的"名称"对话框中输入"外墙—240mm"，点击"确定"按钮，如图 3-93 所示。

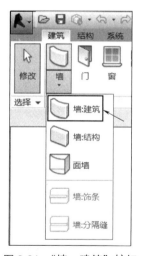

图 3-91　"墙：建筑"按钮

图 3-92　"编辑类型"按钮

步骤 3： 选择功能为"外部"。然后单击"类型属性"对话框中的结构后面的"编辑"按钮，如图 3-94 所示。在弹出"编辑部件"对话框中，在第一行的"核心边界"处点击"插入"按钮两次，插入两个新层，再选中第一行的新层，点击"向下"按钮，如图 3-95 所示，将该层移到最下方。

步骤 4： 单击第一行的"功能"列表，选择"面层 2 ［5］"，将厚度改为"10.0"，点击"材质"后面的"⋯"按钮，如图 3-96 所示，弹出"材质"对话框。

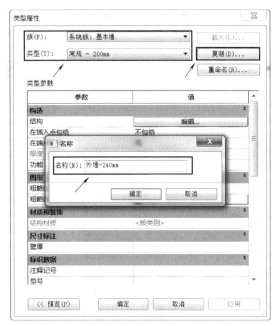

图 3-93　新建或修改族类型

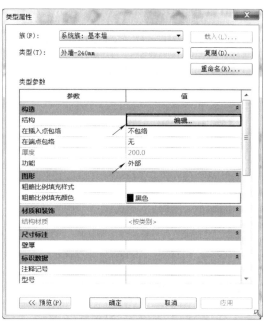

图 3-94　"编辑"按钮

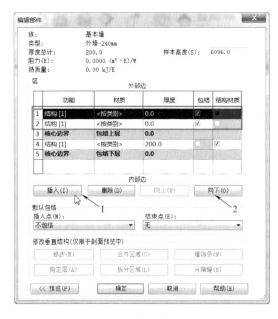

图 3-95　"编辑部件"对话框

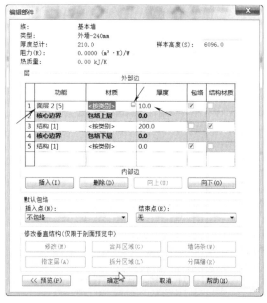

图 3-96　"编辑部件"对话框中的材质修改

　　步骤 5：在搜索框中输入"涂料"关键词，将会出现材质："涂料-黄色"，右击选择"复制"，如图 3-97 所示。将复制得到的"涂料-黄色（1）"重命名为"涂料-灰色"，选中"涂料-灰色"，点击"打开资源浏览器"，在"资源浏览器"对话框中搜索"灰色"，双击搜索结果中的"灰色"即可，如图 3-98 所示。关闭"资源浏览器"对话框。

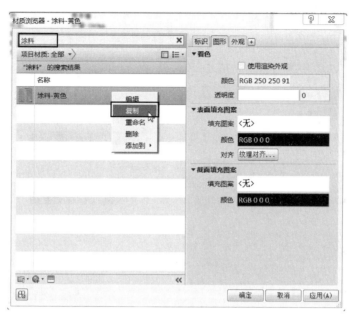

图 3-97　新建材质类型

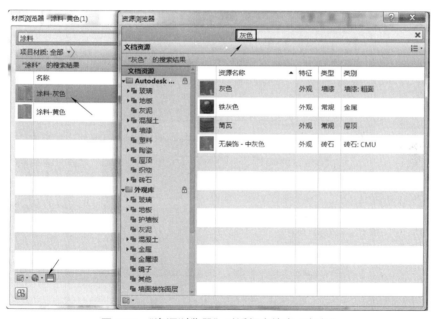

图 3-98　"资源浏览器"对话框中搜索"灰色"

　　步骤 6：单击"图形"卡，确保"表面填充图案"的"填充图案"和"截面填充图案"的"填充图案"都为"无"，如图 3-99 所示。

　　步骤 7：完成以后点击"确定"按钮。重复步骤 4～步骤 5，在第三行"结构［1］"中设置材质为"砌体-普通砖 75×225"，厚度为"240.0"。在最后一行设置"功能层"为"面层 2［5］"，材质为"涂料-白色"（"涂料-白色"同步骤 5 中"涂料-灰色"一样设置），厚度为"10.0"，如图 3-100 所示。

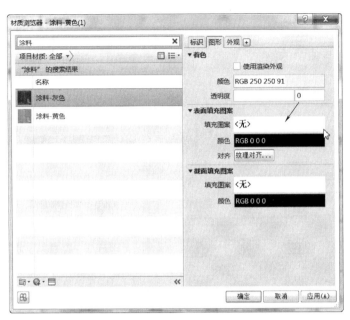

图 3-99 "填充图案"和"截面填充图案"修改

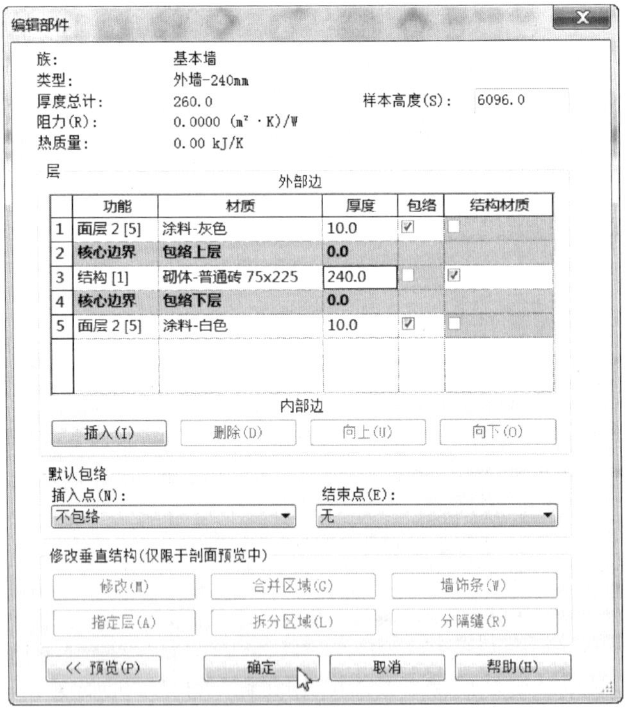

图 3-100 编辑部件

步骤 8：在"编辑部件"和"类型属性"对话框都点击"确定"按钮后，接下来，在项目浏览器中切换到"F1"楼层平面，绘制"外墙-240mm"。在选项栏中，选择"高度："为"标高 2"，定位线为"墙中心线"，勾选"链"，如图 3-101 所示。

图 3-101 选项栏修改

步骤 9：从 1 轴线与 A 轴线的交点开始绘制，点击鼠标，水平拖动鼠标至 4 轴线与 A 轴线的交点，点击一下放置水平墙体；再从 4 轴线与 A 轴线的交点继续垂直绘制墙体，至 4 轴线与 C 轴线的交点，绘制如图 3-102 所示。

【例 3-4】 绘制叠层墙

已知墙体结构层为 240mm 厚，由两种基本墙组成，内外面层都 10mm 厚，内部面层都使用白色涂料。下层基本墙为高 1.8m 的"外墙-240mm"，外部面层使用灰色涂料；上层基本墙为"F1 外墙-240mm"，外部面层使用黄色涂料。在层高为 3.6m 的 F1 和 F2 楼层平面内绘制如图 3-103 所示的叠层墙。

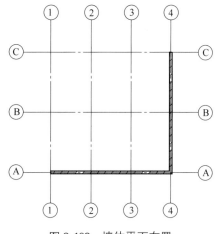

图 3-102 墙体平面布置

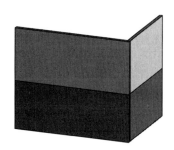

图 3-103 叠层墙模型

【解】

步骤 1：打开"第三章项目素材"文件夹中的"层叠墙 .rvt"文件（或者接着例 3.2.3 文件继续绘制），单击"建筑"面板中的"墙"工具的下拉列表，选择"墙：建筑"工具。在属性选项栏的类型列表中选择当前墙类型为"外墙－240mm"。

步骤 2：单击"属性"面板中的"编辑类型"按钮，弹出"类型属性"对话框。在对话框中，确认"族"选项为"系统族：基本墙"，复制出一个墙的新类型"F1 外墙－240mm"。点击"结构"后面的"编辑"，进入"编辑部件"对话框，将第一层的材质换成"涂料-黄色"，点击"确定"按钮退出。

注意：需点击视觉样式"▢"切换到"着色"模式，才能看到墙体颜色。

步骤 3：在类型属性对话框中，修改"族"选项为"系统族：叠层墙"，如图 3-104 所示。复制出一个墙的新类型"叠层外墙－240mm"。点击"结构"后面的"编辑"，进入"编辑部件"对话框。

步骤 4：单击第一行的"名称"的下拉列表，选择"F1 外墙－240mm"，高度为"可变"，单击第二行的"名称"的下拉列表，选择"外墙－240mm"，高度为"1800.0"，如图 3-105 所示。点击确定退出"编辑部件"和"类型属性"对话框。

图 3-104   修改"族"选项为"系统族:叠层墙"

图 3-105   编辑部件参数

步骤 5:在"F1"楼层平面绘制"叠层外墙-240mm"。在选项栏中,选择"高度:"为"标高 2",定位线为"墙中心线",勾选"链",如图 3-106 所示。

图 3-106   修改选项栏参数

步骤 6:从 4 轴线与 C 轴线的交点开始水平绘制,至 2 轴线与 C 轴线的交点,再垂直绘制,至 2 轴线与 B 轴线的交点,如图 3-107 所示。

步骤 7:点击 2 轴线至 4 轴线之间的叠层墙,会在墙的内侧出现翻转符号"⇕",有该符号的一侧是外墙面。在图 3-108 中,翻转符号在内侧,需要点击它,将外墙面翻转到外侧。同样的,B 轴线和 C 轴线之间的叠层墙也需要翻转。

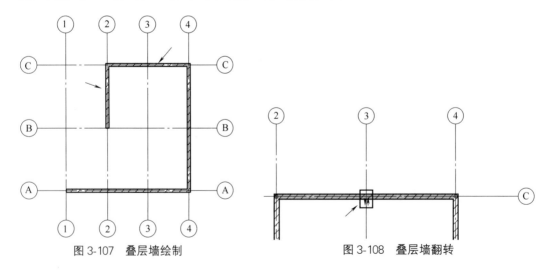

图 3-107   叠层墙绘制   图 3-108   叠层墙翻转

【例 3-5】　绘制幕墙，已知幕墙效果图如图 3-109 所示，水平网格竖梃间距为 1900mm，竖梃类型为矩形 50mm×150mm；垂直网格间距为 1500mm，竖梃类型为矩形 50mm×150mm，在层高为 3.6m 的 F1 和 F2 楼层平面内绘制。

【解】

步骤 1：打开"第三章项目素材"文件夹中的"幕墙.rvt"文件（或者接着例 3.2.4 文件继续绘制）。单击"建筑"面板中的"墙"工具的下拉列表，选择"墙：建筑"工具。

步骤 2：单击"属性"面板中的"编辑类型"按钮，弹出"类型属性"对话框。在对话框中，确认"族"选项为"系统族：幕墙"，复制出一个墙的新类型"外部幕墙"。选

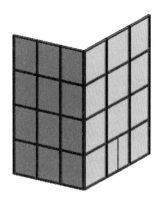

图 3-109　幕墙三维模型

择"垂直网格"布局为"无"，选择"水平网格"布局为"无"，如图 3-110 所示，点击"确定"按钮退出"类型属性"对话框。

步骤 3：从 1 轴线与 A 轴线的交点开始垂直绘制，至 1 轴线与 B 轴线的交点，再水平绘制至 2 轴线与 B 轴线的交点，如图 3-111 所示。

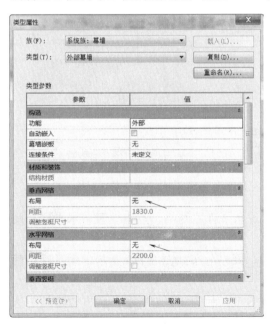

图 3-110　幕墙类型属性修改

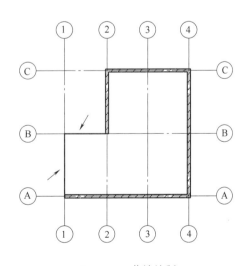

图 3-111　幕墙绘制

步骤 4：点击 "  " 按钮，如图 3-112 所示，切换到三维模式，按住"Ctrl"键，选择两面幕墙。点击"临时隐藏/隔离"按钮，如图 3-113 所示，选择"隔离图元"，结

图 3-112　切换"默认三维视图"按钮

果如图 3-114 所示。

图 3-113 "隔离图元"按钮

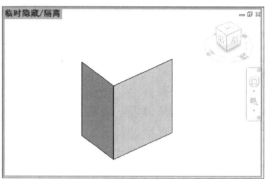

图 3-114 隔离图元状态

步骤 5：切换到三维中的"左"面视图，点击"建筑"选项卡中的"幕墙网格"命令，选择"全部分段"的放置方式，如图 3-115 和图 3-116 所示。将鼠标放置在幕墙上边缘，就会出现垂直幕墙网格，点击放置，修改临时尺寸，如图 3-117 所示。

图 3-115 "幕墙网格"按钮

图 3-116 "全部分段"按钮

图 3-117 垂直幕墙网格间距修改

步骤 6：将鼠标放置在幕墙左边缘，就会出现水平幕墙网格，点击放置，水平网格间距为 1900mm，修改临时尺寸如图 3-118 所示。

步骤 7：在三维模式中，切换到"后"立面，网格分布如图 3-119 所示，水平网格间距为 1900mm，垂直网格间距为 1500mm。

步骤 8：在三维模式下的"后"立面，如图 3-120 和图 3-121 所示，点击"建筑"选项卡中的"竖梃"命令，选择"全部网格线"的放置方式，点击幕墙上的网格线，"后"立面的所有网格线上都会出现竖梃。切换至"左"立面，重复上述步骤，放置竖梃。

步骤 9：配合"Tab"键，选中"左"立面最下面一行，中间的幕墙网格，如图 3-122 所示。点击属性栏中的"编辑类型"。在弹出的"类型属性"对话框中点击"载入"，如图 3-123 所示。载入"建筑"→"幕墙"→"门窗嵌板"中的"门嵌板_双扇地弹无框玻璃门.rfa"族，点击"确定"即可，结果如图 3-124 所示。

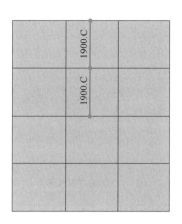

图 3-118　水平幕墙网格间距修改

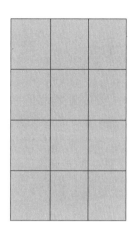

图 3-119　北面幕墙的网格分布

图 3-120　"竖梃"按钮

图 3-121　"全部网格线"按钮

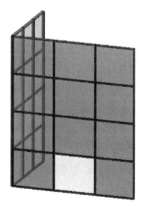

图 3-122　选中的幕墙网格

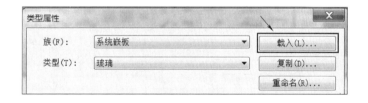

图 3-123　载入门窗嵌板

步骤 10：单击"临时隐藏/隔离"按钮，选择"重设临时隐藏/隔离"，如图 3-125 所示，其他墙体又会重新显示。

3. 柱

1）柱的定义

柱是建筑物中的竖向构件，按是否承重分为建筑柱和结构柱；按截面形式分为方柱、圆柱、管柱、矩形柱、工字形柱、H 形柱、T 形柱、L 形柱、十字形柱、双肢柱、格构柱等；按所用材料分为石柱、砖柱、砌块柱、木柱、钢柱、钢筋混凝土柱、劲性钢筋混凝土柱、钢管混凝土柱和组合柱等。

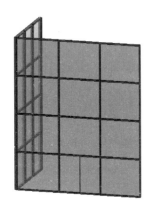

图 3-124　完成幕墙中门的绘制

图 3-125　"重设临时隐藏/隔离"按钮

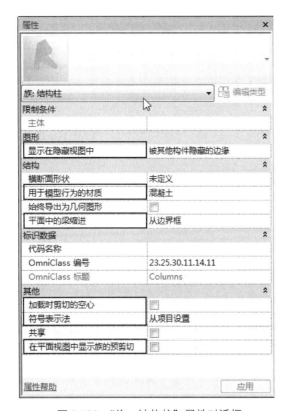

图 3-126　"族：结构柱"属性对话框

2）属性介绍

Revit 自带的族样板中，"公制柱"样板创建建筑柱，"公制结构柱"创建结构柱。结构柱与建筑柱的不同在于结构柱有分析线，可以倾斜，与结构图元（梁、基础等）连接，可以放置钢筋等，参数如图 3-126 所示。

3）参数说明

（1）"用于模型行为的材质"。有五种材质类型可供选择：钢、混凝土、预制混凝土、木材和其他。该参数值决定了该构件与其他结构构件的连接方式。

（2）"平面中的梁缩进"。有"从几何图形"与"从边界框"两个选项，设置的效果只在粗略视图中体现。边界框是一个不可见的三维矩形空间。平面中的梁缩进，默认设置为"从边界框"。在项目中，梁和桁架的符号缩进距离为 25mm。

（3）"加载时剪切的空心"。勾选后，若结构梁、柱、基础和常规模型中空心是基于面的实体切割时，能显示出被切割的空心部分。默认设置为未勾选。

（4）"符号表示法"。有"从族"和"从项目设置"两个选项，设置的效果只在粗略视图中体现。钢柱和木柱应设为"从项目设置"，Revit 会自动在项目立面视图和剖面视图加上符号线。混凝土柱和预制混凝土柱应设为"从族"。

（5）"在平面视图中显示族的预剪切"。勾选表示所创建的结构柱在楼层平面中显示时，是按族中预设的楼层平面剖切位置显示截面，不勾选表示按项目中实际的楼层平面视图位置显示截面。画草图线时因为捕捉了参照平面与绘制草图线的顶点，Revit 默认会将所有与参照平面对齐的草图线随同参照平面一起变动。

（6）"显示在隐藏视图中"。当"用于模型行为的材质"设为混凝土或预制混凝土时，"显示在隐藏视图中"参数出现，其设置能控制阴影线的可见性。预设三种选项："被其他构件隐藏的边缘""被柱本身隐藏的边缘""所有边缘"。默认设置为"被其他构件隐藏的边缘"。

4）柱创建流程（图 3-127）

图 3-127　柱创建流程

【例 3-6】 已知一个矩形结构柱，尺寸为横截面 600mm×600mm、高 4000mm，创建该矩形结构柱族。

【解】

步骤 1：单击 Revit 左上方的"应用程序菜单"按钮，选择"新建"→"族"命令，在弹出的选择样板对话框中，选择"公制结构柱.rft"文件，点击"打开"按钮。

步骤 2：在"属性"选项卡中"横断面形状"选取矩形，不勾选"在平面视图中显示族的预剪切"。

步骤 3：族编辑器默认进入"低于参照标高"平面视图，修改"属性"面板中的参数，不勾选"在平面视图中显示族的预剪切"。

步骤 4：单击"创建"选项卡中的"拉伸"命令，确认绘制模式为"矩形"，分别捕捉参照平面的交点绘制柱截面。

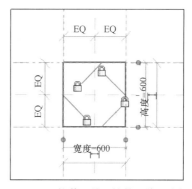

图 3-128　柱截面的"拉伸"草图绘制

步骤 5：单击"✔"完成拉伸草图，如图 3-128 所示。切换至默认三维视图（图 3-129）后，点击"族类型"按钮，弹出"族类型"对话框，新建族类型"600×600mm"，将"深度"和"宽度"都改为 600mm，如图 3-130 所示。

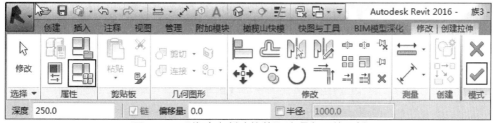

图 3-129　"修改|创建拉伸"选项卡下的面板

步骤 6：切换至前立面图，通过拉伸高度操作夹点，使顶面与"高于参照标高"的标高平面位置锁定，同理使底面与"低于参照标高"标高平面位置锁定，如图 3-131 所示。

要在拉伸底面出现"🔒"符号，可使用对齐命令（快捷键 AL），点击下部参照平面，再点击拉伸下底面。

图 3-130　新建族类型

图 3-131　柱与标高平面位置锁定

步骤 7：单击"高于参照标高"标高平面，修改两标高平面间的临时尺寸距离为 4000mm，即该结构柱高度确定。保存该族为"矩形结构柱.rfa"。

4. 梁的定义

梁是由支座支承且承受的外力以横向力和剪力为主的构件；按施工工艺分为现浇梁、预制梁等；按材料分为钢筋混凝土梁、型钢梁、木梁、钢包混凝土梁等；按截面形式分为矩形截面梁、T 形截面梁、十字形截面梁、工字形截面梁、匚形截面梁、口形截面梁、不规则截面梁等。

在 Revit 中，将梁定义为结构框架，提供了"公制结构框架-梁和支撑.rft""公制结构框架-综合体和桁架.rft"这两种族样板用于创建梁族。在项目中，这两种族样板创建的族可以同时被"梁"和"支撑"工具调用。

【例 3-7】　已知矩形混凝土梁截面为 300mm × 600mm，矩形混凝土柱截面为 300mm×450mm，创建 300mm×600mm 的混凝土梁族，在如图 3-132 所示的轴网中布置该梁。

【解】

1）使用"公制结构框架-梁和支撑.rft"样板

步骤 1：单击 Revit 左上方的"应用程序菜单"按钮，选择"新建"→"族"命令，在弹

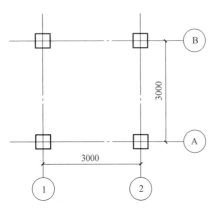

图 3-132　柱与轴网布置

出的选择样板对话框中，选择"公制结构框架-梁和支撑.rft"文件，点击"打开"按钮。

步骤2：在"属性"对话框中调整相应参数，"横断面形状"选取矩形，"模型行为的材质"选取混凝土，不勾选"在平面视图中显示族的预剪切"。

步骤3：在项目浏览器中切换到左立面视图，左键双击预设的矩形框进入"修改｜编辑拉伸"草图界面。

步骤4：如图3-133和图3-134所示，新建族类型名称为"300×600mm"，并进行标注标签操作。

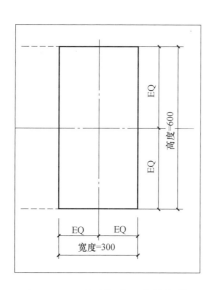

图3-133 尺寸标注及参数关联

图3-134 新建族类型及添加参数

步骤5：单击"完成编辑"按钮，完成拉伸草图。切换至默认三维视图后，保存该族为矩形混凝土梁。

步骤6：打开项目文件"梁柱.rvt"。通过"载入族"载入刚建立的矩形混凝土梁族。

步骤7：通过拾取轴线交点，即可完成梁的绘制（方法同绘制墙），效果如图3-135和图3-136所示。

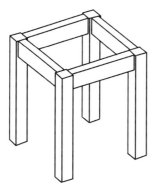

图3-135 梁的三维模型

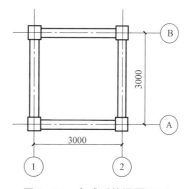

图3-136 完成后的梁平面图

2）使用"公制结构框架-综合体和桁架.rvt"样板

步骤1：单击 Revit 左上方的"应用程序菜单"按钮，选择"新建"→"族"命令，在弹出的选择样板对话框中，选择"公制结构框架-综合体和桁架.rvt"文件，单击"打开"按钮。

步骤2：在"属性"对话框中调整相应参数，"横断面形状"选取矩形，不勾选"在平面视图中显示族的预剪切"。

步骤3：在项目浏览器中切换到左立面视图，绘制辅助参照平面，用"拉伸"工具在草图模式下绘制梁的矩形截面，同时将草图线与参照平面锁定。单击"✔"，完成拉伸草图。添加参数如图 3-137 所示，通过添加的"X""Y"可以控制插入点在矩形截面中的位置。

步骤4：切换到"参照标高"视图，绘制辅助参照平面，并进行相应标注标签操作，添加"长度"参数用于控制梁的长度，如图 3-138 所示。添加完成的参数如图 3-139 所示。

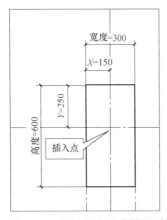

图 3-137　尺寸标注及参数关联

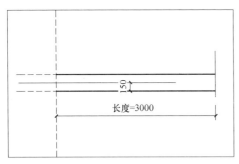

图 3-138　参照平面绘制及标注标签关联

图 3-139　梁族类型中添加参数

步骤5：切换至默认三维视图后，保存该族为矩形混凝土梁。

步骤6：打开项目文件"梁柱.rvt"。通过"载入族"载入该族，在"编辑类型"中可对材质、插入点、尺寸等进行调整。

步骤7：在"梁"工具中使用该族。在绘制的楼层平面中，默认拾取点在梁左侧，可通过按空格键调整。对梁单击拾取轴网交点即可（绘制方法同墙体），效果如图 3-135 和图 3-136 所示。

5. 门窗

1）门窗简介

门窗按材料分为木门窗、钢门窗、铝合金门窗、塑料门窗、彩板门窗和塑钢门窗等。门按开启方式分为平开门、弹簧门、推拉门、折叠门、转门等；窗按开启方式分为平开窗、固定窗、悬窗、推拉窗等。

门一般由门框、门扇、亮子、五金零件及其附件组成。门框是门扇、亮子与墙的联系构件。门扇按构造不同分为镶板门、夹板门、玻璃门和纱门等。亮子在门上方，有平开、固定及上、中、下悬之分。五金零件包括铰链、插销、门锁、拉手、门碰头等。附件有贴脸板、筒子板等。而在 Revit 中，可将门简单划分为"贴面""门框架""嵌板""把手""横档/竖梃"五个主要部件。其中"嵌板"即是门扇。

窗一般由窗框、窗扇、亮子、五金零件及其附件组成。窗框可分为边框、上下框、中横框、中竖框。窗扇可分为上冒头、中冒头、下冒头、边梃、玻璃等。五金零件包括铰链、插销、拉手等。附件有贴脸板、窗台板等。而在 Revit 中，可将窗简单划分为"贴面""窗框架""窗台""把手""横档/竖梃"五个主要部件。

2）门窗创建流程（图 3-140）

图 3-140 门窗创建流程

【例 3-8】 已知门高 2100mm，宽 1000mm，门把手在距地面 1100m 处，距离门框 60mm 远，创建如图 3-141 所示的门族。

【解】

步骤 1：单击 Revit 左上方的"应用程序菜单"按钮，选择"新建"→"族"命令，在弹出的选择样板对话框中，选择"公制门 . rft"文件，单击"打开"按钮。

步骤 2：默认进入"参照标高"视图。单击"创建"选项卡→"属性"面板→"族类型"按钮，打开"族类型"对话框，新建族"名称"为"1000×2100mm"。修改"宽度"和"高度"参数值，分别改为"1000.0"和"2100.0"。在绘制门族时将忽略门洞尺寸与实际门框尺寸间的间隙，即门的尺寸近似为洞口尺寸，如图 3-142 所示。

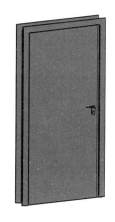

图 3-141 绘制好的门族

步骤 3：绘制门框参照平面，距离宽度参照平面距离 20mm，并赋予参数"门框宽度"，如图 3-143 所示。

步骤 4：点击"创建"选项板的"拉伸"命令，选择"矩形"绘制方法，沿宽度、墙厚、门框宽度参照平面绘制门框，如图 3-144 所示，并与四边参照平面锁定。

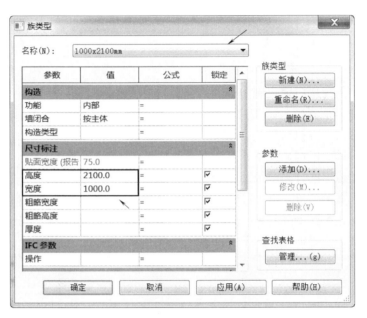

图 3-142　设置族类型名称与高宽

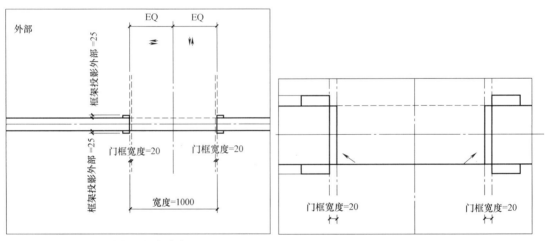

图 3-143　绘制门框宽度参照平面　　　　　　　图 3-144　绘制门框

步骤 5：在属性栏中设置"拉伸起点"：0；"子类别"：框架/竖梃；"实心/空心"：实心；点击"拉伸终点"后面的关联族参数按钮，如图 3-145 所示，在弹出的关联族参数对话框中选择"高度"，如图 3-146 所示。点击"材质"后面的关联族参数按钮，在弹出的关联族参数对话框中点击"添加参数"，如图 3-147 所示，在"参数属性"对话框中，名称填写"门框材质"，其他属性不变，如图 3-148 所示，点击"确定"即可完成添加。点击"修改｜创建拉伸"界面中的"✔"，完成门框拉伸。

步骤 6：绘制一个参照平面，距离外墙边 50mm，添加参数为厚度，如图 3-149 所示。

步骤 7：点击"创建"选项板的"拉伸"命令，选择"矩形"绘制方法，沿门框宽度、外墙厚、门厚度参照平面绘制窗框，如图 3-150 所示，并与四边参照平面锁定。

图 3-145 设置门框属性

图 3-146 选择关联族参数

图 3-147 添加参数

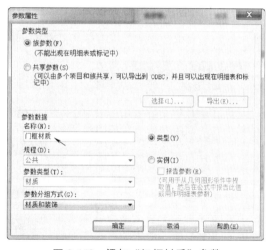

图 3-148 添加"门框材质"参数

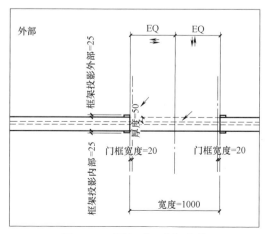

图 3-149 添加"厚度"参数

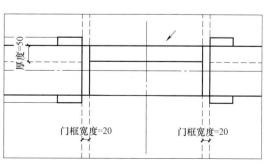

图 3-150 绘制门嵌板

图 3-151　设置门嵌板属性

步骤 8：属性栏中点击"拉伸终点"后面的关联族参数按钮，在弹出的关联族参数对话框中选择"高度"，设置"拉伸起点"：0.0，"子类别"：嵌板，"实心/空心"：实心，如图 3-151 所示。点击"材质"后面的关联族参数按钮，在弹出的关联族参数对话框中点击"添加参数"，在"参数属性"对话框中，名称填写为"门材质"，其他属性不变，点击"确定"完成添加即可，属性设置如图 3-151 所示。点击"修改 | 创建拉伸"界面的"✔"，完成门拉伸。

步骤 9：采用嵌套族创建门把手。单击"插入"选项卡中的"载入族"命令，将"第三章族"文件夹中的"门锁1.rfa"载入。右击项目浏览器中的"门锁 1"，如图 3-152 所示，选择"类型属性"。在"类型属性"对话框中修改"面板厚度"尺寸参数与门嵌板尺寸一致，为 50mm，如图 3-153 所示。

图 3-152　打开"门锁 1"的类型属性

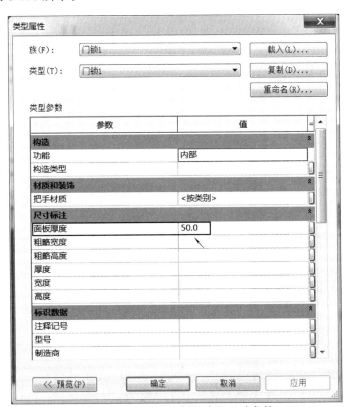

图 3-153　修改"面板厚度"尺寸参数

步骤 10：添加参照平面，距离框架厚度参照平面 60mm，添加参数"门把手横向定位"，如图 3-154 所示。在项目浏览器中切换到"外部"立面，绘制"门把手高度"参照平面，并添加参数，如图 3-155 所示。

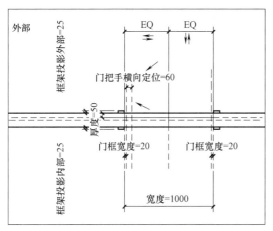

图 3-154　把嵌套族与参照平面锁定

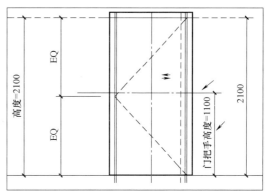

图 3-155　添加"门把手高度"参数

步骤 11：切换到"参照标高"楼层平面，拖动项目浏览器中的"门锁 1.rfa"至"门把手横向定位"参照平面附近。使用对齐命令（快捷键：AL），将门锁中心与该参照平面对齐锁定，再将门锁内边与门边锁定，使得门锁跟门相关联，如图 3-156 所示。切换到"外部"立面图，使用对齐命令（快捷键：AL），将门把手中心与"门把手高度"参照平面对齐锁定，如图 3-157 所示。

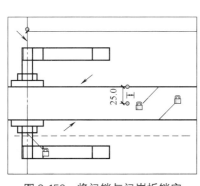

图 3-156　将门锁与门嵌板锁定

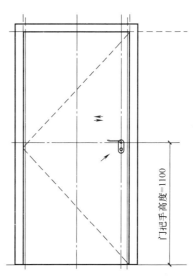

图 3-157　门锁与高度参照平面锁定

步骤 12：切换到"参照标高"楼层平面，将门的线条全部选中，点击"修改｜门"的"可见性设置"，如图 3-158 所示。在弹出的对话框中不勾选"平面/天花板平面视图"和"当在平面/天花板平面视图中被剖切时"，如图 3-159 所示。

步骤 13：点击"注释"选项卡中的"符号线"，如图 3-160所示，绘制两条直线，使其如 CAD 中门的平面图样式，如图3-161 所示。门创建完成，保存文件。

图 3-158　可见性设置工具

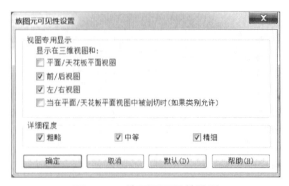

图 3-159   族图元可见性设置

图 3-160   符号线

【例 3-9】 已知窗高 1500mm、宽 1000mm，亮子高度 400mm，窗框宽 30mm，窗外框宽 120mm，玻璃厚度为 10mm。创建如图 3-162 所示的推拉窗族。

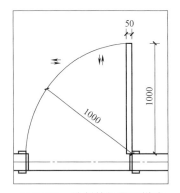

图 3-161   绘制的门平面样式

图 3-162   绘制完成的窗

【解】

步骤 1：单击 Revit 左上方的"应用程序菜单"按钮，选择"新建"→"族"命令，在弹出的选择样板对话框中，打开"公制窗 . rft"文件。

步骤 2：默认进入"参照标高"视图。单击"创建"选项卡→"属性"面板→"族类型"按钮，打开"族类型"对话框，新建族"名称"为"1000×1500mm"。修改"宽度"和"高度"参数值，分别改为"1000"和"1500"。

步骤 3：在"参照标高"楼层平面，绘制窗框参照平面，窗外框尺寸为"120"，窗框尺寸为"30"，并添加参数，如图 3-163 所示。切换到"外部"立面，添加绘制窗框参照平面、亮子参照平面，并添加参数，如图 3-164 所示。

步骤 4：在"外部"立面点击"创建"选项板的"拉伸"命令，选择"矩形"绘制方法，沿窗高、窗宽、外窗框宽度参照平面绘制外窗框，如图 3-165 所示，并与参照平面锁定。

步骤 5：属性栏中设置"拉伸终点"：160.0；设置"拉伸起点"：40.0；"子类别"：框架/竖梃；"实心/空心"：实心。点击"材质"后面的关联族参数按钮，在弹出的关联族参数对话框中点击"添加参数"按钮，在"参数属性"对话框中，名称填写"窗框材质"，其他属性不变，点击"确定"完成添加即可。点击"修改 | 创建拉伸"界面"✔"，完成窗框拉伸。

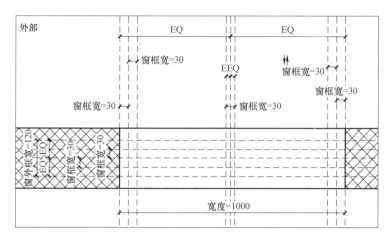

图 3-163 在"参照标高"楼层平面添加参数

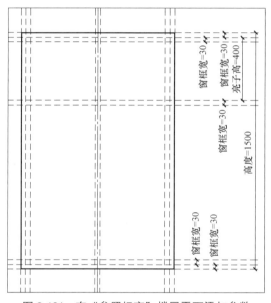

图 3-164 在"参照标高"楼层平面添加参数

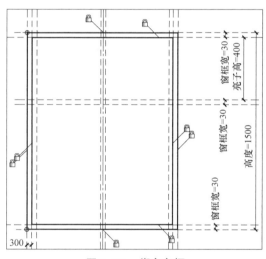

图 3-165 绑定窗框

步骤 6：切换到"参照标高"楼层平面，将窗框的宽度与"窗外框"的参照平面使用"对齐"命令锁定，如图 3-166 所示。

步骤 7：在"外部"立面点击"创建"选项板的"拉伸"命令，选择"矩形"绘制方法，沿窗框宽度参照平面绘制左侧窗框，如图 3-167 所示，并与参照平面锁定。属性栏中设置"拉伸终点"：100.0，设置"拉伸起点"：70.0，"子类别"：框架/竖梃，"实心/空心"：实心。点击"材质"后面的"关联族参数"按钮，在弹出的关联族参数对话框中选择"窗框材质"，其他属性不变，点击"确定"完成添加即可。点击"修改|创建拉伸"界面"✔"，完成窗框拉伸。

步骤 8：同样绘制左侧窗框，属性栏中设置"拉伸终点"：130.0；设置"拉伸起点"：100.0。

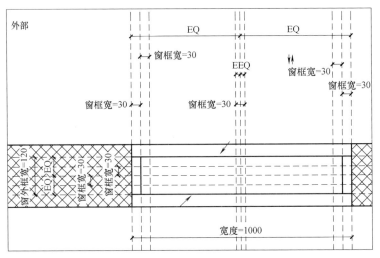

图 3-166   "参照标高"楼层平面锁定窗框

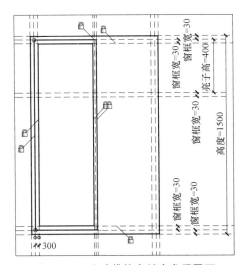

图 3-167   左边推拉窗锁定参照平面

步骤 9：切换到"参照标高"楼层平面，将左右两边的窗框宽度分别与"窗框宽度"的参照平面使用"对齐"命令锁定，如图 3-168 所示。

步骤 10：在"参照标高"楼层平面添加玻璃的参照平面。需绘制：推拉窗中间参照平面（需和窗框参照平面等分）、玻璃两侧参照平面（需和推拉窗中间参照平面等分）、添加参数"玻璃厚"，如图 3-169 所示。

步骤 11：切换到"外部"立面，沿窗框绘制左侧玻璃，并将四周都与窗框锁定，如图 3-170 所示。属性栏中设置"拉伸终点"：90.0；设置"拉伸起点"：80.0；"子类别"：玻璃；"实心/空心"：实心。点击"材质"后面的关联

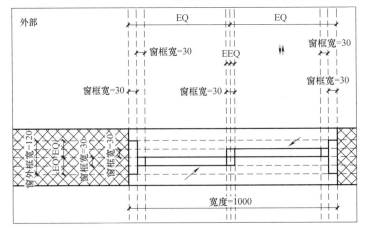

图 3-168   在"参照标高"楼层平面锁定推拉窗

族参数按钮，在弹出的关联族参数对话框中点击"添加参数"，在"参数属性"对话框中，名称填写"玻璃"，其他属性不变，点击"确定"完成添加即可。点击"修改 | 创建拉伸"界面的"✔"，完成窗框拉伸。

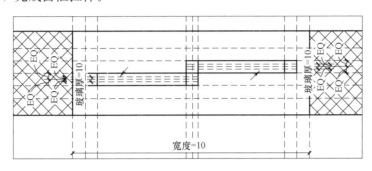

图 3-169　绘制玻璃参照平面

步骤 12：同样绘制右侧玻璃窗，设置"拉伸终点"：120.0，设置"拉伸起点"：110.0。

步骤 13：切换到"参照标高"楼层平面，将左右两边的窗框宽度分别与"玻璃厚"的参照平面使用"对齐"命令锁定，同窗框锁定步骤相同。

步骤 14：切换到"参照标高"楼层平面，将门的线条全部选中，点击"修改 | 窗"的"可见性设置"，在弹出的对话框中不勾选"平面/天花板平面视图"和"当在平面/天花板平面视图中被剖切时"。

步骤 15：点击"注释"选项卡中的"符号线"，绘制两条直线，使其如 CAD 中窗的平面图样式，如图 3-171 所示。窗创建完成，保存文件。

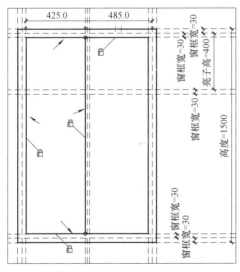

图 3-170　在立面绑定玻璃四边

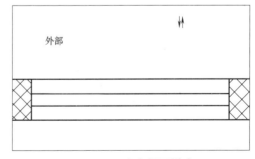

图 3-171　窗户平面样式

6. 楼地层、天花板

1）楼地层和天花板介绍

楼地层包括楼板层和地坪层，是水平方向分隔房屋空间的承重结构。楼板层用于分隔

图 3-172　楼地层和天花板的绘制流程

上下楼层空间，通常由面层、楼板和顶棚组成；地坪层是指建筑物底层与土层相接触的部分，由面层、结构层、垫层和素土夯实层组成。天花板是对装饰室内屋顶材料的总称，位于建筑物室内顶部表面位置。在 Revit "建筑" 选项卡里的 "构件" 面板中提供 "楼板" 工具进行楼地层的绘制，而在 "构件" 面板中提供 "天花板" 工具进行天花板的绘制。

2）楼地层和天花板的绘制流程

楼地层和天花板的绘制分别应用楼板族和天花板族，该族均属于系统族，在项目中已经预定义并且只能在项目中创建和修改族类型。绘制流程参见图 3-172。Revit 在 "楼板"

工具中提供 "楼板：建筑" "楼板：结构" "面楼板" "楼板：楼板边" 四种命令。"楼板：建筑" 和 "楼板：结构" 的用法相同。与创建的建筑楼板相比，结构楼板不仅能提供钢筋保护层厚度等参数，而且能在楼板中布置钢筋、进行受力分析等结构专业应用。"面楼板" 用于将概念体量模型的楼层面转换为楼板模型图元。提供的绘制面板如图 3-173 所示。

（1）创建建筑楼板或结构楼板

图 3-173　楼地层和天花板绘制面板

单击 "建筑" 选项卡，展开 "构建" 面板中 "楼板" 工具的下拉列表，单击 "楼板：建筑" 或 "楼板：结构" 命令，进入创建楼板边界模式。在 "属性" 面板的 "类型选择器" 中选择楼板类型，也可单击 "编辑类型" 命令创建新的楼板类型。

Revit 提供了 2 种定义边界的方式。拾取墙或使用绘制工具绘制其轮廓来定义边界。方式一为拾取墙：默认情况下，"拾取墙" 处于激活状态，也可以单击 "修改 | 创建楼层边界" → "绘制" 面板 → "拾取墙"，在绘图区域中选择要用作楼板边界的墙来自动生成轮廓线；方式二为绘制边界：单击 "修改 | 创建楼层边界" 选项卡 → "绘制" 面板，然后选择绘制工具绘制楼板的轮廓，楼层边界必须为闭合轮廓，若要在楼板上开洞，可以在需要开洞的位置绘制另一个闭合轮廓。

图 3-174　"天花板" 面板

（2）创建天花板

天花板的创建过程与楼板的绘制过程类似。Revit 提供了 2 种定义边界的命令，如图 3-174 所示。一是 "自动创建天花板" 命令，进入该命令能自动搜索房间并绘制边界轮廓；二是 "绘制天花板" 命令，进入该命令后，采用上述方式二的操作绘制天花板的轮廓。

7. 屋顶

屋顶是建筑物的围护结构，主要功能是防水、保温和隔热。屋顶通常按其外形或屋面防水材料分类。屋顶按其外形可分为平屋顶、坡屋顶和其他形式屋顶。在 Revit "建筑" 选项卡里的 "构件" 面板中提供了 "屋顶" 工具，可以进行屋顶的绘制。

Revit 提供了 3 种创建方式，分别为 "迹线屋顶" "拉伸屋顶" "面屋顶"，如图 3-175 所示。迹线屋顶的创建方式与楼板类似，且迹线屋顶可以灵活地为屋顶定义多个坡度。

图 3-175 "屋顶" 绘制工具列表

8. 楼梯

1）楼梯介绍

楼梯是建筑空间的竖向交通联系，一般由梯段、平台、栏杆扶手三部分组成。楼梯形式一般有直行单跑楼梯、直行多跑楼梯、平行双跑楼梯、平行双分双合楼梯、折行多跑楼梯、交叉楼梯和螺旋楼梯等。在 Revit 中，楼梯由 "楼梯" 和 "扶手" 两部分组成。

2）创建流程（图 3-176）

Revit 提供了 2 种创建方式，分别为 "楼梯（按构件）" 和 "楼梯（按草图）"，如图 3-177 所示。"楼梯（按构件）" 方式通过装配常见梯段、平台和支撑构件来创建楼梯。"楼梯（按草图）" 方式可通过定义楼梯梯段或绘制踢面线和边界线，在平面视图中创建楼梯，同时可以指定要使用的栏杆扶手类型。

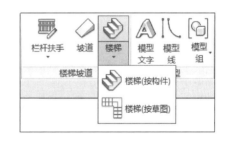

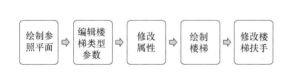

图 3-176 楼梯创建流程

图 3-177 "楼梯" 绘制工具列表

【例 3-10】 已知楼梯间开间 2600mm、进深 5100mm，层高为 2900mm，共三层，200mm 厚墙。采用 "按草图" 方式创建如图 3-178 所示楼梯。

【解】

步骤 1：打开 "楼梯 . rft" 文件，采用 "参照平面" 工具绘制楼梯起始位置，以及楼梯井如图 3-179 所示。

步骤 2：选择 "建筑" 选项卡中的 "楼梯" 工具，使用 "楼梯（按草图）" 进行绘制。

步骤 3：在 "类型属性" 中选择 "现场浇筑楼梯-整体式楼梯"，如图 3-180 所示。

步骤 4：点击 "编辑类型"。在 "类型属性" 对话框中，修改楼梯的 "最小踏板深度" 为 260.0mm，如图 3-181 所示。

图 3-178　楼梯间平面图

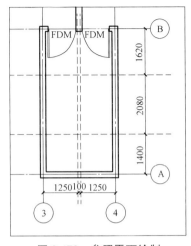

图 3-179　参照平面绘制

图 3-180　选择楼梯类型

步骤 5：在"实例属性"中修改"所需踢面数"为 18，"实际踏板深度"为 260mm，如图 3-182 所示。

步骤 6：选择"梯段"中的"直梯"方式绘制楼梯，如图 3-183 所示。

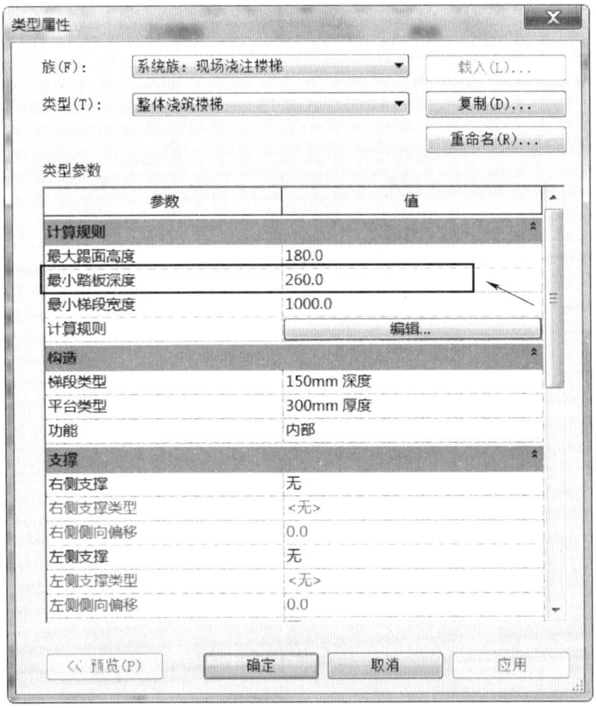

图 3-182　修改"所需踢面数"

图 3-183　选择"梯段"绘制方式

图 3-181　修改楼梯的"最小踏板深度"

步骤 7：点击楼梯起点位置，拖动至该梯段的末端，创建 F1 至中间平台的 9 个踢面，如图 3-184 所示。

步骤 8：在末端点击"完成"按钮后，选中楼梯，拖动其左右两侧的三角形拖动柄，将其分别与墙以及楼梯井的参照平面对齐，如图 3-185 所示。

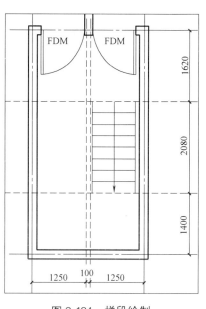

图 3-184 梯段绘制

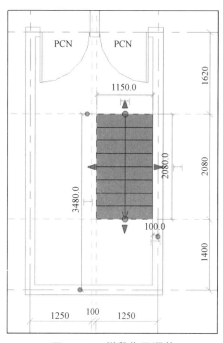

图 3-185 梯段位置调整

步骤 9：继续步骤 7 和步骤 8，绘制中间平台至 F2 的梯段，当该平台绘制完成时，若中间平台自动生成，则使用三角形拖动柄修改成如图 3-186 所示。点击"完成"按钮，如图 3-187 所示，完成绘制，绘制结果如图 3-188 所示。

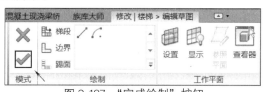

图 3-187 "完成绘制"按钮

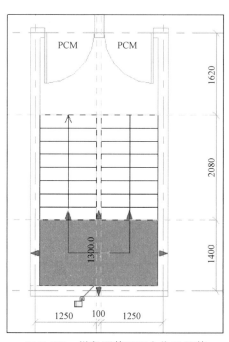

图 3-186 梯段调整及平台位置调整

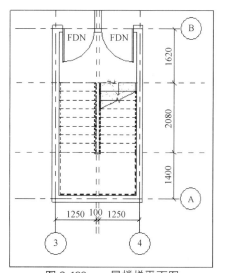

图 3-188 一层楼梯平面图

步骤 **10**：选中 F1 楼层平面图上所绘制的楼梯，在属性栏中将"多层顶部标高"设置为"标高 4"，如图 3-189 所示。

步骤 **11**：点击"洞口"面板中的"竖井"按钮，如图 3-190 所示。

图 3-189　"复制"按钮

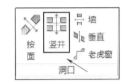

图 3-190　"竖井"按钮

步骤 **12**：在楼梯间部分绘制如图 3-191 所示竖井洞口，并且修改其底部限制条件为 F1，顶部限制条件为 F3，点击"完成"，生成的三维视图如图 3-192 所示。

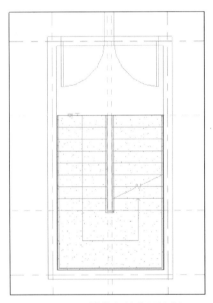

图 3-191　楼梯竖井草图绘制

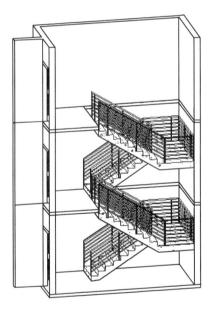

图 3-192　楼梯三维视图

9. 管道

1）管道介绍

管道是由管子、管子连接件和阀门等连接而成的装置，用于输送气体、液体或带固体颗粒的流体。在建筑中可大致分为通风管道、给水排水管道和线管。

在 Revit 中，管道属于系统族，需要创建族类型用于区分管道种类，并在类型属性中定义管道与管件的连接方式等信息。

2）绘制流程（图 3-193）

Revit 提供了 4 种创建命令用于给水排水管道创建，分别为"管道""管道占位符""平行管道""软管"，如图 3-194 所示。"管道"绘制刚性管道，用于在平面视图、立面视图或剖面视图中绘制水

图 3-193　管道绘制流程

平、垂直和倾斜管道；"管道占位符"绘制不带弯头或 T 形三通管件的占位符管道，占位符管道可以转换为带有管件的管道；"平行管道"根据初始管路创建管道的平行管路；"软管"绘制软管，在绘制软管时，可以通过单击来添加顶点。从另一个构件布线时，按空格键可以匹配高程和尺寸。第一次在项目中绘制管道时，需要为将要放置的管道类型指定布管系统配置。

Revit 提供了 3 种创建命令用于通风管道创建，分别为"风管""风管占位符""软风管"，如图 3-195 所示。"风管"用于绘制圆形、矩形或椭圆形风管管网，可绘制水平和垂直方向的管；"风管占位符"绘制不带弯头或 T 形三通管件的占位符风管，占位符管道可以转换为带有管件的管道；"软风管"绘制圆形或矩形软风管管网。在绘制软管时，可通过单击来添加顶点。从另一个构件布线时，按"空格"键可以匹配高程和尺寸。

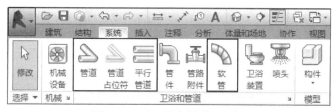

图 3-194　"卫浴和管道"面板

Revit 提供了 3 种创建命令用于电气管道创建，分别为"电缆桥架""线管""平行线管"，如图 3-196 所示。"电缆桥架"用于绘制电缆桥架管路，如梯式或槽式电缆桥架，通过类型选择器，可以选择线管类型（带配件或不带配件），且绘制时可以在选项栏上指定宽度、高度、高程偏移量和弯曲半径；"线管"用于绘制线管管路，通过类型选择器，可以选择线管类型（带配件或不带配件），且绘制时可以在选项栏上指定直径、高程偏移量和弯曲半径；"平行线管"用于基于初始线管管路创建平行线管管路。

图 3-195　"HVAC"面板

图 3-196　"电气"面板

10. 管件

1）管件介绍

管件是将管道连接成管路的零件。常见的管件有弯头、三通、四通、转换接头等，它们分别起连接、改向、分支和变径等作用。

图 3-197　管件绘制流程

2）绘制流程（图 3-197）

Revit 提供了 4 种创建命令用于放置管件，在"HVAC"面板中提供了"风管管件"命令；在"卫浴和管道"面板中提供了"管件命令"；在"电气"面板中提供了"电缆桥架配件"和"线管配件"命令。其用于绘制包括弯头、T 形三通、Y 形三通、四通、活接头和其他类型的管件。管件可以在任意视图上放置。具有插入特性的管件，可以在沿管道长度的任意点上放置。

11. 设备

1）设备介绍

建筑给水工程：增压设备如水泵和气压给水设备等，贮水设备如贮水池和水箱等。建筑消火栓给水系统：消火栓设备、消防水箱、水泵结合器、消防水泵和消防水池等。建筑排水工程：卫生器具、生产设备受水器、清通设备和污废水提升设备。供暖系统：锅炉、换热器、散热器、膨胀水箱和排气装置等。通风系统：通风机和除尘器等。空调系统：空气处理设备，如组合式空调系统和风机盘管等。建筑电气照明系统：电气设备和照明设备等。

图 3-198　设备绘制流程

2）绘制流程（图 3-198）

在"系统"选项卡中，"机械"面板提供的"机械设备"命令，如图 3-199 所示，用于放置机械设备，例如锅炉、熔炉或风机等，绘制时需要预先载入机械设备族；在"卫浴和管道"面板中提供了"卫浴装置"和"喷头"命令，如图 3-200 所示，放置卫浴装置和喷头。卫浴装置包括水槽、抽水马桶、浴盆、排水管和各种用具；在"电气"面板中提供了"电气设备""设备""照明设备"命令，如图 3-201 所示，"电气设备"命令用于放置电气装置，例如配电盘和开关装置；"设

图 3-199　"机械设备"按钮

图 3-200　"卫浴和管道"面板

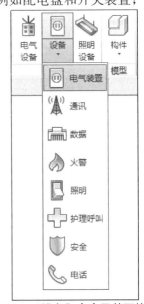

图 3-201　"设备"命令及其下拉列表

备"命令用于放置电气装置、通信装置、数据设备、火警设备、照明开关、护理呼叫设备、安全设备和电话插口等；"照明设备"命令用于照明设备，例如天花板灯、壁灯和嵌入灯等。

3.2.5　实体编辑方法

实体编辑命令如表 3-7 所示。

实体编辑命令　　　　　　　　　　　　　　　　表 3-7

图标	编辑命令	快捷键
88	阵列	AR
○₀	复制	CO
✛	移动	MV
⊔	对齐	AL
▷◁	镜像-拾取轴	MM
✖	删除	DE
⌐	偏移	OF
⊏▯⊐	拆分图元	SL
[⊙]	组	GP

1. 阵列

步骤 1：打开"轴网标高 .rvt"文件，在项目浏览器中切换到"南"立面视图。

步骤 2：点击"Level 2"，使其高亮显示，点击"修改｜标高"中的阵列命令，在选项栏中不勾选"成组并关联"，项目数为"5"，移动到"第二个"，不勾选"约束"，如图 3-202 所示。将 Level 2 标高沿垂直方向，键盘输入"3600"，如图 3-203 所示，进行阵列。阵列完成后如图 3-204 所示。

图 3-202　"修改｜标高"选项栏

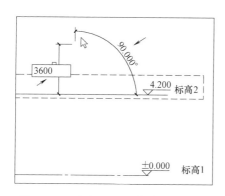

图 3-203　选中 Level 2 标高向上偏移

18.600	标高6
15.000	标高5
11.400	标高4
7.800	标高3
4.200	标高2
±0.000	标高1

图 3-204　完成阵列

步骤 3：点击 Level 1 标高，在属性框中修改名称为"F1"，单击"应用"按钮，如图 3-205 所示。弹出的对话框选择"是"，如图 3-206 所示。其他楼层标高名替换如表 3-8 所示。

图 3-205   属性框中修改标高名称

图 3-206   确认重命名视图

楼层标高名替换   表 3-8

原标高名	新标高名	原标高名	新标高名
Level 1	F1	Level 4	F4
Level 2	F2	Level 5	F5
Level 3	F3	Level 6	F6

步骤 4：复制和阵列得到的标高显示黑色，没有视图显示。单击"视图"选项卡中的"平面视图"下拉列表中的"楼层平面"，如图 3-207 所示，选择"新建楼层平面"对话框中的所有标高，如图 3-208 所示，勾选"不复制现有视图"，单击"确定"按钮，退出对话框，楼层平面创建完成。

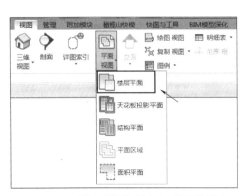

图 3-207   "平面视图"按钮及其下拉列表

图 3-208   新建楼层平面

2. 复制

步骤 1：在项目浏览器中切换到 F1 平面，点击轴线 ①，使其高亮。

图 3-209 "修改｜轴网"选项栏

步骤 2：点击"修改｜轴网"中的"复制"工具，选项栏中勾选"多个"，如图 3-209 所示。点击轴线①，鼠标水平向右，键盘输入"900"后回车，即可得到轴线②。

步骤 3：将轴线②向右复制 7200mm，得到轴线③。将轴线③向右复制 7200mm，得到轴线④。将轴线④向右复制 3600mm，得到轴线⑤。最后轴线绘制如图 3-210 所示。

3. 移动

步骤 1：在项目浏览器中切换到 F1 平面，点击轴线①，使其高亮。

步骤 2：点击"修改｜轴网"中的"移动"工具，选项栏中不勾选"约束"。点击轴线①，鼠标水平向左，键盘输入"2700"，然后回车，即可得到移动后的轴线①，距离轴线⑤ 23600mm，如图 3-211 所示。

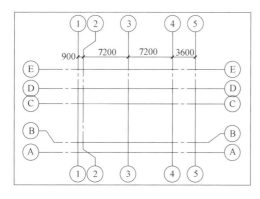

图 3-210 轴网布置图 1

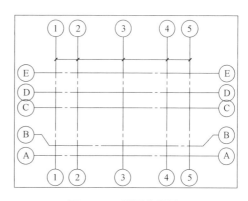

图 3-211 轴网布置图 2

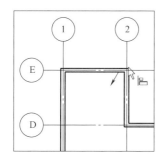

图 3-212 "对齐"选项栏

4. 对齐

步骤 1：单击"修改"选项卡中的"对齐"命令。勾选选项栏中的"多重对齐"，如图 3-212 所示。

步骤 2：点击轴线Ⓔ，作为对齐线，其次点击轴线Ⓔ和轴线①、②墙体的外墙边，如图 3-213 所示。再点击轴线Ⓔ和轴线④、⑤墙体的外墙边，如图 3-214 所示，按"Esc"键退出。即轴线Ⓔ上的墙体外墙边与Ⓔ轴线对齐。

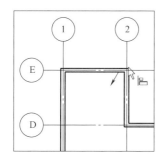

图 3-213 外墙边与轴线对齐 1

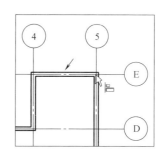

图 3-214 外墙边与轴线对齐 2

5. 镜像

步骤1：打开"窗.rvt"文件，配合"Ctrl"键选中C1、M1及其标记，单击"修改｜选择多个"里的"镜像-拾取轴"命令。

步骤2：拾取轴线③作为镜像线。镜像完成如图3-215所示。

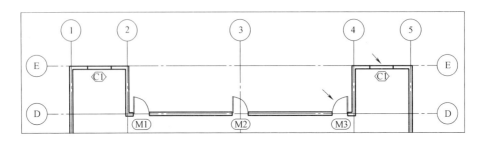

图3-215   镜像完成

6. 删除

步骤：打开"窗.rvt"文件，选中M2门，单击"修改｜门"选项卡中的"删除"命令。完成删除命令。

注：也可选中M2门，使用键盘上的"Delete"键删除。

7. 打断

步骤1：打开"窗镜像完成.rvt"文件，选中轴线①上的墙，单击"修改｜墙"选项卡中的"拆分图元"命令。

步骤2：选择轴线①墙上的轴线③处为拆分点，如图3-216所示，鼠标左击一下即可。点击完成后轴线①上的一整段墙被拆分为两段。

8. 偏移

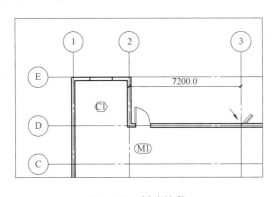

图3-216   拆分墙段

步骤1：打开"墙拆分完成.rvt"文件，选中轴线⑧与轴线③、⑤之间的墙，单击"修改｜墙"选项卡中的"偏移"命令。

步骤2：在选项栏中选择"数值方式"，偏移"1000.0"，不勾选"复制"；将鼠标放在选中的墙上，使出现的蓝色虚线在轴线⑧上方，鼠标左击一下即可，如图3-217和图3-218所示。

图3-217   "修改｜墙"选项栏

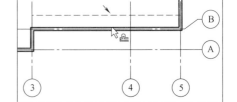

图3-218   选取墙

9. 修剪

步骤 1：打开"墙偏移完成.rvt"文件，单击"修改"选项卡中的"修剪/延伸为角"命令。

步骤 2：首先点击与轴线Ⓑ方向水平的墙体，其次点击轴线③上且位于轴线Ⓐ、Ⓑ之间的墙体，如图 3-219 所示，最后修剪完成如图 3-220 所示。

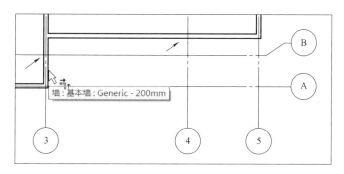

图 3-219 选取墙体位置

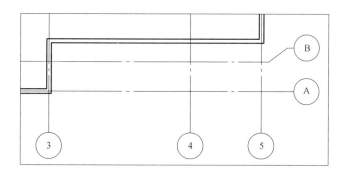

图 3-220 完成"修剪/延伸为角"

10. 组

步骤 1：打开"墙修剪完成.rvt"文件，框选所有的墙、门、窗、标记。

步骤 2：选择"修改｜选择多个"选项卡中的"组"命令，在弹出对话框中填写模型组名称为"一层平面"，附着的详图组名称为"一层平面门窗"。如图 3-221 所示，单击"确定"按钮即可。

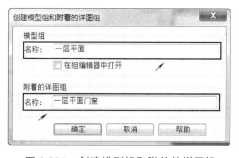

图 3-221 创建模型组和附着的详图组

补充：通过编辑组，可以修改组里的内容。

步骤 3：选择"一层平面组"，在"修改｜模型组"选项卡中单击"编辑组"按钮，如图 3-222 所示。在编辑组状态下，点击"编辑组"面板中的"删除"按钮，如图 3-223 所示，点击 M1 和 M3，勾选"完成"，这样就将 M1、M3 排除在组外。

注意：如果将组进行复制、镜像以后，组发生了改变，那么同名称的其他组就会发生一样的改变。

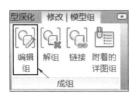

图 3-222　"编辑组"按钮

图 3-223　"编辑组"面板
中的"删除"按钮

3.2.6　标记、标注与注释

步骤 1：打开"综合 .rvt"文件，在项目浏览器中切换到 F1 平面，单击"建筑"选项卡中的"房间"按钮如图 3-224 所示。

图 3-224　"建筑"选项卡中的"房间"按钮

步骤 2：将鼠标移动到房间内部放置房间标记，如图 3-225 所示。

步骤 3：选中房间标记，单击房间名称，将房间名称改为"次卧"，如图 3-226 所示。

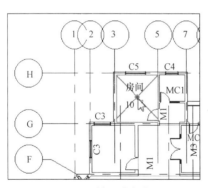

图 3-225　放置房间标记

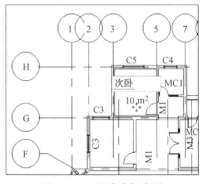

图 3-226　更改房间名称

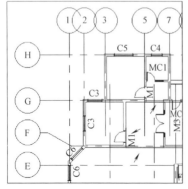

图 3-227　添加房间分割线

步骤 4：户型 A 中，餐厅与客厅中间没有墙隔断，在放置房间时属于一个房间，这时需要进行房间分隔。单击"建筑"选项卡中的"房间分隔"按钮，如图 3-227 所示。

步骤 5：分隔完成后即可添加房间标记。其他房间添加标记重复上述步骤。

3.2.7　成果输出

1. 平面图

步骤 1：选择"注释"选项卡的"对齐"标注工

具，如图 3-228 所示。

图 3-228　"对齐"按钮

步骤 2：在选项栏中将标注方式选择为"参照核心层表面"，将拾取模式选择为"整个墙"如图 3-229 所示，点击后面的"选项"按钮。

步骤 3：在"自动尺寸标注选项"中将洞口选项改为"宽度"，勾选"相交轴网"，如图 3-230 所示。

图 3-229　"修改 | 放置尺寸标注"选项卡

步骤 4：选择轴线⑭上轴线③～轴线⑤之间的一段墙，对应的标注就会出现。拖动标注线，使标注线的左右两边分别在轴线③和轴线⑦上，如图 3-231 所示。如果文字和图线重叠，拖动文字的夹点移开即可。

图 3-230　"自动尺寸标注选项"对话框

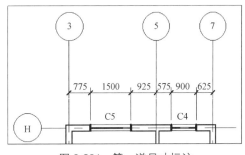

图 3-231　第一道尺寸标注

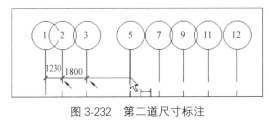

图 3-232　第二道尺寸标注

步骤 5：选择标注的起始和中止位置，连续点击下一个标注的终点。如图 3-232 所示，点击轴线①和轴线②之后出现尺寸标注"1230"，紧接着点击轴线③就会出现第二个标注"1800"，依次点击之后的轴线③～轴线㉗。

步骤 6：重复步骤④和步骤⑤，进行完整的平面标注。

2. 立面

步骤 1：切换到南立面视图，选中轴线②～轴线⑯，选择"隐藏图元"选项。

步骤 2：选择轴线①，取消其上端的轴头显示控制的复选框，勾选下端的复选框。轴线⑰重复该操作。

步骤 3：将模型图像样式改为"着色"状态。

步骤 4：选择"注释"选项卡的"对齐"标注工具，添加立面尺寸；选择"修改 | 放

置尺寸标注"选项卡中的"高程点"添加标高，如图 3-233 所示。放置标高时，需点击 3 次。第一次放置标高，第二次确定标头的上下方向，第三次确定标高的左右方向。

步骤 5：鼠标右击"项目浏览器"中的"南"立面视图，选择"通过视图创建视图样板"，修改名称为"立面视图"，如图 3-234 所示。

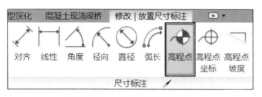

图 3-233 "高程点"按钮

图 3-234 创建视图样板

步骤 6：再同时选择东、西、北三个立面视图，点击鼠标右键，选择"应用视图样板"，在弹出的对话框中选择"立面视图"，如图 3-235 所示。

图 3-235 "视图样板"对话框

图 3-236 "剖面"按钮

步骤 7：东、西、北三个立面视图重复步骤 1～步骤 4 进行完善。

3. 剖面图

步骤 1：切换到 F1 视图，单击"视图"选项卡中的"剖面"按钮，如图 3-236 所示，在轴线 8～轴线 10 之间的楼梯间绘制一条剖面线，在左侧属性栏中将详细程度改为"精细"。

步骤 2：在项目管理器中点击进入"剖面 1"视图，修改轴线的轴头显示。选择"修改"面板中的"连接"按钮，如图 3-237 所示，点击楼板和其下部墙，最后连接方式如图 3-238 所示。

步骤 3：输入"VV"，弹出"剖面：剖面 1 的可见性/图形替换"对话框，如图 3-239 所示。勾选"截面线样式"并点击后面的"编辑"按钮，在弹出的对话框中设置如图 3-240 所示。

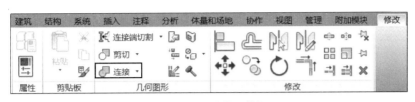

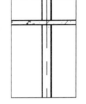

图 3-237 "连接"按钮

图 3-238 楼板与墙连接节点

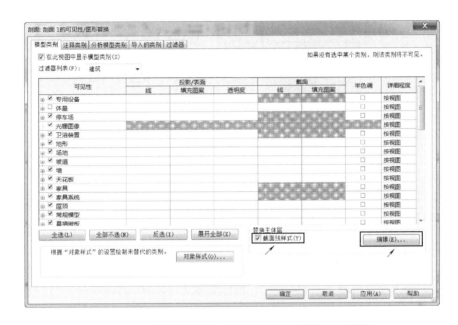

图 3-239 "剖面：剖面 1 的可见性/图形替换"对话框

步骤 4：在剖面图中再使用"对齐"工具进行尺寸和标高标注。

4. 渲染

步骤 1：切换到 F1 平面，点击"三维视图"选项卡中的"相机"工具，如图 3-241 所示，在选项栏中设置偏移量为"1750.0"，自"F4"，如图 3-242 所示。在视图中放置相机，如图 3-243 所示。

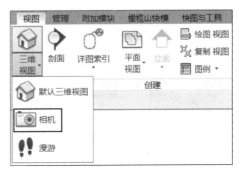

图 3-240 "主体层线样式"对话框

图 3-241 "相机"按钮

图 3-242   设置选项栏

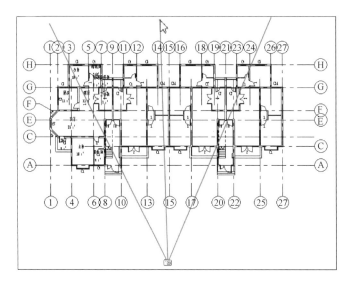

图 3-243   视图中的相机设置

步骤 2：布置好相机以后会进入三维模式，拖曳剪裁区域形成如图 3-244 所示。在属性选项卡中，修改视点高度为"8550.0"，目标高度为"7550.0"，如图 3-245 所示。

图 3-244   拖曳剪裁区域

图 3-245   修改视点高度

步骤 3：点击屏幕下方"日光设置"按钮，如图 3-246 所示。设置日光研究为"照明",方位角为"135.000°",仰角为"35.000°",预设为"＜在任务中,照明＞",如图 3-247 所示。

图 3-246 "日光设置"按钮

图 3-247 "日光设置"对话框

步骤 4:选择"视图"中的"渲染"选项,如图 3-248 所示。在对话框中,将质量设置为"中",分辨率设置为"打印机 150-DPI",点击"渲染"按钮,如图 3-249 所示。完成后点击"保存到项目中"按钮,命名为"正南面透视",渲染效果如图 3-250 所示。

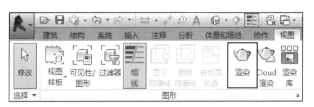

图 3-248 "渲染"按钮

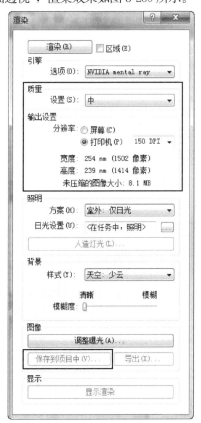

图 3-249 "渲染"选项设置

图 3-250 "正南面透视"渲染图

步骤5：在项目浏览器中单击"渲染"栏打开"正南面透视"，依次选择"应用菜单程序""导出""图像和动画""图像"命令，可导出渲染图，设置如图3-251所示。

图 3-251　导出渲染图

3.3　实例——某学生宿舍楼

本节以某学生宿舍楼为实例。该学生宿舍楼建筑面积 $3023m^2$，建筑高度 18.6m，共5层，室内外高差 450mm。本工程外墙为 240mm 厚混凝土复合保温砖，内墙为 200mm 厚加气混凝土砌块，隔墙为 100mm 厚加气混凝土砌块。

该学生宿舍楼三维模型如图3-252和图3-253所示，二维施工图如图3-254～图3-262所示。

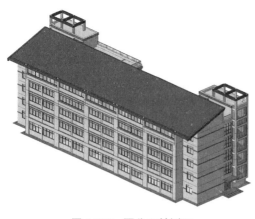

图 3-252　西北正轴测图

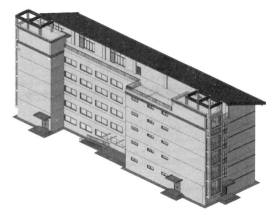

图 3-253　东南正轴测图

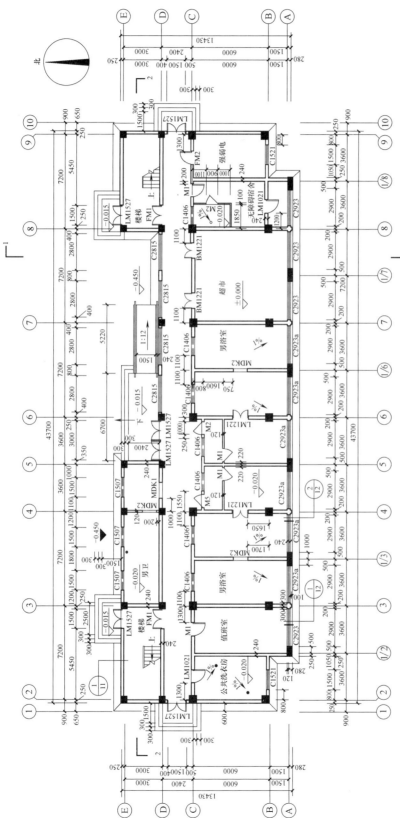

图 3-254　一层平面图

注: 1.外墙240厚，内墙除特别标注外均为200厚；
2.B、C轴上的标准柱尺寸为600×600；
D、E轴上的标准柱尺寸为500×500；
3.楼地板100厚。

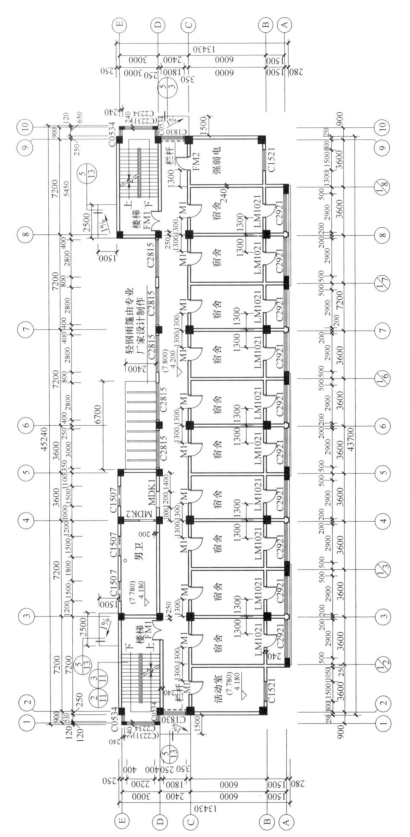

图 3-255 二~三层平面图

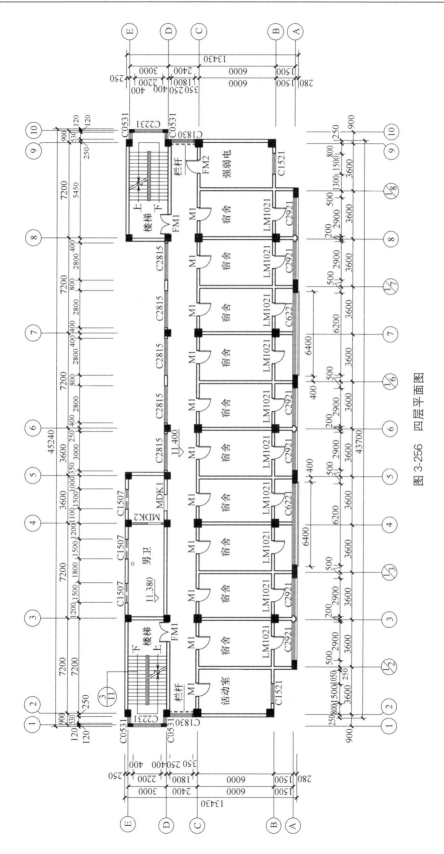

图 3-256 四层平面图

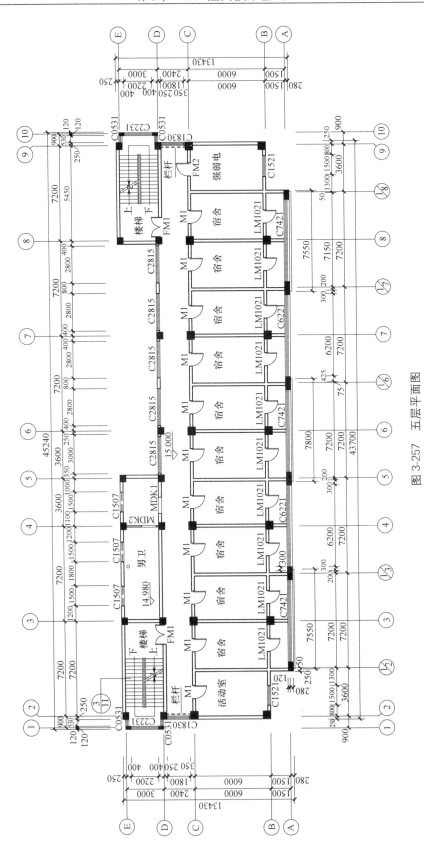

图 3-257　五层平面图

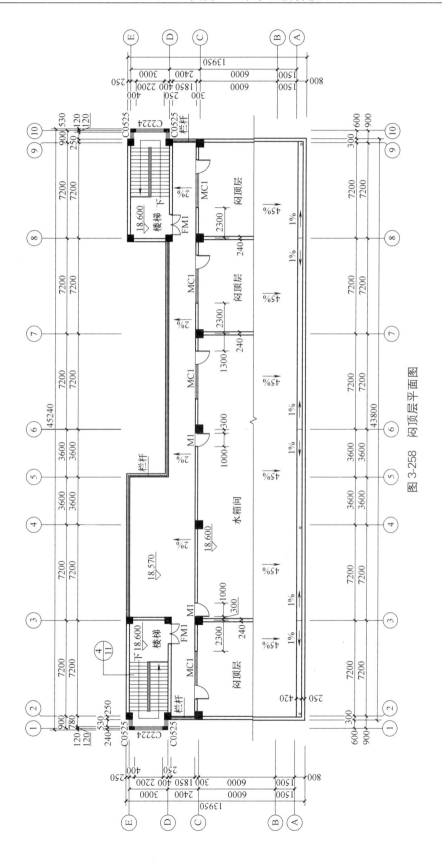

图 3-258 闷顶层平面图

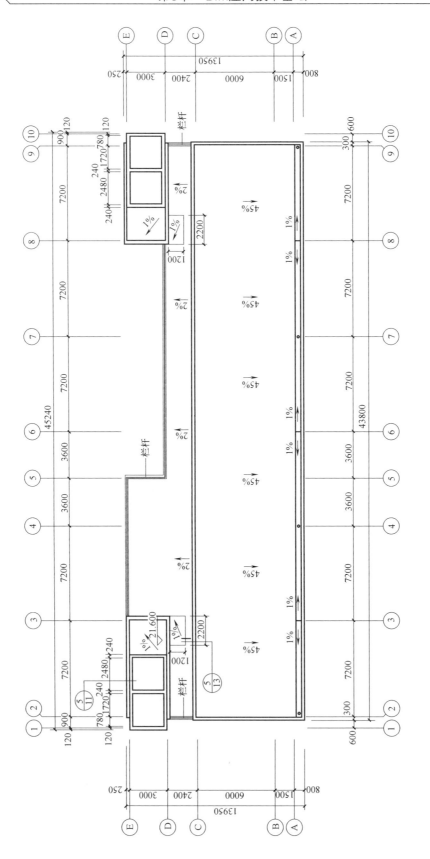

图 3-259　屋顶平面图

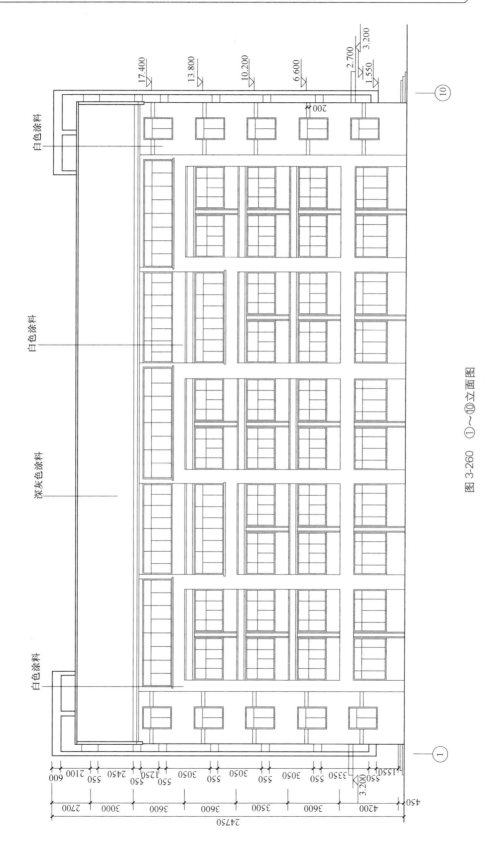

图 3-260 ①～⑩立面图

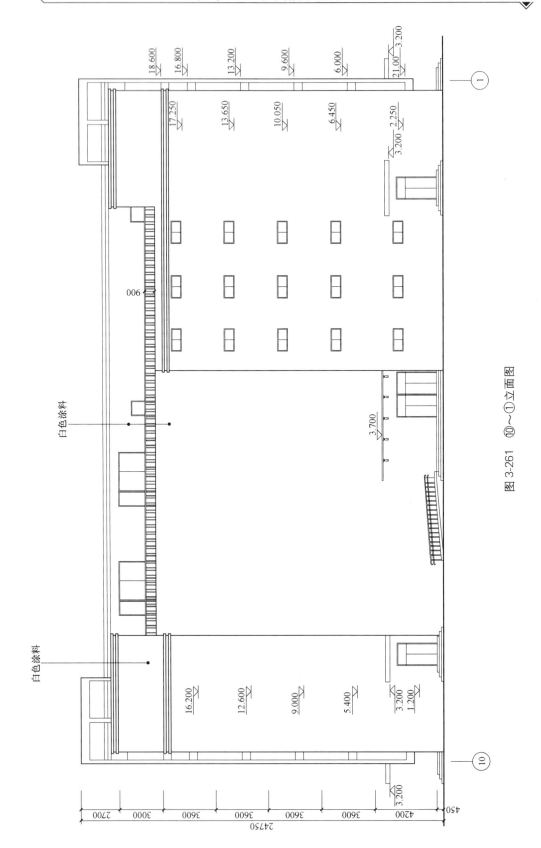

图 3-261　⑩～①立面图

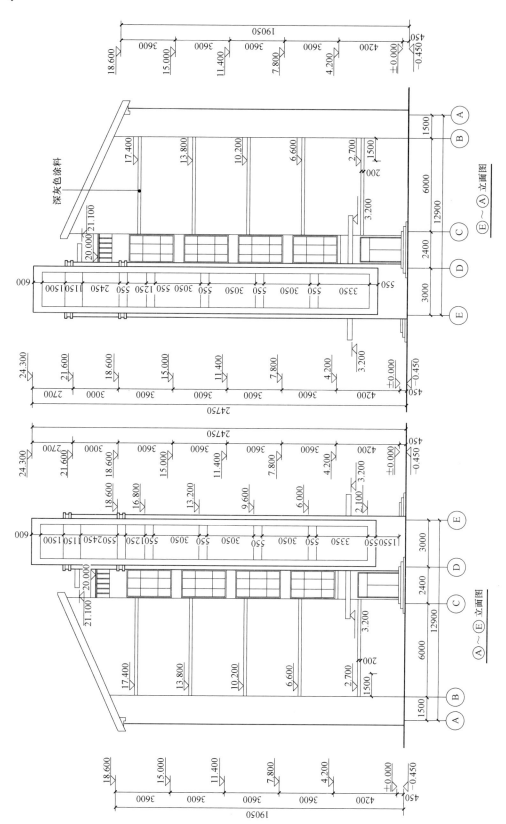

图 3-262 东、西立面图

图 3-263　"新建项目"对话框

将视图切换到南立面，如图 3-265 所示。

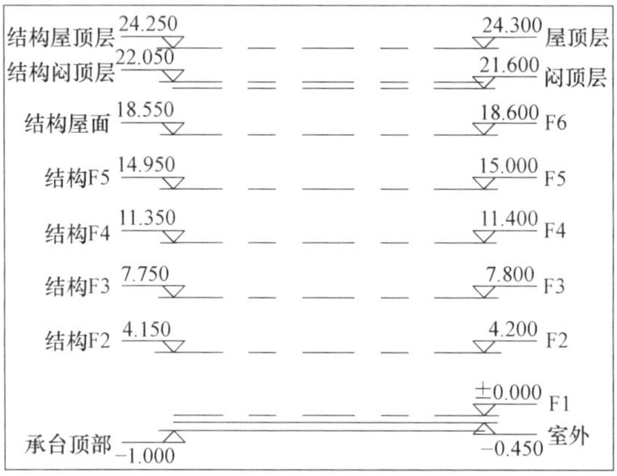

3.3.1　轴网标高

新建一个项目文件为"男生宿舍.rvt"，样板文件为"建筑样板"，如图 3-263 所示。新建项目方法见 3.2.3 节。

1. 绘制标高

绘制标高如图 3-264 所示。

步骤 1：进入项目后，在项目浏览器中

图 3-264　绘制完成的标高

图 3-265　项目浏览器切换"南"立面

步骤 2：删除标高"Level 2"，视图 Level 2 将被删除。点击"橄榄山快模"选项卡中的"楼层"命令，如图 3-266 所示。

图 3-266　"橄榄山快模"中"楼层"命令

步骤 3：在楼层管理器对话框中，填写前缀为"F"，起始层序号为"2"，层高为"4200"，层数量为"1"，点击"当前层上加层"按钮，如图 3-267 所示，即添加 F2 楼层标高。

步骤 4：保留前缀"F"，起始层序号自动为"3"，层高为"3600"，层数量为"4"，点击"当前层上加层"按钮，如图 3-268 所示，即添加 F3～F6 楼层标高。

步骤 5：重复步骤 3，添加 F7，层高为"3000"；F8，层高为"2700"。

步骤 6：点击 F1 层，填写前缀"室外"，起始层序号为"1"，层高为"450"，层数量为"1"，点击"当前层下加层"按钮，即添加"室外 1"楼层。最后楼层添加如图 3-269 所示。

图 3-267 添加 F2 楼层标高

图 3-268 添加 F3～F6 楼层标高

步骤 7：点击 Level 1 标高，在属性框中修改名称为"F1"，单击"应用"按钮，如图 3-270 所示。在弹出的对话框中选择"是"，如图 3-271 所示。同样方法修改室外、F7、F8 楼层名称，最后标高改名后如图 3-272 所示。

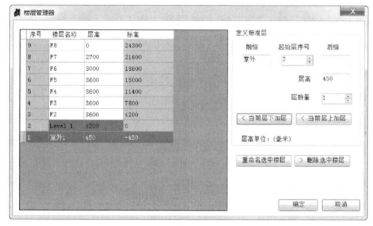

图 3-269 楼层添加完成

图 3-270 修改标高名称

图 3-271 "重命名视图"对话框

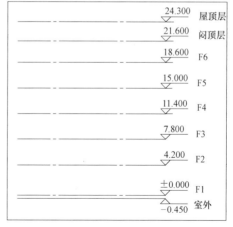

图 3-272 绘制完成的楼层平面标高

步骤 8：F2 楼层向下复制 50mm，作为结构 F2 标高。同样复制创建结构 F3～结构 F5、结构屋面、结构闷顶层、结构屋顶层和承台顶面。结构标高如表 3-9 所示。

	楼层标高	表 3-9
层号	标高（m）	层高（m）
结构屋面	24.250	—
结构闷顶层	22.050	2.2
结构 F6	18.550	3.6
结构 F5	14.950	3.6
结构 F4	11.350	3.6
结构 F3	7.750	3.6
结构 F2	4.150	3.6
承台顶部	−1.000	5.15

图 3-273　创建"结构平面"按钮

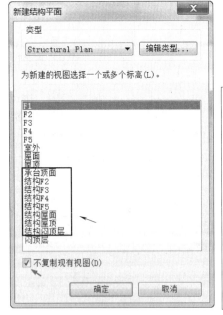

图 3-274　"新建结构平面"对话框

步骤 9： 单击"视图"选项卡中的"平面视图"下拉列表中的"结构平面"按钮，如图 3-273 所示。选择"新建结构平面"对话框中的所有结构标高，勾选"不复制现有视图"，如图 3-274 所示，单击"确定"按钮，退出对话框，楼层平面创建完成。最后标高绘制如图 3-275 所示。

2. 绘制轴线

主轴线间距：900mm，7200mm，7200mm，3600mm，3600mm，7200mm，7200mm，7200mm，900mm。

结构屋顶层	24.250	24.300 屋顶层
结构闷顶层	22.050	21.600 闷顶层
结构屋面	18.550	18.600 F6
结构F5	14.950	15.000 F5
结构F4	11.350	11.400 F4
结构F3	7.750	7.800 F3
结构F2	4.150	4.200 F2
		±0.000 F1
承台顶部	−1.000	−0.450 室外

图 3-275　绘制完成的标高

房间进深：1500mm，6000mm，2400mm，3000mm。

轴线绘制如图 3-276 所示。

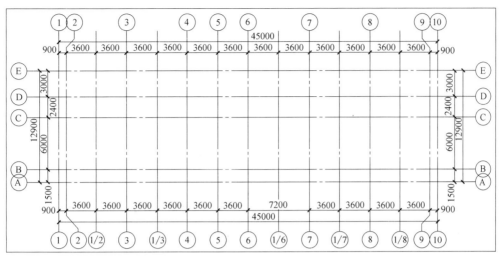

图 3-276　轴网绘制完成

步骤 1：在项目浏览器中将视图切换到 F1 平面，点击"插入"选项卡中的"导入 CAD"命令，如图 3-277 所示。在弹出的对话框中选择"一层平面图.dwg"文件，勾选"仅当前视图"，选择导入单位为"毫米"，定位为"自动-中心到中

图 3-277　"导入 CAD"命令

心"，如图 3-278 所示，点击"打开"按钮，就会在 F1 平面图中看到"一层平面图.dwg"。

图 3-278　导入 CAD 参数设置

步骤 2：拖拽东、南、西、北立面视图，使这四个视图都在 CAD 图范围之外，如图 3-279 所示。

注意：拖拽视图时需先框选再拖动。

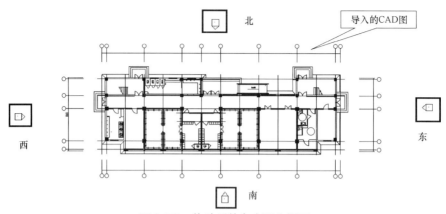

图 3-279   拖动后的东南西北视图

步骤 3：选择"橄榄山快模"中的"矩形"命令，如图 3-280 所示，在弹出的对话框中开始输入轴线间距。

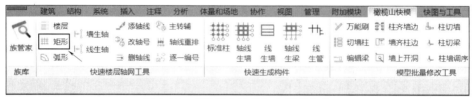

图 3-280   "橄榄山快模"中矩形命令

步骤 4：点击对话框中的"增新间距"，如图 3-281 所示，在"添加新的间距或角度"对话框的文本框中连续输入"900"和"7200"，中间用空格隔开，如图 3-282 所示，点击

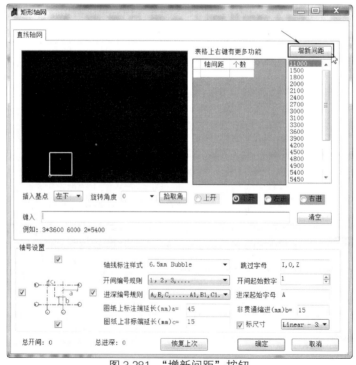

图 3-281   "增新间距"按钮

"确定"按钮退出对话框。

步骤 5：勾选"下开"复选按钮，依次在间距表中单击"900""7200""3600""7200""900"，然后在个数栏分别输入"1""2""2""3""1"，如图 3-283 所示。

图 3-282　增新间距

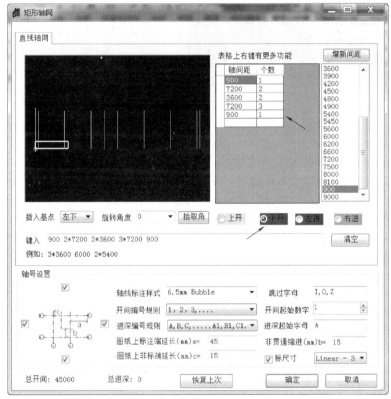

图 3-283　设置"下开"轴线

步骤 6：勾选"左进"复选按钮，依次在间距表中单击"1500""6000""2400""3000"，个数栏都为"1"，如图 3-284 所示。

步骤 7：点击"确定"按钮，点击 CAD 图中 A 轴线与 1 轴线的交点，如图 3-285 所示，放置轴线即可。

步骤 8：点击"橄榄山快模"中的"添轴线"命令，如图 3-286 所示。先选择 2 轴线，其次在 2 轴线的右侧点击一下，在弹出的对话框填入距离"3600"，如图 3-287 所示。点击"确定"按钮，然后填入新轴号名"1/2"，如图 3-288 所示。同理添加 1/3，1/4，1/6，1/7，1/8。

步骤 9：点击北面二道尺寸线，在"修改│尺寸标注"点击"编辑尺寸界线"命令，如图 3-289 所示。然后依次点击 1/2，1/3，1/4，1/6，1/7，1/8 即可。南面二道尺寸线使用同样方法修改尺寸。

3.3.2　基础布置

基础平面图是表示建筑物室外地坪面以下基础部分的平面布置图样，如图 3-290 所示。

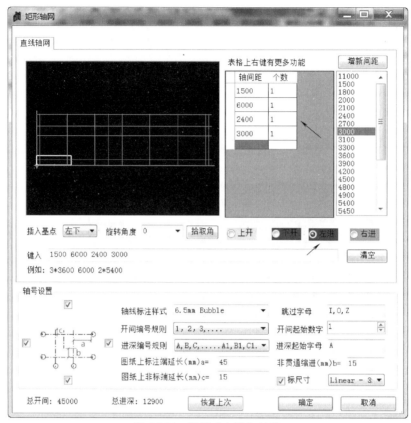

图 3-284　设置"左进"轴线

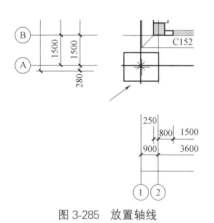

图 3-285　放置轴线

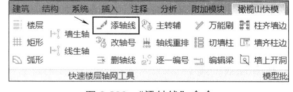

图 3-286　"添轴线"命令

图 3-287　设置距离

图 3-288　设置轴号名

图 3-289　"编辑
尺寸界线"命令

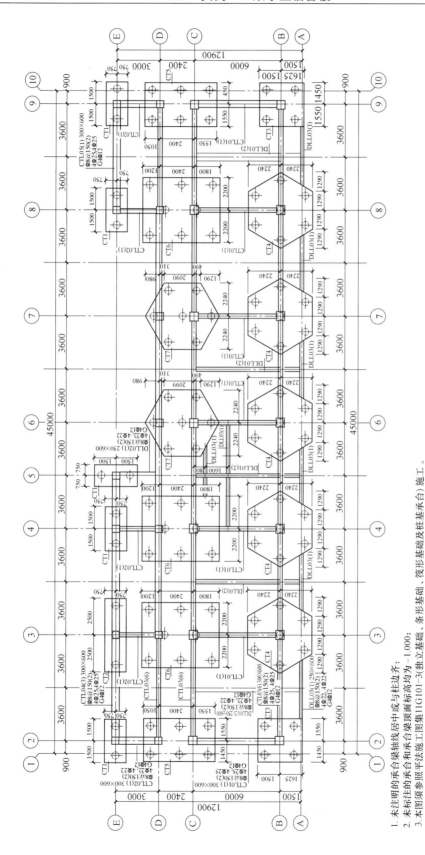

图 3-290 承台、承台梁平面布置图

1. 未注明的承台梁轴线居中或与柱边齐；
2. 未标注的承台和承台梁顶面标高均为 −1.000；
3. 本图须参照平法施工图图集 11G101-3(独立基础、筏形基础及桩基承台) 施工。

Revit 布置基础如图 3-291 所示。

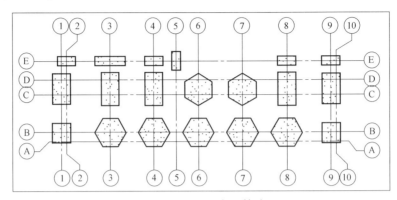

图 3-291　Revit 布置基础

步骤 1： 在项目浏览器中切换到"结构平面"的"承台顶面"视图，单击"结构"选项卡"基础"面板中的"独立"命令，如图 3-292 所示。在"修改 | 放置 独立基础"选项卡中点击"载入族"，如图 3-293 所示，在"第三章族"文件夹中载入"桩基承台 _ 2 根桩""桩基承台 _ 3 根桩""桩基承台 _ 4 根桩""桩基承台 _ 6 根桩""桩基承台 _ 六边承台 7 根桩""桩基承台 _ 8 根桩"。

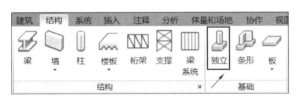

图 3-292　"独立"基础命令

图 3-293　"载入族"命令

图 3-294　设置基础标高

步骤 2： 在属性栏下拉列表中选择"桩基承台 _ 2 根桩"，限制条件中确认标高为"承台顶面"，偏移量为"0"，如图 3-294 所示，然后在②轴线和Ⓔ轴线的交点处放置。

步骤 3： 选中②轴线和Ⓔ轴线的交点处放置的"桩基承台 _ 2 根桩"，点击"建筑"选项卡中的"模型 | 组"下拉列表中的"创建组"命令，如图 3-295 所示。在"创建模型组"对话框的名称文本框填入"桩基承台 _ 2 根桩"，如图 3-296 所示，点击"确定"按钮退出对话框。注意：本书中基础创建组是为了配筋时，能使相同的基础都有钢筋。

图 3-295　"创建组"命令

图 3-296 填写组名称

步骤 4：创建组完成后，点击"桩基承台 _ 2 根桩"，会在承台的外圈出现虚线框，即表示创建组成功。选中"桩基承台 _ 2 根桩"，用"复制"命令分别复制到④轴线、⑤轴线、⑧轴线、⑨轴线与Ⓔ轴线的交点。选中⑤轴线与Ⓔ轴线处的"桩基承台 _ 2 根桩"，使用"旋转"命令，顺时针旋转 90°。最后绘制如图 3-297 所示。

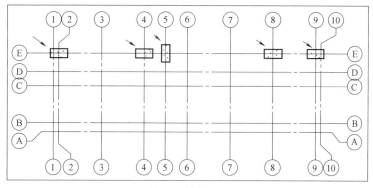

图 3-297 放置"桩基承台 _ 2 根桩"

步骤 5：重复步骤 3～步骤 5，插入"桩基承台 _ 3 根桩""桩基承台 _ 4 根桩""桩基承台 _ 6 根桩""桩基承台 _ 六边承台 7 根桩""桩基承台 _ 8 根桩"，最后如图 3-298 所示。

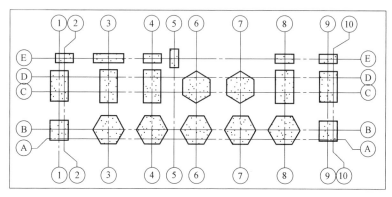

图 3-298 放置完成的基础

3.3.3 梁柱布置

结构平面图是表示建筑物各层平面（包括屋顶平面）承重构件布置的图样。

1. 布置柱（图 3-299 和图 3-300）

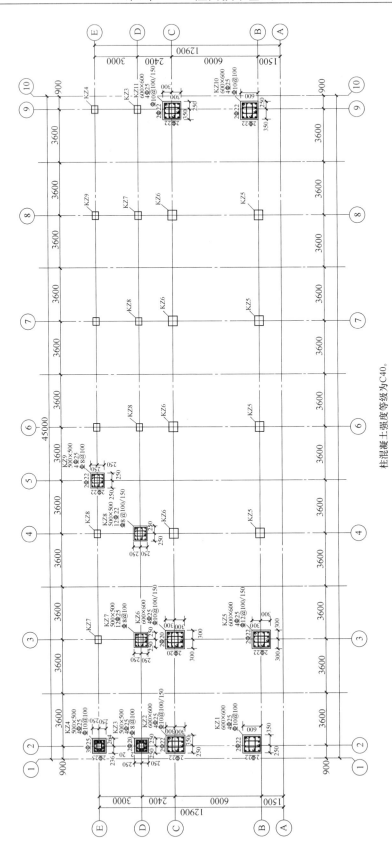

柱混凝土强度等级为C40。

图 3-299　基础顶～11.350m 结构柱的布置

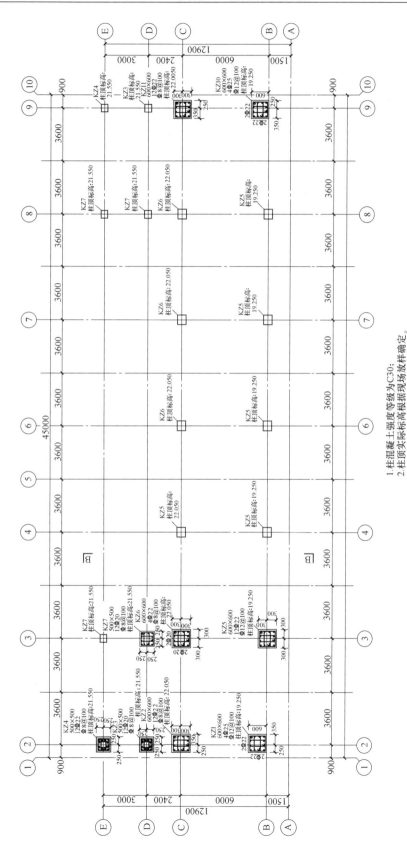

1. 柱混凝土强度等级为C30;
2. 柱顶实际标高根据现场放样确定。

图 3-300 18.550~22.050m 结构柱的布置

柱布置如图 3-301 所示。

步骤 1：在项目浏览器中切换到"结构平面"的"承台顶面"平面，点击"结构"选项卡中的"柱"命令。载入"第三章族"文件夹中的"混凝土柱-矩形.rfa"，在"修改｜放置 结构柱"面板中选择"垂直柱"命令，如图 3-302 所示。

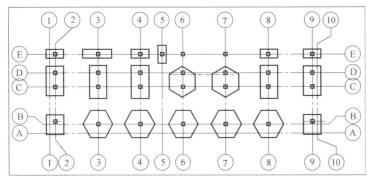

图 3-301　柱布置图

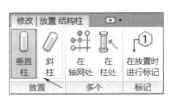

图 3-302　"垂直柱"命令

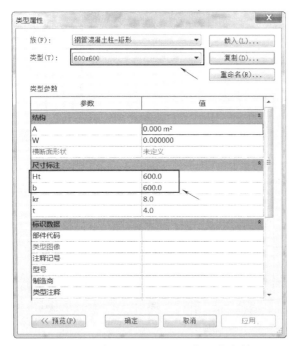

图 3-303　设置"600×600"矩形柱参数

图 3-304　设置柱子高度参数

步骤 2：点击属性栏中的"编辑类型"，弹出"类型属性"对话框，复制一个新的柱类型，名称为"600×600"。尺寸标注中"Ht"改为"600.0"，"b"改为"600.0"，如图 3-303 所示，点击"确定"按钮退出。在选项栏中选择"高度"和"结构 F2"，如图 3-304 所示。

步骤 3：在Ⓑ轴线跟②轴线的交点位置插入柱，在②轴线右边距离 50mm 处绘制一条纵向工作平面。在Ⓑ轴线上边距离 300mm 处绘制一条横向工作平面，使用对齐命令，将矩形柱的纵向中心线与纵向工作平面对齐，横向中心线与横向工作平面对齐，最后放置如图 3-305 所示。

步骤 4：根据 CAD 图，重复步骤 2 和步骤 3 创建并放置其他柱，最后柱子放置如图 3-306 所示。

步骤 5：其他层平面柱子放置重复上述步骤即可。或者通过复制粘贴命令放置其他层平面的柱子，操作如下。

步骤 6：使用鼠标框选中所有图元，过滤器中只勾选"柱"类，如图 3-307 所示。点击"修改｜结构柱"的"复制"命令，再点击"粘贴"，如图 3-308 所示。选择"与选定的标高对齐"命令，如图 3-309 所示，在弹出的标高对话框中选择"结构 F2"。

步骤 7：在"结构 F2"平面图中，框选所有图元，过滤器中只勾选"柱"类。在属性栏中修改底部标高为"结构 F2"，顶部标高为"结构 F3"，如图 3-310 所示。其他楼层操作相同。

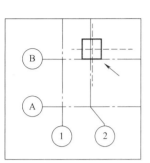

图 3-305 对齐柱子

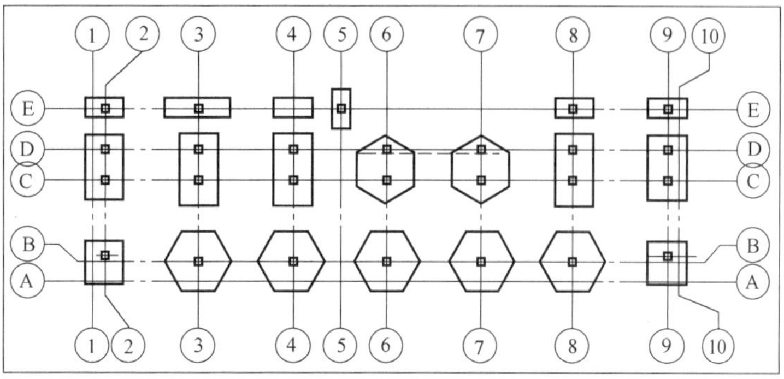

图 3-306 一层柱子放置完成

图 3-307 勾选柱

图 3-308 复制、粘贴命令

图 3-309 粘贴到选定标高

图 3-310 修改柱标高

2. 放置梁（图 3-311 和图 3-312）

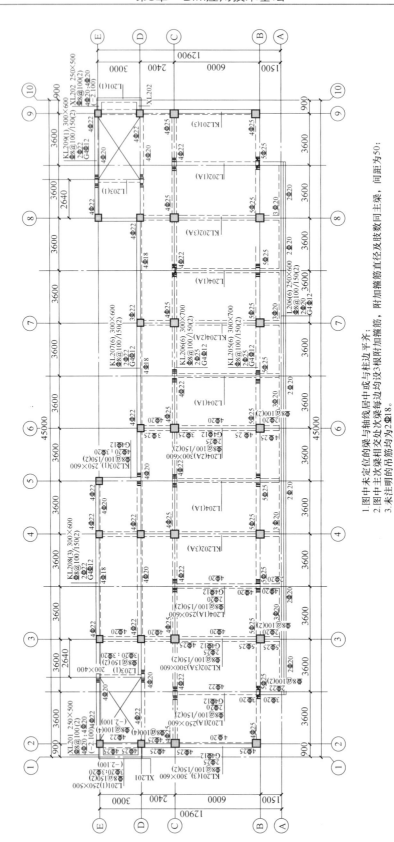

图 3-311   二层（标高 4.150m）梁平法施工图

1. 图中未定位的梁与轴线居中或与柱边平齐；
2. 图中主次梁相交处均次梁每边均设3根附加箍筋，附加箍筋直径及肢数同主梁，间距为50；
3. 未注明的吊筋均为2Φ18。

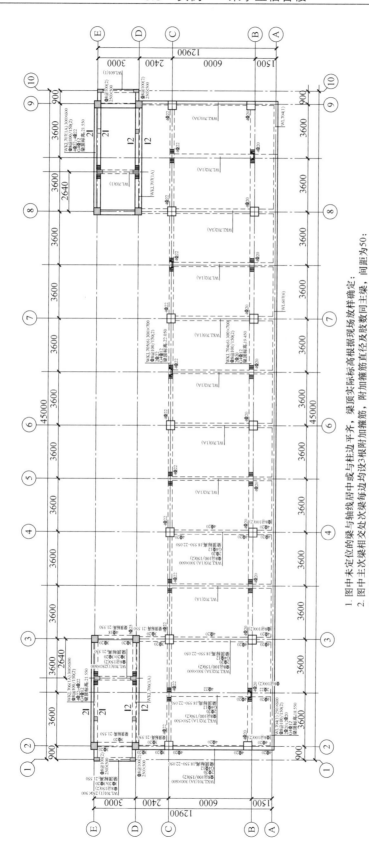

1. 图中未定位的梁与轴线居中或与柱边平齐，梁顶实际标标高根据现场放样确定，梁顶实际标高根据现场确定；
2. 图中主次梁相交处次梁每边均设3根附加箍筋，附加箍筋直径及肢数同主梁，间距为50；
3. 未注明的吊筋均为2Φ18。

图3-312 屋面（标高18.550~22 050m）层梁平法施工图

梁布置如图 3-313 所示。

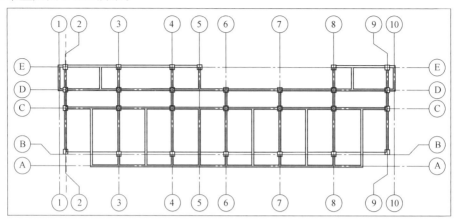

图 3-313　梁布置图

步骤 1： 在项目浏览器中切换到"结构平面"的"结构 F2"视图，点击"结构"选项卡中的"梁"命令，载入"第三章族"文件夹中的"矩形梁.rfa"。

步骤 2： 点击属性栏中的"编辑类型"，弹出"类型属性"对话框。复制一个新的梁类型，名称为"300×600"，尺寸标注中"高度"改为"600.0"，"宽度"改为"300.0"，点击"确定"按钮退出。在选项栏中确认放置平面是"标高：结构 F2"，结构用途为"自动"，如图 3-314 所示。

图 3-314　梁标高设置

图 3-315　选择"在轴网上"放置梁

步骤 3： 在"修改｜放置 梁"选项卡中选择"在轴网上"，如图 3-315 所示。按住"Ctrl"键，同时选择②轴线、③轴线、⑥轴线、Ⓔ轴线、Ⓓ轴线，点击"完成"按钮。将②轴线、Ⓔ轴线、Ⓓ轴线上的梁与柱子外边对齐，并删除Ⓔ轴线上轴线⑤~轴线⑧之间的梁。绘制如图 3-316 所示。

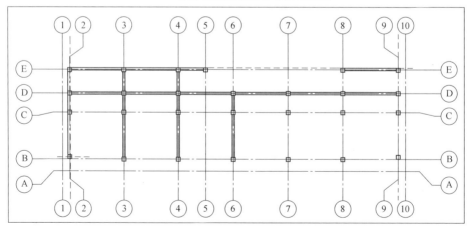

图 3-316　在轴网上放置并修改完成的梁

步骤 4: 使用复制命令,将同一尺寸的梁进行复制,或者直接通过直线绘制,如图 3-317 所示。选择绘制起点与终点即可(注意,①轴线与Ⓓ、Ⓔ轴线之间的梁高度偏移量在 F1 为 $-2.100m$,在 F2~F5 为 $-1.800m$)。

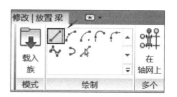

图 3-317 直线绘制方式

步骤 5: 点击属性栏中"视图范围"后的"编辑"按钮,如图 3-318 所示。在对话框中改变参数,"底":结构 F2,"偏移量":-2500.0;"视图深度":结构 F2,"偏移量":-2500.0,如图 3-319 所示,点击"确定"按钮退出对话框。

图 3-318 视图范围的"编辑"按钮

图 3-319 "视图范围"对话框

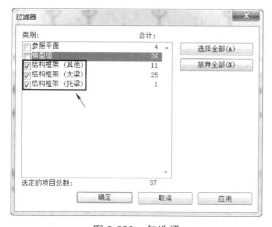

图 3-320 勾选梁

步骤 6: 将第二层梁放置完成后,框选所有图元,过滤器中只勾选"梁"类,如图 3-320 所示。点击"修改 | 结构框架"中的"复制"命令,再点击"粘贴",选择"与选定标高对齐"。在弹出的标高对话框中选择"结构 F3"~"结构 F5"。

步骤 7: 切换到结构屋面层平面,点击"结构"选项卡"构件"下拉选项卡中的"内建模型"命令,如图 3-321 所示,在"族类别与族参数"对话框的过滤器列表中选择"结构",在文本框中选择"结构框架",如图 3-322 所示,点击"确定"按钮

退出对话框。在弹出的名称对话框中,填写"WKL701"。

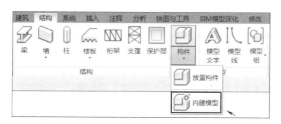

图 3-321 "内建模型"命令

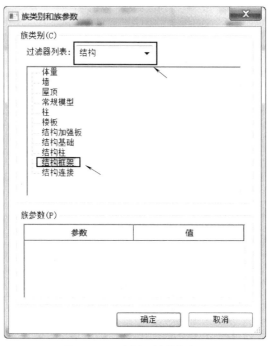

图 3-322　选择"结构框架"

步骤 8：点击"创建"选项卡中的"设置"命令，如图 3-323 所示。在"工作平面"对话框中点击"拾取一个平面"，如图 3-324 所示，点击"确定"按钮退出对话框。然后选择②轴线，在转到的视图对话框中选择"立面：West"，如图 3-325 所示。

图 3-323　"设置"工作平面按钮

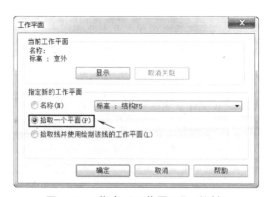

图 3-324　指定"工作平面"对话框

步骤 9：跳转到东立面，绘制距离Ⓒ轴线 300mm 的工作平面，点击"拉伸"命令，选择"直线"绘制，以工作平面与结构闷顶层标高的交点为起点，以标高 18.550mm 处的梁顶部为终点绘制梁顶部直线，绘制完成后，平行复制 600mm 绘制梁下部直线。最后绘制如图 3-326 所示 。

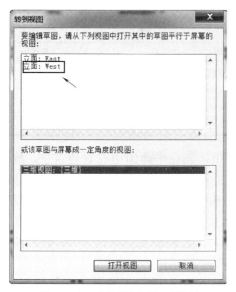

图 3-325 "转到视图"对话框

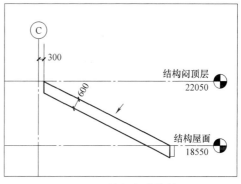

图 3-326 绘制完成的斜梁

步骤 10：切换到三维模式下的上立面，调整斜梁的拉伸宽度与②轴线梁宽度相等，使用对齐方式与②轴线梁对齐，建立组"WKL702（3A）斜梁"。同时在③轴线、④轴线也创建同样尺寸的斜梁 WKL702 和 WKL703，并将上述三组梁依照 CAD 图纸复制。

步骤 11：重复步骤 6～步骤 9，创建"斜梁 250×600mm"，放置在 3 轴线右边 3600mm ，并建立组"WKL702（1A）"，依照 CAD 图纸复制。

3.3.4 墙体布置

根据图纸，F1 层墙体布置如图 3-327 所示。

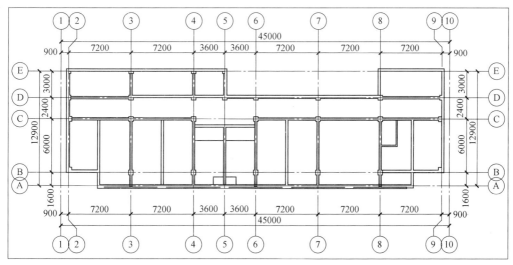

图 3-327 F1 层墙体布置图

步骤 1：切换到 F1 平面，单击"建筑"选项卡中的"墙"工具下拉列表中的"墙：建筑"命令。在属性栏中，新建外墙与内墙的类型（注意在类型属性中标注功能是外部还是内部），信息如表 3-10 所示。

墙体信息表   表 3-10

名称	结构层厚度及材质	外面层厚度及颜色	内面层厚度及颜色
外墙 240mm 白色墙面	240mm 厚保温砖	10mm 白色涂料	10mm 白色涂料
外墙 50mm 白色墙面	50mm 厚砖	10mm 白色涂料	10mm 白色涂料
内墙 200mm	200mm 加气混凝土	10mm 白色涂料	10mm 白色涂料
隔墙 100mm	100mm 加气混凝土	10mm 白色涂料	10mm 白色涂料

图 3-328　F1 层"外墙 240mm
白色墙面"限制条件

步骤 2：根据图纸，先在平面图中放置建筑柱，放置方法同结构柱，这里不赘述。在属性栏中选择"外墙 240mm 白色墙面"，在属性栏中选择定位线为"核心层中心线"，底部限制条件为"室外"，底部偏根移为"－50.0"，顶部约束为"直到标高：结构 F2"，顶部偏移为 0，如图 3-328 所示。

步骤 3：为了方便绘制，通过过滤器选择"模型组"图元、框架梁图元，并将其隐藏，过滤器和临时隐藏使用方法见 3.2.3 节。沿着 CAD 图中墙的外轮廓绘制一圈，按"Esc"键退出后，再使用"对齐"命令（快捷键为 AL），将外墙与柱边对齐。

步骤 4：在Ⓐ轴线沿 CAD 图纸绘制"外墙 50mm 白色墙面"，使其与建筑柱外侧对齐。

步骤 5：同样方法绘制内墙与隔墙，内墙的底部限制条件为"结构 F1"，顶部约束为"直到标高：结构 F2"，顶部偏移为 0。

步骤 6：F1 层墙体绘制如图 3-329 所示。

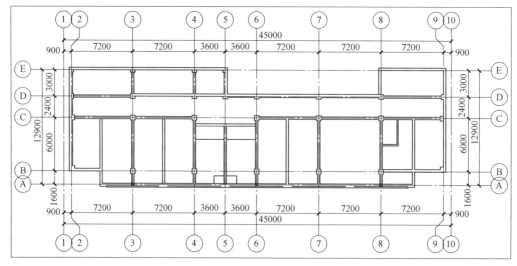

图 3-329　F1 层墙体绘制完成

步骤 7：选中"F1"层所有墙，复制、粘贴到"F2"视图，切换到"F2"视图，在属性栏中选择所有墙、建筑柱，修改底部限制条件为"结构 F2"，顶部约束为"直到标高：结构 F3"。

步骤 8：根据图纸将"二层平面"组的墙体修改为如图 3-330 所示。

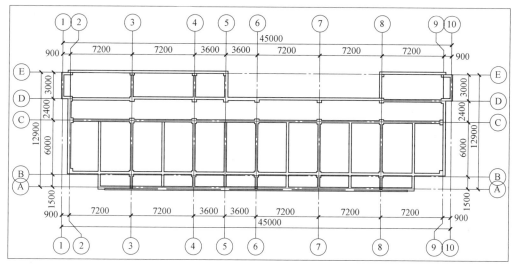

图 3-330　结构 F2 层墙体

步骤 9：这里需要注意，从 F2 层开始，楼梯间处有墙体（①、②轴线与Ⓓ、Ⓔ轴线之间，⑨、⑩轴线与Ⓓ、Ⓔ轴线之间）。二层楼梯墙体底部限制条件为"结构 F2"，底部偏移为"－2100.0"，顶部约束为"直到标高：结构 F3"，顶部偏移为"－2300.0"，如图 3-331 所示。

图 3-331　结构 F2 平面上楼梯间墙体参数

步骤 10：切换到三维模式，载入"第三章族"文件夹中的"墙矩形饰条"。点击"建筑"选项卡中"墙"下拉列表中的"墙：饰条"命令，如图 3-332 所示。在属性栏中新建

"墙矩形饰条",轮廓选用"墙矩形饰条",如图 3-333 所示,拾取墙顶部边缘即可(F1 层墙饰条轮廓为"墙矩形饰条 F1")。

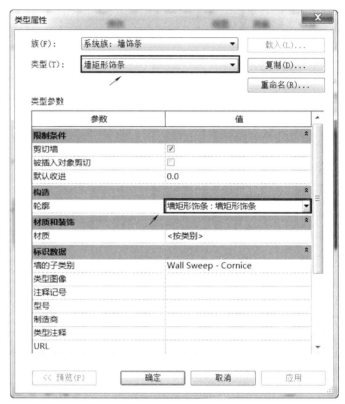

图 3-332　"墙:饰条"命令　　　　　　图 3-333　新建"墙矩形饰条"类型

步骤 11:同时选择所有的墙、建筑柱,创建组:"二层平面",并将其复制到 F3、F4 层。

3.3.5　门窗布置

门窗表及窗大样如图 3-334 所示。

步骤 1:单击"插入"选项卡中的"载入族"按钮,载入文件夹中"C2923""C2923a""C2921""C6221""C1930""推拉窗""固定窗"窗族。

步骤 2:在属性栏中选择"C2923"中的"2900×2300mm",点击"类型属性",将标记改为"C2923",如图 3-335 所示,属性栏中底标高为"900.0",如图 3-336 所示,点击"修改 | 放置 窗"选项卡中的"在放置时进行标记"命令,如图 3-337。在Ⓐ轴线和③轴线处的墙上插入 C2923,移动临时尺寸,如图 3-338 所示,使得 C2923 右边界距离③轴线 200mm。

步骤 3:重复步骤 2,放置一层平面其他窗。选择"推拉窗",在类型属性中新建类型"1500×700mm",修改高度为"700.0",宽度为"1500.0",如图 3-339 所示。将标记改为"C1507"。同样增加类型"2800×1500mm",修改高度为"1500.0",宽度为"2800.0",将标记改为"C2815"。类型"1400×600mm",修改高度为"600.0",宽度为"1400.0",将标记改为"C1406"。

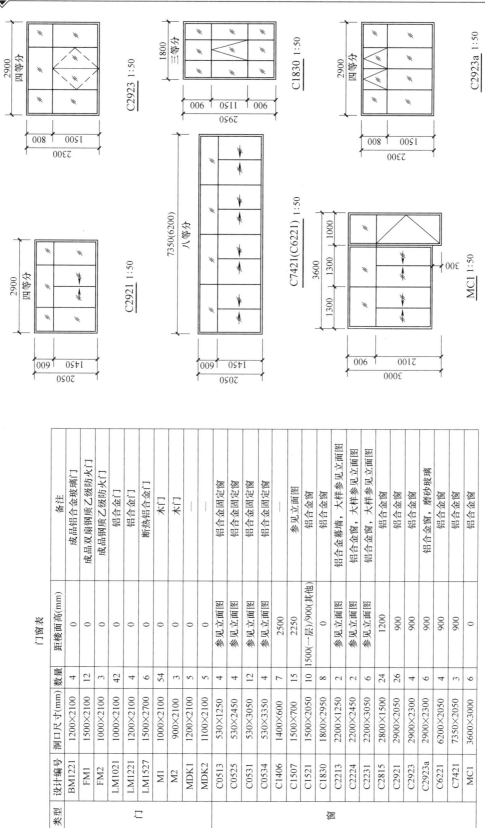

图 3-334 门窗表及窗大样图

门窗表

类型	设计编号	洞口尺寸(mm)	数量	距楼面高(mm)	备注
门	BM1221	1200×2100	4	0	成品铝合金玻璃门
	FM1	1500×2100	12	0	成品双扇钢质乙级防火门
	FM2	1000×2100	3	0	成品钢质乙级防火门
	LM1021	1000×2100	42	0	铝合金门
	LM1221	1200×2100	4	0	铝合金门
	LM1527	1500×2700	6	0	断热铝合金门
	M1	1000×2100	54	0	木门
	M2	900×2100	3	0	木门
	MDK1	1200×2100	5	0	—
	MDK2	1100×2100	5	0	—
窗	C0513	530×1250	4	参见立面图	铝合金固定窗
	C0525	530×2450	4	参见立面图	铝合金固定窗
	C0531	530×3050	12	参见立面图	铝合金固定窗
	C0534	530×3350	4	参见立面图	铝合金固定窗
	C1406	1400×600	7	2500	—
	C1507	1500×700	15	2250	参见立面图
	C1521	1500×2050	10	1500(一层)/900(其他)	铝合金窗
	C1830	1800×2950	8	0	铝合金幕墙，大样参见立面图
	C2213	2200×1250	2	参见立面图	铝合金窗，大样参见立面图
	C2224	2200×2450	2	参见立面图	铝合金窗，大样参见立面图
	C2231	2200×3050	6	参见立面图	铝合金窗
	C2815	2800×1500	24	1200	铝合金窗
	C2921	2900×2050	26	900	铝合金窗
	C2923	2900×2300	4	900	铝合金窗
	C2923a	2900×2300	6	900	铝合金窗，磨砂玻璃
	C6221	6200×2050	4	900	铝合金窗
	C7421	7350×2050	3	900	铝合金窗
	MC1	3600×3000	6	0	铝合金窗

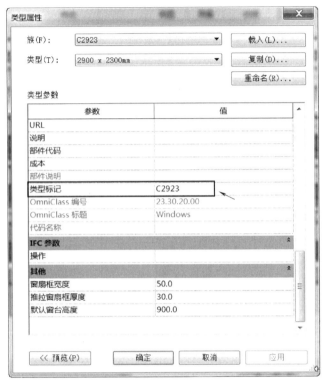

图 3-335　修改窗的类型标记

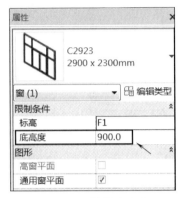

图 3-336　设置底高度

图 3-337　选择"在放置时进行标记"

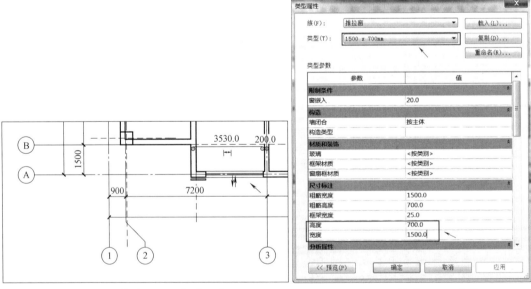

图 3-338　修改 C2923 临时尺寸　　　　　　　　图 3-339　修改 C1507 参数

步骤 4： 选中所有的 C1507 和 C1406（选择 C1507，右击，点击"选择全部实例——在整个视图中可见"即可全选本层所有的 C1507），在属性栏中将底高度改为"2250"；选中所有的 C2815，在属性栏中将底高度改为"1200"。并将所有的 C1507、C2815、C1521

及其标记复制，粘贴到 F2 标高。

步骤 5：在"项目浏览器"中切换到 F2 楼层平面，点击"二层墙体"模型组，在"修改 | 模型组"中点击编辑组，在旁边的"编辑组"悬浮面板上点击"添加"命令，如图 3-340 所示，然后依次点击所有的 C1507、C2815、C1521。将⑤、⑥轴与Ⓓ轴之间插入 C2851，底标高为"1200.0"。

步骤 6：在"二层墙体"模型组中将楼梯伸出部分在组里删除，然后在楼梯伸出部分添加 C0531、C2231，在属性栏中改变其限制条件，标高为"F2"，底高度为"1800.0"，如图 3-341 所示。

图 3-340 向模型组中添加构件命令

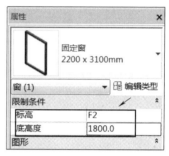

图 3-341 修改标高与底高度

步骤 7：点击编辑"二层 A 轴外墙"模型组，放置 C2921 和 C6221，完成编辑后，三、四层都会出现 C2921 和 C6221。

步骤 8：切换到 F5 楼层平面，在Ⓐ轴"外墙 240mm 深灰色墙"上放置 C6221 和 C7421。

步骤 9：切换到东立面，将二层楼梯处伸出的墙体限制改为"底部标高 F1"，偏移"2100.0"，选中 C0531 进行向上阵列，阵列项目数为"4"，距离为"3600.0"。

步骤 10：新建"固定窗"类型"C2234"，高度为"3550.0"，宽度为"2200.0"，标记为"C2234"。C2231 的正下方放置标记"C2234"，使其左右对齐，C2234 底部距 C2231 底部"550"。

步骤 11：西立面同上述步骤。

步骤 12：新建"固定窗"类型"C0534"，高度为"550.0"，宽度为"3350.0"，标记为"C0534"。切换到南立面，放置 C0534 和 C0531。放置步骤同上，北立面也是同上述放置。

3.3.6　楼板布置

二层（标高 4.150）板施工配筋如图 3-342 所示。楼板布置如图 3-343 所示。

步骤 1：在项目浏览器中切换到 F1 楼层平面，单击"结构"选项卡"楼板"下拉列表中的"楼板：结构"命令，如图 3-344 所示。在属性栏中点击"编辑类型"，新建"宿舍楼板 100mm"类型，点击"结构"后面的"编辑"按钮，如图 3-345 所示。修改结构厚度为"100.0"，如图 3-346 所示，点击"确定"按钮退出对话框。属性栏中的限制条件：标高为"F1"，自标高的高度偏移为 0。

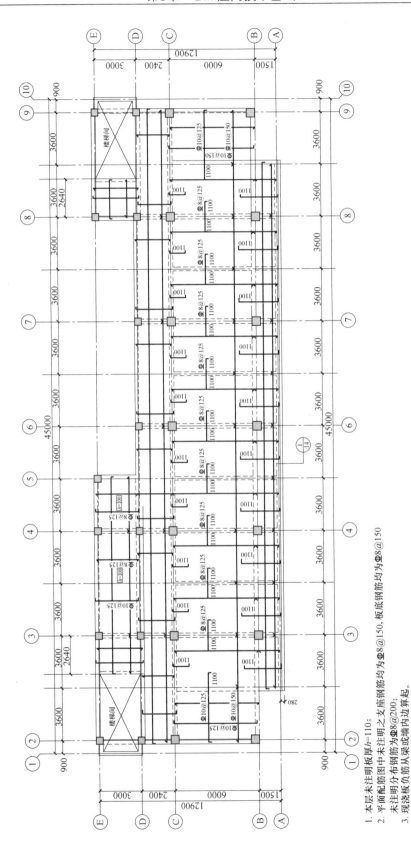

图 3-342　二层（标高 4.150）板施工配筋图

1. 本层未注明板厚 *h* =110；
2. 平面配筋图中未注明之支座钢筋均为Φ8@150，板底钢筋均为Φ8@150，未注明分布钢筋为Φ8@200；
3. 现浇板负筋从梁内边或端内边算起。

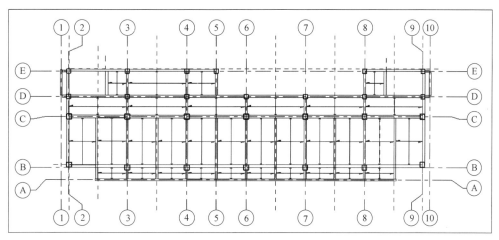

图 3-343 楼板布置

图 3-344 "楼板：结构"命令

图 3-345 新建"宿舍楼板 100mm"类型

步骤 2：切换到结构 F2 平面。在该平面上，楼板以梁为分界，楼板分块建。楼板边界与梁内侧对齐，如图 3-347 所示，绘制时暂不绘制用水房间楼板。

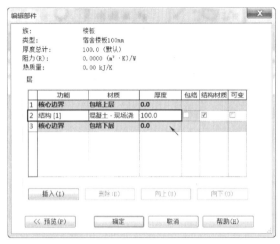

图 3-346　修改楼板的结构厚度

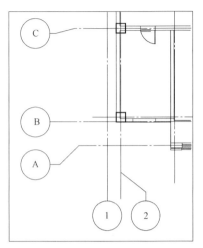

图 3-347　楼板边界与梁内侧对齐

步骤 3：新建"用水房间楼板 100mm"类型，结构厚度为"100.0"，点击"确定"按钮退出对话框。绘制用水房间楼板。

步骤 4：选择"用水房间楼板 100mm"类型，在属性栏中的限制条件中，标高为"结构 F2"，自标高的高度偏移为"－20"，绘制用水房间楼板。最后结构二层平面楼板绘制完成如图 3-348 所示。

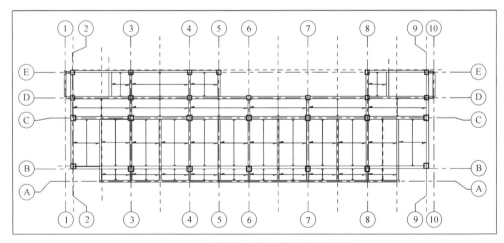

图 3-348　结构 F2 平面楼板绘制完成

步骤 5：将结构 F2 平面楼板成组，名称为"标准层楼板"。完成后复制、粘贴到结构 F3、结构 F4、结构 F5、结构屋面。

步骤 6：在"修改｜创建楼层边界"选项卡中选择绘制模式为"拾取线"，如图 3-349 所示。F1 层没有梁，所以 F1 层的楼板是沿墙体边沿绘制。拾取 F1 层墙体边线，使 F1 层楼板线首尾相接成一个封闭图形，在 F1 层楼板绘制的范围中不包括用水房间的地面。F1 用水房间的楼板使用"用水房间楼板 100mm"类型，标高为"F1"，自标高的高度偏移为"－20"。

步骤 7：在项目浏览器中切换到结构闷顶层，在楼层平面的属性栏中选择"视图范围"后面的"编辑"，在对话框中将改变参数：底为"结构屋面"，偏移量为"－300.0"；视图深度为"结构屋面"，偏移量为"－300.0"。如图 3-350 所示，点击"确定"按钮退出对话框。

图 3-349　"拾取线"绘制模式

图 3-350　修改视图范围

步骤 8：使用过滤器和隐藏工具，使结构闷顶层视图界面只有轴网和标高在 18.550～20.550m 内的结构构件（梁和柱），如图 3-351 所示。

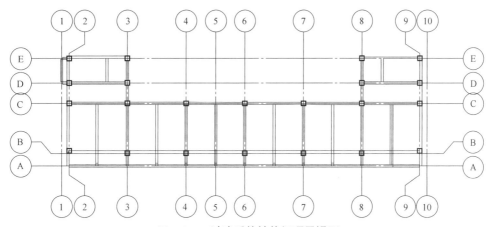

图 3-351　过滤后的结构闷顶层视图

步骤 9：在轴线 2 右侧使用"楼板：结构"命令，绘制一块楼板，使其与梁的内侧对齐，如图 3-352 所示，在属性栏中选择"宿舍楼板 100mm"，设置该楼板的限制条件为"标高：结构闷顶层，自标高的高度偏移：0.0"。然后选择"修改｜创建楼层边界"选项卡中"坡度箭头"命令，绘制方式为直线，如图 3-353 所示。以楼板上轮廓线为起点，绘制到下轮廓线为止，如图 3-354 所示。

步骤 10：选中坡度箭头，在属性栏中设置限制条件，如图 3-355 和表 3-11 所示。

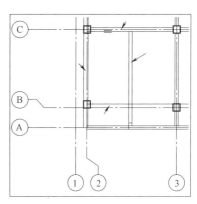

图 3-352　绘制楼板轮廓

图 3-353　"坡度箭头"按钮

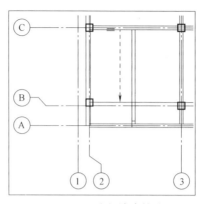

图 3-354　绘制坡度箭头

图 3-355　设置坡度箭头参数

轴线Ⓑ、Ⓒ之间屋面标高　　　　　　　　　　　　　　　　　　　　　表 3-11

制定	尾高
最低处标高	结构闷顶层
尾高度偏移	0.0
最高处标高	结构屋面
头高度偏移	900mm

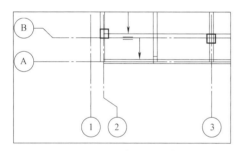

图 3-356　绘制楼板及坡度箭头

设置完成后，点击"应用"按钮。在"修改｜创建楼层边界"选项卡中点击"完成"按钮即可。

步骤 11：继续在上述楼板下方绘制楼板和坡度箭头，如图 3-356 所示。选中坡度箭头，在属性栏中设置限制条件，如表 3-12 所示。

设置完成后，点击"应用"按钮。在"修改｜创建楼层边界"选项卡中点击"完成"按钮即可。

轴线Ⓐ、Ⓑ之间屋面标高　　　　　　　　　　　　　　　　　　　　　表 3-12

制定	尾高
最低处标高	结构屋面
尾高度偏移	900mm
最高处标高	结构屋面
头高度偏移	0.0

步骤 12：Ⓐ轴线～Ⓒ轴线楼板均为以上绘制方式。楼梯处的楼板是没有坡度的楼板，使用"楼板：结构"命令绘制，限制条件为"标高：结构闷顶层，自标高的高度偏移：100.0"。

步骤 13：新建"室外楼板"类型，默认的厚度为"300.0"，点击"确定"按钮退出对话框。切换到 F1 平面，绘制室外台阶的楼板。单击"建筑"选项卡"楼板"下拉列表中的"楼板：建筑"命令，绘制如图 3-357～图 3-359 所示的室外台阶楼板。

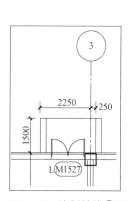

图 3-357　绘制轴线③处
室外台阶

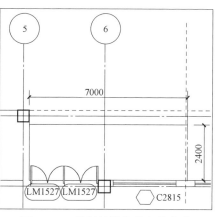

图 3-358　绘制轴线⑤处室外台阶

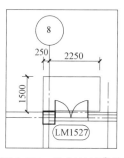

图 3-359　绘制轴线⑧处
室外台阶

步骤 14：在"插入"选项板载入"室外台阶"族，点击"建筑"选项卡楼板下拉列表中的"楼板：楼板边"命令，如图 3-360 所示，在属性栏中点击"类型属性"对话框，新建"室外踏步"类型，在轮廓下拉列表中选择"三级踏步"，如图 3-361 所示，点击"确定"按钮退出对话框。

图 3-360　"楼板：楼板边"命令

图 3-361　新建"室外踏步"类型

步骤 15：在 F1 楼层平面上，依次拾取刚刚绘制的三个室外楼板的楼板边即可。最后绘制如图 3-362 所示。

3.3.7　楼梯、坡道、扶手布置（图 3-363）

1. 楼梯布置

楼梯详图与 A-A 剖面图如图 3-363 所示。

步骤 1：在项目浏览器将视图切换到 F1 楼层平面图，在楼梯位置绘制参照平面如图 3-364 所示。

图 3-362　室外台阶绘制完成

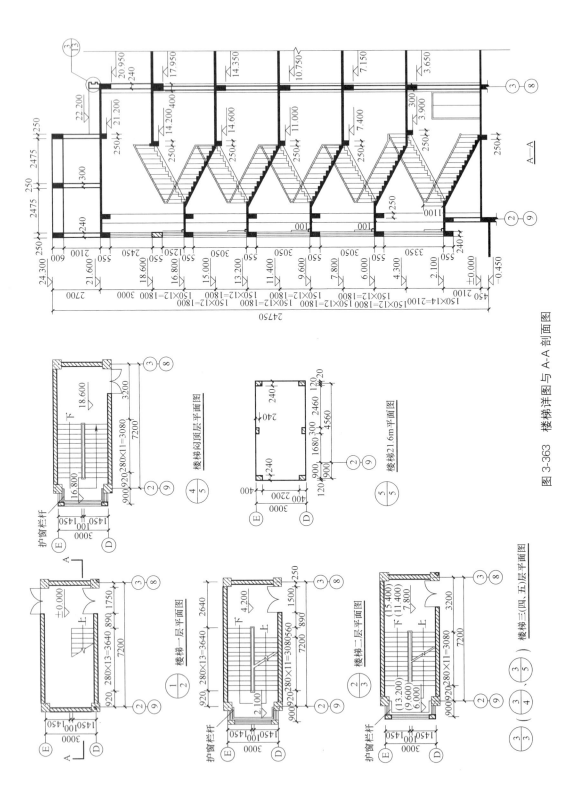

图 3-363　楼梯详图与 A-A 剖面图

步骤 2：单击"建筑"选项卡中"楼梯"下拉列表中的"楼梯（按草图）"命令，如图 3-365 所示。在属性栏中点击"类型属性"，选择"整浇式楼梯"，最小踏板深度为"280.0"，最大踢面高度为"150.0"，如图 3-366 所示，勾选"结束于踢面"和"开始于踢面"，设置平台斜梁高度为"100.0"，如图 3-367 所示，点击"确定"按钮，退出对话框。

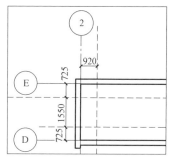

图 3-364 绘制楼梯参照平面

步骤 3：在属性栏中设置限制条件：底部标高为"F1"，底部偏移为"−50.0"，顶部标高为"结构 F2"，多层顶部标高为"无"，如图 3-368 所示；设置尺寸标注：宽度为"1450.0"，如图 3-369 所示。设置完成后点击"应用"按钮。

图 3-365 "楼梯（按草图）"命令

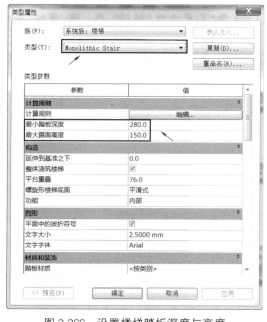

图 3-366 设置楼梯踏板深度与高度

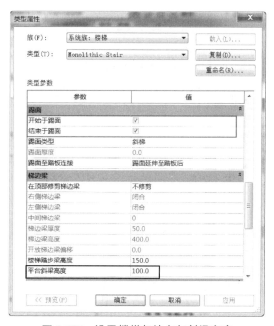

图 3-367 设置楼梯起始点与斜梁高度

步骤 4：绘制的横向工作平面为一个梯段的中心。绘制开始于楼梯间楼板边，沿工作平面向左侧绘制。在绘制过程中，当出现"创建了 14 个踢面，剩余 14 个"时，点击完成第一梯段绘制，如图 3-370 所示。紧接着垂直向上移动鼠标至上一个工作平面，向右边绘制，直到出现"创建了 28 个踢面，剩余 0 个"时，点击完成梯段绘制，如图 3-371 所示。完成后休息平台会自动生成，使用"对齐"命令使平台与墙内侧对齐。

图 3-368　设置楼梯限制条件

图 3-369　设置楼梯宽度

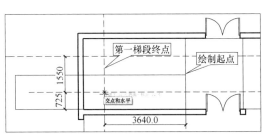

图 3-370　绘制楼梯第一梯段

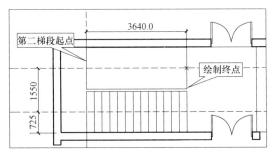

图 3-371　绘制楼梯第二梯段

步骤 5：切换到结构 F2 楼层平面，在楼梯间处绘制一条工作平面，如图 3-372 所示。

步骤 6：在属性栏中确定是"整浇式楼梯"，设置限制条件：底部标高为"结构 F2"，顶部标高为"结构 F3"，多层顶部标高为"结构屋面"，如图 3-373 所示；设置尺寸标注：宽度为"1450.0"。重复步骤 5 在二层绘制楼梯。

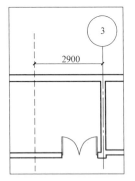

图 3-372　结构 F2 层楼梯起始工作平面

图 3-373　楼梯限制条件

2. 坡道

步骤 1：在大门台阶处绘制一条参照平面，如图 3-374 所示。

步骤 2：单击"建筑选项卡"中的"坡道"命令，在属性栏中点击"类型属性"。新建一个"室外坡道"类型，在构造中设置：造型为"结构板"，厚度为"100.0"，功能为"外部"；坡道材质为"混凝土-现场浇筑混凝土"；最大斜坡长度为"12000.0"，坡道最大坡度为"12"，如图 3-375 所示。点击"确定"按钮，退出对话框。

步骤 3：在属性栏中设置坡道的限制条件，底部标高为"室外"，

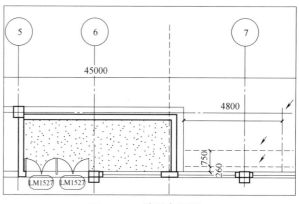

图 3-374　坡道参照平面

顶部标高为"F1"。然后从距离室外台阶 4800mm 处的工作平面作为起点开始向左绘制，直到出现"创建的倾斜坡道，5400 剩余"，点击作为终点，如图 3-376 所示。点击"完成"按钮。同时删除坡道上的栏杆。

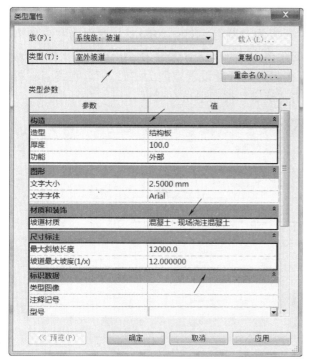

图 3-375　坡道类型属性

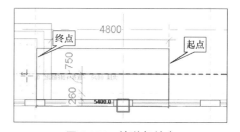

图 3-376　坡道起始点

3. 扶手布置

步骤 1：单击"插入"选项板的"载入族"命令，载入"圆管栏杆"。切换到"三维模式"下的"南立面"。单击"建筑"面板中"栏杆"下拉列表中的"放置在主体"上。在属性栏中点击"类型属性"，新建"坡道栏杆"类型，点击"扶手结构"后的"编辑"，在弹出的对话框中设置如图 3-377 所示，名称为"扶手 1"，高度为"750.0"，偏移为

"−260.0";轮廓为"圆形扶手30mm",材质为"Stainless Steel"。设置完成后,点击"确定"按钮退出对话框。

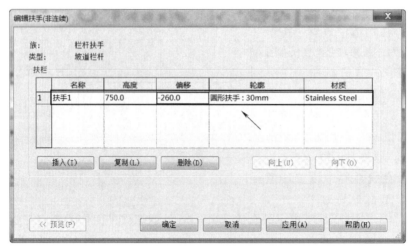

图3-377　扶手参数

步骤2: 点击"栏杆位置"后的"编辑",在弹出的对话框中,设置如图3-378所示。在主体部分,设置名称为"Regular",栏杆族为"圆管栏杆:20mm",底部为"主体",顶部为"顶部扶栏图元",相对前一栏杆的距离为"300.0",偏移为"0.0"。在支柱部分,栏杆族与底部、顶部偏移都同主体部分,在起点栏杆处设置空间为"12.5",在终点栏杆处设置空间为"−12.5"。设置完成后点击"确定"按钮退出对话框。

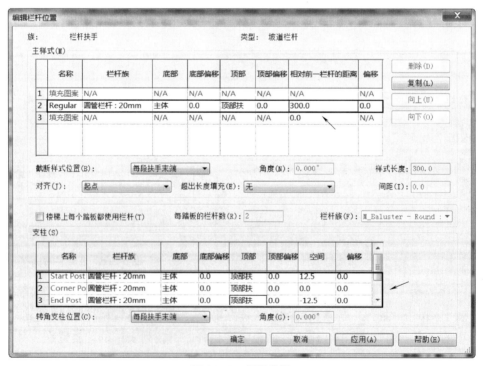

图3-378　栏杆参数

步骤3：在"类型属性"对话框，设置顶部扶栏。高度为"900.0"，类型为"Rectangular-50×50mm"。设置栏杆偏移为"－260.0"，如图3-379所示。设置完成后，点击"确定"按钮退出对话框。点击坡道放置即可。

步骤4：切换到F1平面，删除楼梯贴墙面的栏杆。点击楼梯井周围的栏杆，在"修改｜栏杆扶手"选项板中选择"修改路径"，删除路径，最后路径如图3-380所示。

步骤5：单击"建筑"选项卡中的"栏杆扶手"下拉列表中的"绘制路径"命令，绘制楼梯井另一边的扶手，如图3-381所示。然后点击"修改｜栏杆扶手"选项板中的"拾取新主体"工具，如图3-382所示，拾取楼梯。使栏杆路径与楼梯路径相同。

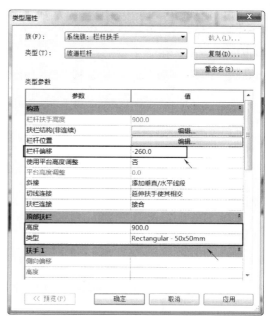

图3-379 坡道栏杆参数

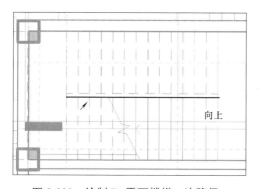

图3-380 绘制F1平面楼梯一边路径1

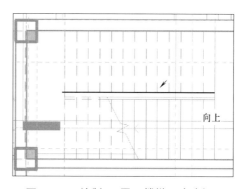

图3-381 绘制F1平面楼梯一边路径2

图3-382 拾取新主体

步骤6：点击"剖面"工具，在楼梯处创建一个剖切线，如图3-383所示。创建完成后，右击剖切线，如图3-384所示，选择"转到视图"。

步骤7：转到剖面视图后，选择栏杆，点击属性栏中的类型属性，新建"楼梯栏杆"类型，点击"扶手结构"后的"编辑"，删除对话框里的所有扶手。点击"栏杆位置"后的"编辑"，在弹出的对话框中，设置如图3-385所示。在主体部分，设置名称为"Regular"，栏杆族为"圆管栏杆：25mm"，底部为"主体"，顶部为"顶部扶栏图元"，相对前一栏杆的距离为"200.0"，偏移为"0.0"。在支柱部分，栏杆族与底部、顶部偏移都同主体部分。在起点栏杆处设置空间为"12.5"，终点栏杆处，栏杆族为"扶手接头：梯井100mm"，偏移为"25.0"，如图3-385所示。设置完成后点击"确定"按钮退出对话框。在"类型属性"对话框，设置顶部扶栏。高度为"1100.0"，类型为"Rectangular-50×50mm"。

图3-383　剖面工具

图3-384　绘制剖切线

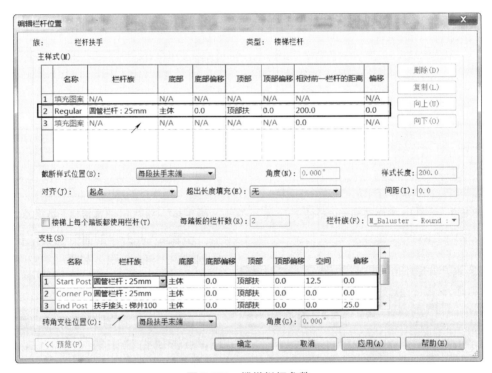

图3-385　楼梯栏杆参数

步骤8：切换到结构F3层，同步骤4和步骤5绘制栏杆路径，栏杆类型为"楼梯栏杆"。

步骤9：切换到结构F2平面视图，单击"建筑"面板中"栏杆"下拉列表中的"绘制路径"命令，然后在楼梯板处绘制栏杆路径，如图 3-386 所示。在属性栏选择"楼梯栏杆"，在类型属性中复制一个"平台栏杆"类型，点击"栏杆位置"后面的"编辑"，修改终点栏杆处的栏杆族为"圆管栏杆：25mm"，设置空间为"12.5"。主样式、起始栏杆和拐角栏杆的"底部偏移"都设置为"－50.0"，如图 3-387 所示。限制条件设置：底部标高为"结构 F2"，底部偏移为"－1800.0"。

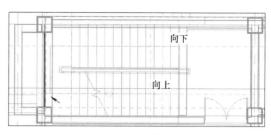

图 3-386　平台栏杆路径

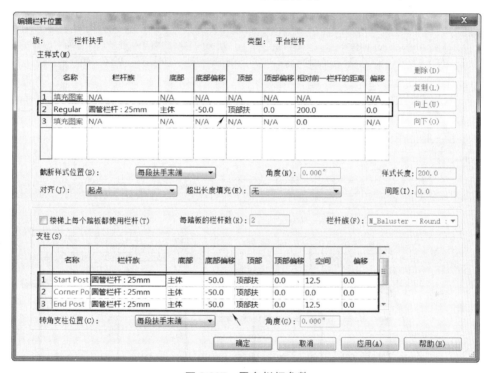

图 3-387　平台栏杆参数

步骤 10：同样绘制结构 F2～结构屋面层的栏杆。

步骤 11：切换到屋面层，添加水平扶手如图 3-388 所示，类型为"平台栏杆"。

步骤 12：切换到结构 F2 平面，在一层至二层楼梯处的平台上添加一段平台栏杆，如图 3-389 所示，底标高为"结构 F2"。

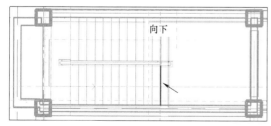

图 3-388　结构屋面层楼梯水平扶手

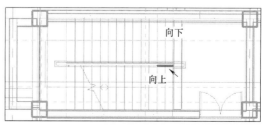

图 3-389　结构 F2 转角平台栏杆

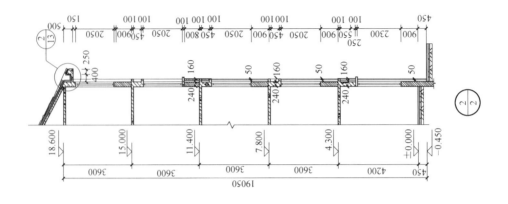

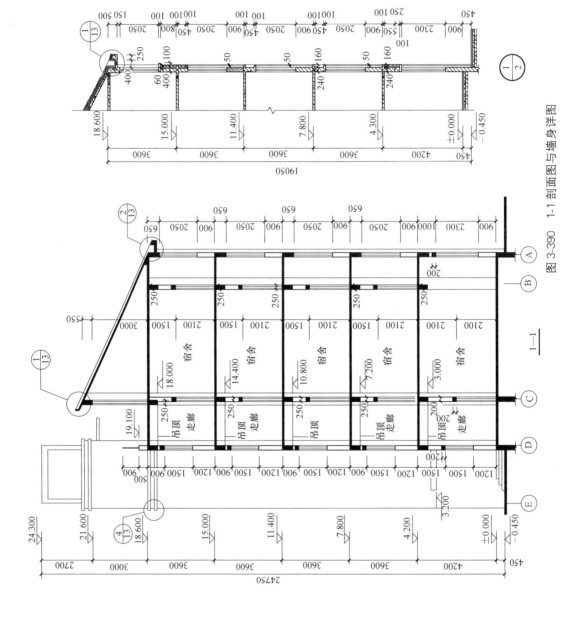

图 3-390　1-1剖面图与墙身详图

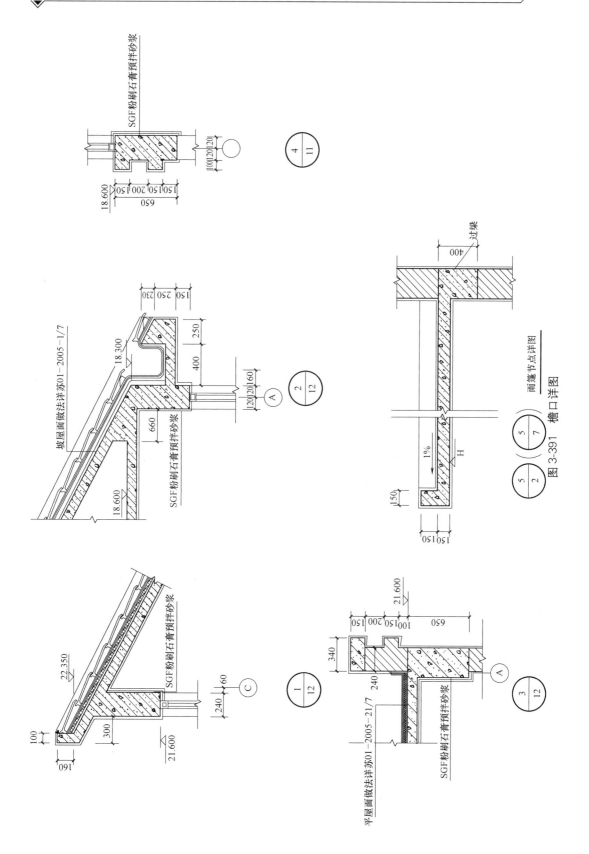

图 3-391 檐口详图

3.3.8　屋面布置

1-1 剖面图与墙身详图如图 3-390 所示，檐口详图如图 3-391 所示。

步骤 1：切换到西立面，插入"屋顶.dwg"图，单击"建筑"选项卡"屋顶"下拉列表中的"拉伸屋顶"命令，如图 3-392 所示。设置屋顶参照标高和偏移为屋面，如图 3-393 所示。在拉伸屋顶绘制状态下，沿 CAD 图纸的屋顶上轮廓绘制拉伸屋顶的轮廓线，如图 3-394 所示。在属性栏中选择"屋顶 100mm"类型，如图 3-395 所示，点击"✔"完成绘制。创建拉伸完成后，切换到南立面，进行东西方向的拉伸。

图 3-392　拉伸屋顶命令

图 3-393　设定标高

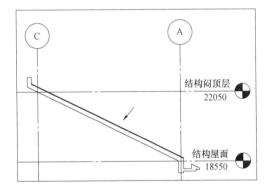

图 3-394　屋顶及檐口绘制完成

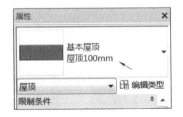

图 3-395　选择屋顶

步骤 2：载入"第三章文件夹"中的"檐沟"和"屋顶上边沿"族，在三维状态下，单击"建筑"选项卡"屋顶"下拉列表中的"屋顶：檐槽"。在属性栏新建类型"檐沟"，轮廓选择"檐沟"，然后拾取屋顶下边缘即可绘制檐沟。采用同样方法绘制屋顶上边沿。

图 3-396　"附着 顶部/底部"按钮

步骤 3：选择高于屋顶的墙体，在"修改｜

墙"中点击"附着 顶部/底部"按钮，如图 3-396 所示。选择需要附着的屋顶即可，柱子也用此方法附着。

3.3.9　钢筋布置

钢筋放置有逐根放置和集合放置两种方式。放置的方向有三种，见表 3-13。集合放置的布局方式有四种，见表 3-14。

钢筋放置的方向　　　　　　　　　　　　　　　　　　　表 3-13

图标	放置方向	解释
	平行于工作平面	将平面钢筋平行于当前工作平面放置
	平行于保护层	将平面钢筋垂直于工作平面并平行于最近的保护层参照放置
	垂直于保护层	将平面钢筋垂直于工作平面并垂直于最近的保护层参照放置

钢筋集的布局方式　　　　　　　　　　　　　　　　　　表 3-14

布局方式	解释
固定数量	钢筋之间的间距是可调整的,但钢筋数量是固定的
最大间距	指定钢筋之间的最大距离,但钢筋数量会根据第一条和最后一条钢筋之间的距离发生变化
间距数量	指定数量和间距的常量值
最小净间距	指定钢筋之间的最小距离,但钢筋数量会根据第一条和最后一条钢筋之间的距离发生变化

按图 3-397 所给条件，配置基础的钢筋。

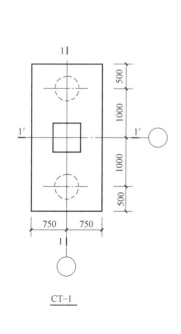

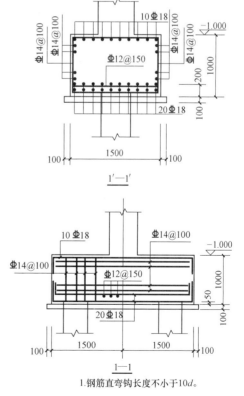

图 3-397　二桩承台基础配筋图

步骤 1：单击"剖面"命令，如图 3-398 所示。从承台左侧到右侧绘制横向剖切线，承台左侧到右侧绘制纵向剖切线，如图 3-399 所示。在项目浏览器中的"剖面中"，右击"Section 0"，然后选择"重命名"，在"重命名视图"对话框中输入"桩基承台＿2 根桩横剖面"，单击"确定"按钮退出对话框。右击"Section1"，然后选择"重命名"，在"重命名视图"对话框中输入"桩基承台＿2 根桩纵剖面"，单击"确定"按钮退出对话框。

图 3-398　剖面工具

步骤 2：双击进入"桩基承台＿2 根桩纵剖面"，选择"桩基承台＿2 根桩"，单击"修改｜模型组"的"编辑组"命令，如图 3-400 所示。单击"结构"选项卡中的"保护层"按钮，如图 3-401 所示。在选项栏点击"▣"按钮，进入"钢筋保护层"设置对话框，如图 3-402 所示。

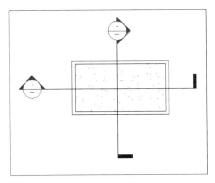

图 3-399　绘制剖切线

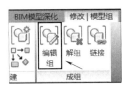

图 3-400　"编辑组"命令

图 3-401　"保护层"按钮

图 3-402　保护层设置选项按钮

步骤 3：在"钢筋保护层"设置对话框中，点击"添加"按钮，添加一个新的保护层，说明是"保护层"，设置为 30.0mm，点击"确定"按钮退出对话框，如图 3-403 所示。

步骤 4：在选项栏中确认"编辑钢筋保护层"的选项是"拾取图元"，选中"桩基承台＿2 根桩"的承台。在选项栏的"保护层设置"中选择"保护层＜30mm＞"，点击任意空白处，保护层即设置完成，如图 3-404 所示。

步骤 5：单击"结构"选项卡中的"钢筋"命令，如图 3-405 所示。出现如图 3-406 所示的对话框，点击"确定"按钮，出现"未载入族"对话框，点击"是"，如图 3-407

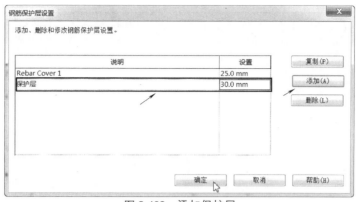

图 3-403　添加保护层

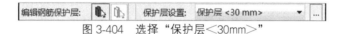

图 3-404　选择"保护层＜30mm＞"

所示。载入"结构"—"钢筋形状"里所有的钢筋族。

图 3-405　钢筋命令

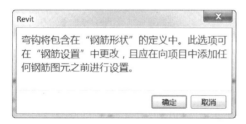

图 3-406　钢筋对话框

图 3-407　载入族对话框

步骤 6：载入钢筋族以后，会自动切换到"修改｜放置钢筋"选项卡，在选项栏中点击"⋯"按钮，就会弹出"钢筋形状浏览器"，如图 3-408 所示。

步骤 7：在"钢筋形状浏览器"中选择"钢筋形状：34"，在属性栏下拉列表中选择"14mmHRB 300mm"。

步骤 8：在"修改｜放置钢筋"选项卡中选择放置平面为"当前工作平面"，放置方向为"平行于工作平面"，钢筋集为"最大间距"，间距为"100.0mm"，如图 3-409 所示。

步骤 9：将鼠标放置在承台的剖面上，点击放下钢筋即可，如图 3-410 所示。

步骤 10：在"钢筋形状浏览器"中选择"钢筋形状：01"，

图 3-408　钢筋形状浏览器

图 3-409　放置钢筋参数设置

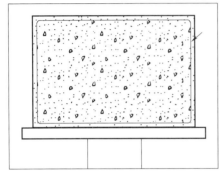

图 3-410　放置钢筋

选择"18mmHRB 300mm"。在"修改｜放置钢筋"选项卡中选择放置平面为"当前工作平面"，放置方向为"垂直于保护层"，钢筋集为"固定数量"，数量为"10"，如图 3-411 所示。

步骤 11：将 18mm 钢筋分别放置在贴近箍筋上边和下边的位置，如图 3-412 所示。

步骤 12：在"钢筋形状浏览器"中选择"钢筋形状：01"，选择"14mmHRB 300mm"。在"修改｜放置钢筋"选项卡中选择放置平面为"当前工作平面"，放置方向为"垂直于工作平面"，钢筋集为"最大间距"，间距为"100.0mm"，放置在箍筋的左右两边。

图 3-411　设置 18mm 钢筋的绘制参数

步骤 13：选择左边的"14mmHRB 300mm"，选择"修改｜放置钢筋"选项卡中"演示视图"面板中的"选择"，进入"修改｜选择要显示在钢筋集中的钢筋"面板，如图 3-413 所示。

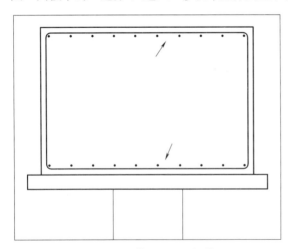

图 3-412　放置 18mm 钢筋

图 3-413　钢筋的"选择"面板

步骤 14：在选择钢筋状态下，左边的"14mmHRB 300mm"以蓝色高亮显示。蓝色为选中，黑色为未选中，点击不显示的钢筋，使其成为蓝色，点击"完成"按钮。同样方法修改右边"14mmHRB 300mm"，最后修改如图 3-414 所示。

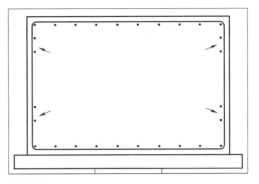

图 3-414　修改后的 14mm 钢筋

步骤 15：在最下边"18mm HRB 300mm"上再放置一排"18mmHRB 300mm"。在放置的第二排 18mm 钢筋下面添加一根平行于该剖面的"12mm HRB 300mm"，钢筋放置方向为"平行于工作平面"，钢筋集为"最大间距"，间距为 100.0mm。点击"12mm 直筋"，在端部有拉伸柄，如图 3-415 所示。拖动拉伸柄，将"12mm 直筋"向内适当拉伸，最后绘制如图 3-416 所示。

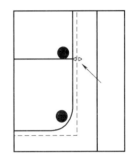

图 3-415　钢筋长度拉伸柄

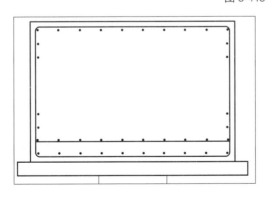

图 3-416　钢筋绘制完成

步骤 16：切换到"桩基承台＿2 根桩纵剖面"，选择显示的钢筋，如图 3-417 所示。

步骤 17：为了在三维视图中能够直观地看到钢筋，需要调整钢筋的可见性。选中所有的钢筋，点击属性栏下拉列表中的"视图可见性状态"后面的"编辑"，如图 3-418 所示。在"钢筋图元视图可见性状态"对话框中，勾选三维视图后的"清晰的视图"和"作为实体查看"选项，如图 3-419 所示。在三维状态中以"真实"显示，即会出现钢筋。

步骤 18：同理绘制其他基础的配筋。梁与柱的配筋也是重复上述步骤。

图 3-417   选择显示的钢筋

图 3-418   可见性"编辑"按钮

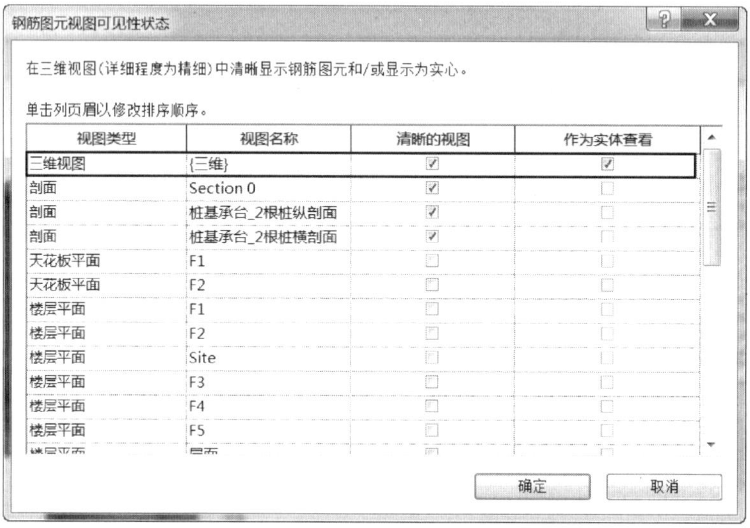

图 3-419   钢筋在三维视图的可见性设置

3.3.10   设备布置

一层给水排水平面布置如图 3-420 所示。

步骤 1：点击"应用菜单程序"，新创建一个"男生宿舍卫生间管道布置.rvt"项目，样板为"机械样板"。

步骤 2：进入"男生宿舍卫生间管道布置.rvt"项目，单击"插入"选项卡中的"链接 Revit"命令，如图 3-421 所示，在对话框中选择"男生宿舍.rvt"，定位为"中心到中心"，点击"打开"按钮，链接到"男生宿舍卫生间管道布置.rvt"项目。

步骤 3：切换到"南"立面，删除当前项目中的标高。单击"协作"选项卡中"复制/监视"下拉列表中的"选择链接"，点击链接的"男生宿舍.rvt"，如图 3-422 所示。

步骤 4：单击"复制/监视"选项板中的"复制"，勾选"多个"，如图 3-423 所示。同时配合"Ctrl"键，选中所需标高，先点击"多个"后面的"完成"按钮，再点击"复制/监视"选项板中的完成。

步骤 5：单击"视图"选项卡"平面视图"下拉列表中的"楼层平面"，在"新建楼层平面"对话框中点击"编辑类型"按钮，如图 3-424 所示。新建"卫浴平面"类型，点击"查看应用到新视图的样板"后面的按钮，如图 3-425 所示。在弹出的"应用视图样板"

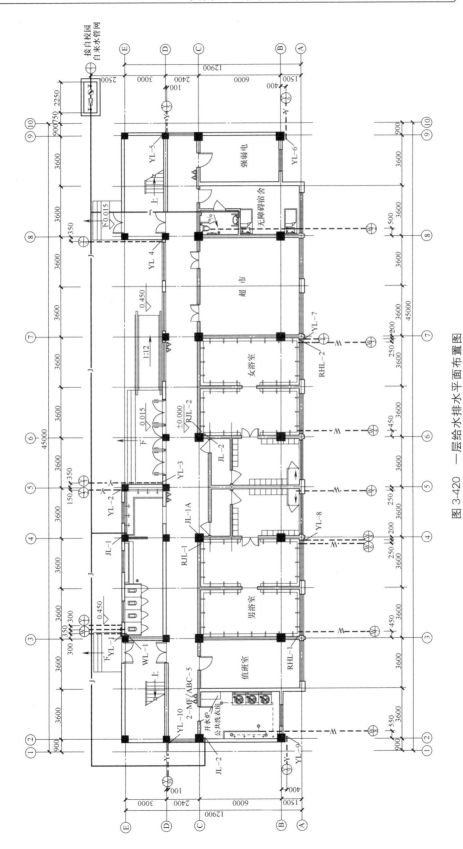

图3-420 一层给水排水平面布置图

对话框中选择"卫浴平面",如图3-426所示。点击"确定"按钮,退出对话框。"新建楼层平面"对话框选中所有的标高视图,点击"确定"按钮。在项目浏览器中的"卫浴"下就能看到所有的视图。

图 3-421　"链接 Revit"按钮

图 3-422　"选择链接"按钮

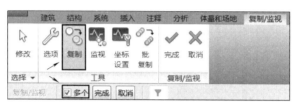

图 3-423　复制命令

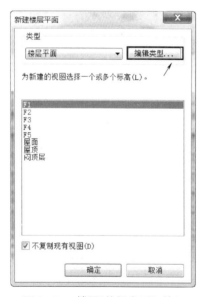

图 3-424　楼层"编辑类型"按钮

图 3-425　"查看应用到新视图样板"按钮

　　步骤6:切换到F1楼层平面,重复步骤3和步骤4,复制轴网。

　　步骤7:点击链接的"男生宿舍.rvt",单击"修改|RVT链接"中的"绑定链接",弹出的"删除复制/监视关系"对话框中,选择"是",如图3-427所示。然后弹出的"绑定链接选项"对话框,勾选"附着的详图",点击"确定"按钮,如图3-428所示。在重复类型对话框中单击"确定"按钮,如图3-429所示。最后在Revit右下方弹出的警告框中,选择"确定"。

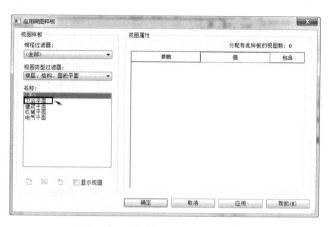

图 3-426 选择"卫浴平面"样板

图 3-427 "删除复制/监视关系"对话框

图 3-428 "绑定链接选项"对话框

步骤 8：单击"插入"选项卡中的"导入 CAD"命令，在对话框中选择"男生宿舍给水排水 F1.dwg"。勾选"仅当前视图可见"，导入单位为"毫米"，定位"中心到中心"，点击"打开"按钮。在项目中任意放置"男生宿舍给水排水 F1.dwg"，使用"对齐"命令，让 CAD 图纸的 A 轴线和 1 轴线与项目中的 A 轴线和 1 轴线对齐。

图 3-429 "重复类型"对话框

步骤 9：单击"系统"选项卡中的"卫浴装置"，如图 3-430 所示。点击"修改｜放置 卫浴装置"中的"载入族"，载入"厕所隔断 1 3D.rfa"。

图 3-430 "卫浴装置"按钮

步骤 10：根据"男生宿舍给水排水 F1.dwg"图中厕所的位置放置，在属性栏中可以改变尺寸，如图 3-431 所示。将隔断高度设置为"1800.0"，深度为"1200.0"，宽度为

"920.0",勾选"外开"。

步骤 11：单击"系统"选项卡中的"卫浴装置"，然后点击"修改｜放置 卫浴装置"中的"载入族"，载入"蹲式便器 3D：标准 .rfa"。载入族后，点击"修改｜放置 卫浴装置"中的"放置在工作平面上"，如图 3-432 所示。放置平面为 F1。调整"蹲式便器 3D：标准 .rfa"的位置，绘制好一个隔间和蹲式便器后，使用"阵列"命令，绘制其他隔间和蹲式便器，如图 3-433 所示。

图 3-431　厕所隔断参数设置

图 3-432　"放置在工作平面上"按钮

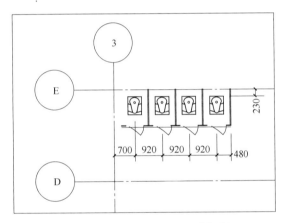

图 3-433　放置好的隔间及蹲便器

步骤 12：框选所有的隔间和蹲式便器，复制、粘贴到 F2~F5 视图。

步骤 13：在 F1 楼层平面中，点击属性栏中的"视图样板"按钮，如图 3-434 所示。将 F1 楼层的视图样板改为无，点击"视图范围"，如图 3-435 所示。将视图范围中"底"设置为"相关标高（F1）"，偏移量为"－1200.0"，视图深度的标高为"相关标高（F1）"，偏移量为"－1200"。点击"确定"按钮退出对话框。

步骤 14：键盘输入"VV"，打开可见性对话框。切换到"过滤器"面板，勾选"循环"中的"可见性"选项，点击"确定"按钮退出对话框，如图 3-436 所示。同时，将平面的显示模式改为"精细"，如图 3-437 所示。

步骤 15：单击"系统"选项卡中的"管道"命令，如图 3-438 所示。点击属性栏中的"类型属性"按钮，在弹出的对话框中，新建"给水系统"类型，如图 3-439 所

图 3-434　"视图样板"按钮
与"视图范围"按钮

示。点击"布管系统配置"后的编辑，如图 3-440 所示。在"布管系统配置"对话框中，选择"PE 63-GB/T 13663-1.0MPa"。关闭所有对话框。

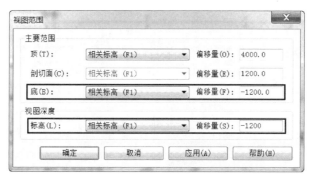

图 3-435　调整视图范围

图 3-436　调整 F1 平面的可见性

步骤 16：在选项栏中选择给水管直径为 80mm，偏移量为−600mm，沿 CAD 图中水平给水管位置绘制，如图 3-441 所示。

步骤 17：绘制垂直管。在 4 轴线处有一给水立管 JL—1，如图 3-442 所示。该立管在 CAD 底图中可以看到，不需要在 Revit 中绘制参照平面

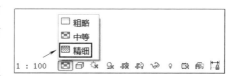

图 3-437　调整平面图的显示精度

定位。先在菜单栏中设置直径为 65.0mm，偏移量为−600.0mm，在 CAD 底图中 JL—1 位置点击一下放置立管起点。然后修改菜单栏中的偏移量为 17500.0mm，双击两下"应用"按钮即可，按"Esc"键退出绘制，如图 3-443 所示。

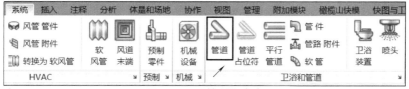

图 3-438　"管道"命令

图 3-439   设置给水系统   图 3-440   布置系统配置

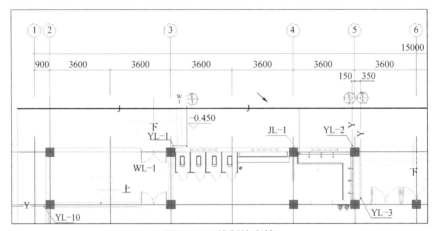

图 3-441   绘制给水管

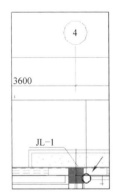

图 3-442   绘制立管起点

步骤 18：立管绘制完成以后，选中立管，在管道符上右击，选择绘制管道，在选项栏中设置管道直径为 65mm，偏移量为 −600mm，绘制横管，如图 3-444 所示。

步骤 19：在三维模式的精细显示模式中，看到水平 80mm 和 65mm 水管在交接处无接头，如图 3-445 所示。使用"修剪/延伸单个图元"工具，先点击 80mm 的水管，再点击 65mm 水管，就会出现三通接头，如图 3-446 所示。

步骤 20：点击蹲便器，会出现给水管道符和污水管道符，如图 3-447 所示。右击给水管道符，选择绘制管道，如图 3-448 所示。在选项栏中设置管道参数如图 3-449 所示，在属性栏中选择"给水系统"，然后绘制 220mm 的距离，如图 3-450 所示。

其他三个蹲便器也如上绘制。

图 3-443   设置立管偏移

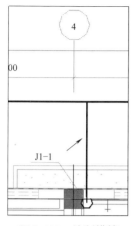

图 3-444 绘制横管

图 3-445 无交接的水管

图 3-446 连接的水管

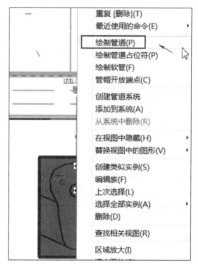

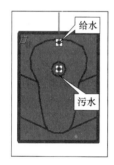

图 3-447 给水管道符和污水管道符

图 3-448 绘制管道命令

图 3-449 设置蹲便器管道参数

步骤 21：使用"WT"快捷命令，使三维模式与 F1 平面图平铺。在三维模式中选中最左边蹲便器 3600mm 处的横管，鼠标再切换到 F1 平面图中，横管也会高亮显示，并出现管道符，如图 3-451 所示。右击管道符，绘制管道，管道直径 25mm，偏移量 3600mm，在属性栏中选择给水系统，绘制给水横管至立管，如图 3-452 所示。

3.3.11 场地布置

场地布置分为建筑场地布置与施工场地布置，在本节中介绍建筑场地的布置。

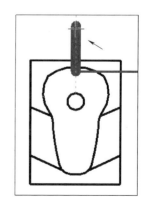

图 3-450 绘制蹲便器给水管道

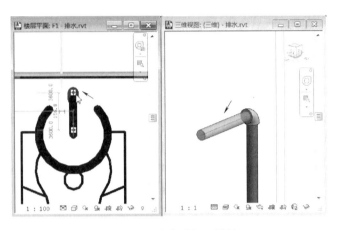

图 3-451 选中蹲便器横管

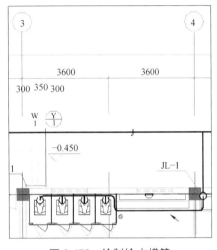

图 3-452 绘制给水横管

建筑场地布置又称为总图设计，是针对基地内建设项目的总体设计。主要依据建设项目的使用功能要求和规划设计条件，人为地组织与安排场地中各构成要素之间关系的活动。其中包括建筑在基地上的布置位置以及交通、消防流线组织，停车位、广场等的功能分区关系。

步骤 1：单击"体量和场地"选项卡中的"地形表面"，如图 3-453 所示。在选项栏中填写高程为"－450"，如图 3-454 所示。然后再在男生宿舍四周单击鼠标左键，放置高程点。放置完成后，按"Esc"键退出。

步骤 2：在属性栏中点击"材质"后的"浏览"按钮，在材质列表中选择"草地"。材质替换方法见 3.2.4 节中墙材质的替换方法，完成替换，退出对话框即可。

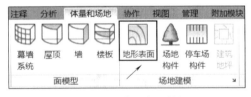

图 3-453 地形表面按钮

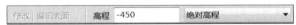

图 3-454 高程参数设置

步骤 3：单击"体量和场地"选项卡中的"子面域"工具，切换到三维视图中的"上"平面。绘制子面域边界，配合使用修剪工具，使子面域为一个首尾相连的图形。修改属性栏中的材质为"地面"，点击"完成"按钮。

步骤 4：单击"体量和场地"选项卡中的"场地构件"工具，可以放置植物，在属性栏中可以调整标高与植物类型。单击"停车场构件"工具，可以放置停车位，在属性栏中可以调整标高与停车位类型。

3.3.12　模型应用

1. 参数化

在3.2.4节中介绍的是参数化图元的创建，在模型应用中主要使用参数化修改引擎。在模型建立结束后，如果需要对门、窗等参数化图元进行尺寸的修改，通过参数化修改引擎可以做到门尺寸修改。立面、剖面同时进行修改，尺寸标注也会跟着一起修改，做到真正的一处修改，处处更新。参数化修改引擎保证了图纸的一致性，不必逐一对所有的视图进行修改。

2. 信息共享

在3.3.11节中介绍了标高、轴网和墙柱等的复制与监视，该功能用于追踪链接模型中发生的变更和修改。将标高、轴网等信息在多个项目中进行共享，以便主项目及时进行协调和修改。

3. 多专业协同

BIM项目工程需要建筑、结构、管道、机电等方面人员共同参与协作完成，完成后将模型进行碰撞检查，增强可视化，避免后期返工。

4. 工程数据管理

BIM项目完成后，可以进行算量统计，在Revit中可以统计各种构件的明细表、材质明细表、图纸列表、注释列表和视图列表。

以窗明细表为例：

步骤1：单击"视图"选项卡中"明细表"下拉列表中的"明细表/数量"命令，如图3-455所示。

步骤2：在"新建明细表"对话框的类别列表中选择"窗"，就会在"名称"的文本框中自动生成"窗明细表"的名称。勾选"建筑构件明细表"，点击"确定"按钮，如图3-456所示。

图 3-455　明细表命令　　　　　　　　图 3-456　新建明细表

步骤3：在明细表属性对话框中，分别依次点击可用的字段列表中的"类型标记""宽度""高度""底高度""合计"五个字段添加到"明细表字段"中，如图3-457所示。

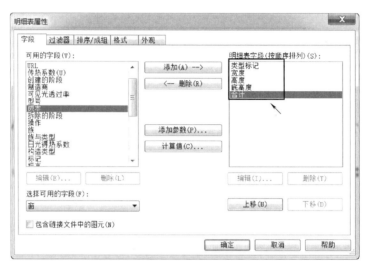

图3-457　选择明细表字段

步骤4：单击明细表属性对话框中的"排序/成组"，勾选"总计"，在下拉列表中选择"标题、合计和总数"，点击"确定"按钮，如图3-458所示。生成的窗明细表可在项目浏览器中可以查看。

图3-458　设置明细表属性

5. 方案表现

在Revit中可以使用外部渲染和内部渲染实时查看模型的效果。通过给构件赋予材质、添加相机和调整日光等设置进行渲染，达到三维仿真效果，在3.2.7节中提到了渲染的方法。

在Navisworks软件中，可以进行漫游动画，记录视点等应用，步骤如下：

步骤1：打开Navisworks软件，点击"应用菜单"中的"打开"命令，如图3-459所示，在文"打开"对话框中，第一步设置文件类型为"Revit（＊.rvt；＊.rfa；＊.rte）"，如图 3-460 所示；第二步选择"男生宿舍 . rvt"。

步骤 2：选择"视点"选项卡中真实效果下拉列表中的"第三人"，会在项目中出现一名男性施工人员，如图 3-461 所示。

步骤 3：选择"视点"选项卡中漫游下拉列表中的"漫游"命令，如图 3-462 所示。

图 3-459 打开文件界面

图 3-460 选择文件类型

图 3-461 勾选"第三人"

图 3-462 选择"漫游"

步骤 4：按住鼠标左键并移动鼠标，代表施工员的走动路线。拖动鼠标至施工员进入房屋内部，控制滚轮即控制视点的角度。鼠标滚轮＋"Shift"键调整施工员的站立点高度。

步骤 5：使用鼠标控制施工员的视点与角度。点击"视点"选项卡中的"保存视点"，可以保存当前的视点，如图 3-463 所示。点击"视点"下拉列表中的"管理保存的视点"，如图 3-464 所示。在软件的右侧会出现"保存的视点"管理栏，可以进行视点名称的重命名。

图 3-463 保存视点

图 3-464 管理保存的视点

步骤6：点击"视点"选项卡中的保存视点下拉列表中的"录制"，将会录制漫游的全过程。点击暂停或者停止键，将会暂停或者停止录制，如图 3-465 所示。停止录制以后，点击如图 3-466 所示的播放键，即可进行漫游的动画播放。在软件的右侧会出现"保存的视点"管理栏，可以进行动画名称的重命名。

图 3-465　暂停与停止

图 3-466　播放

6. 明细表

明细表可以帮助用户统计模型中的任意构件，例如门、窗和墙体。明细表内所统计的内容，由构件本身的参数提供。用户在创建明细表的时候，可以选择需要统计的关键字即可。

Revit 中的明细表共分为六种类型，分别是"明细表/数量""图形柱明细表""材质提取""图纸列表""注释块""视图列表"。Revit 使用明细表功能自动提取各种建筑构件、房间和面积、材质、视图、图纸等图元的属性参数，并以表格的形式显示图元信息，从而自动创建各种构件统计表、材质明细表等信息表。

下面通过创建梁构件的明细表来介绍"明细表/数量"明细表的使用方法。

步骤1：打开"梁.rvt"文件，在项目浏览器找到结构选项，切换到 F9（S）平面。

步骤2：在项目浏览器中找到"明细表/数量（全部）"，如图 3-467 所示，在子目录里面双击"S-结构框架明细表分层统计"。

图 3-467　"明细表/数量（全部）"面板

步骤3：单击左侧属性栏字段后面"编辑"按钮，弹出明细表属性对话框，如图 3-468 所示。

其他	
字段	编辑...
过滤器	编辑...
排序/成组	编辑...
格式	编辑...
外观	编辑...

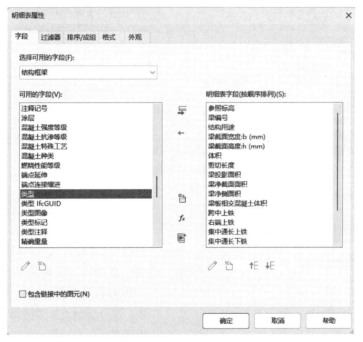

图 3-468 属性框

步骤 4：在弹出的明细表属性对话框中单击“类型”，再单击代表“添加”的图标。此时，类型属性已经添加到明细表里面，点击确定返回到明细表，向右拖动滑条会发现类型属性，如图 3-469、图 3-470 所示。

图 3-469 明细表属性面板

	S	T
	梁截面宽度:b (mm)/梁截面高	类型
		GL26
		GL26
		GL26
		GL26
		GL26
		GKL40
		GKL39
		GKL51
		GKL45
		GKL45
		GKL37

图 3-470 添加的类型属性

步骤5：再次单击字段后面的"编辑"按钮，进入到明细表属性面板。点击新建图标按钮，进入到参数属性。在名称里面输入"施工日期"将参数类型更改为"文字"。点击确定返回到明细表。向右拖动滑条，发现会施工日期已经添加到明细表。再返回三维视图，隐藏掉板后点击任意框架梁，观察属性面板，"施工日期"属性已经添加。此时可以添加施工日期，再返回明细表可以看到刚刚添加的日期。如图3-471、图3-472所示。

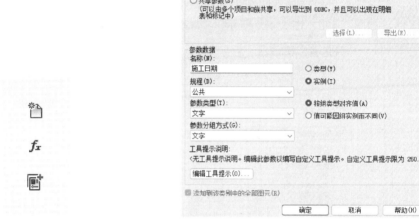

图3-471　新建明细表参数的三种途径　　　　图3-472　明细表添加参数

步骤6：再次单击字段后面的"编辑"按钮，进入到明细表属性面板，分别将"截面宽度""截面高度""长度"添加进明细表，在明细表属性面板点击代表"新建计算参数"图标按钮，进入到计算值面板。输入名称为"纯体积"，并将类型更改为"体积"，在公式框里面输入"截面宽度×截面高度×长度"。点击确定后返回明细表发现纯体积已经添加进去了。如图3-473、图3-474所示。

步骤7：再次单击字段后面的"编辑"按钮，进入到明细表属性面板。再单击代表"合并"的图标。选择"截面宽度""截面高度"添加进右侧表格，输入合并参数名称"截面尺寸"单击两次确定后返回明细表，发现截面尺寸已经添加进去了。如图3-475、图3-476所示。

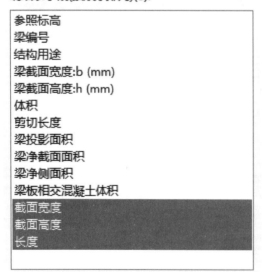

明细表字段(按顺序排列)(S)：

参照标高
梁编号
结构用途
梁截面宽度:b (mm)
梁截面高度:h (mm)
体积
剪切长度
梁投影面积
梁净截面面积
梁净侧面积
梁板相交混凝土体积
截面宽度
截面高度
长度

图3-473　添加的三个参数

L 截面宽度	M 截面高度	N 长度	O 纯体积
200	450	1314	0.12 m
200	450	9398	0.85 m
200	450	9647	0.87 m
200	450	9152	0.82 m
200	450	1487	0.13 m
250	650	8950	1.45 m
250	600	8700	1.31 m
200	600	8850	1.06 m
180	600	1710	0.18 m
180	600	1886	0.20 m
300	600	9350	1.68 m
350	600	8700	1.83 m
300	600	8725	1.57 m
200	200	2850	0.11 m
200	450	2950	0.27 m
250	600	1929	0.29 m
250	600	9225	1.38 m
200	600	1746	0.21 m

图 3-474　明细表中显示参数添加成功

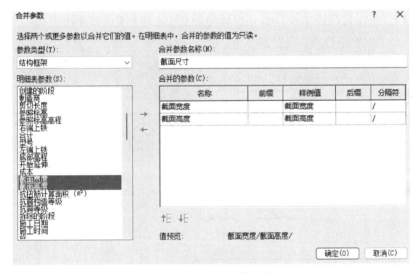

图 3-475　合并参数面板

L 截面尺寸
200/450/
200/450/
200/450/
200/450/
200/450/
250/650/
250/600/
200/600/
180/600/
180/600/
300/600/

图 3-476　合并后的参数

3.4 概念体量

概念体量主要用于项目前期概念设计阶段，可以为建筑师提供简单、快捷、灵活的概念设计模型，基本确认建筑形体样式；同样的概念体量模型可以为建筑师提供占地面积、楼层面积及外表面积等基本设计信息。概念体量还经常用于构建一些复杂形体的空间结构，例如，空间网架结构、桁架结构等。

概念体量在 Revit 建模平台中主要分为"内建体量"与"可载入体量"两种，内建体量用于表达项目独特的体量形状，而在一个项目中放置体量的多个实例或在多个项目中使用体量族时，我们一般采用可载入体量。

下面以杯形基础为例，讲解体量建模的方法和流程。

3.4.1 使用体量创建组合体

该方法的思路是使用"融合"的概念创建基本体，再使用"连接"工具组合成组合体。下面以创建"杯形基础"模型为例详细讲解建模过程。

【例 3-11】 使用公制体量族样板，创建如图 3-477 所示杯形基础模型。

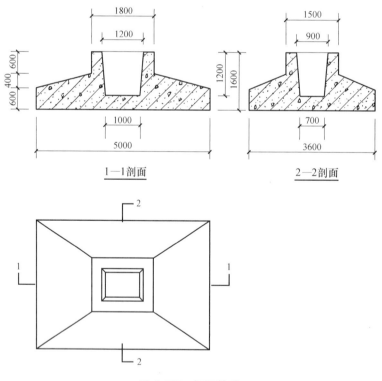

图 3-477　杯形基础

【解】
步骤 1： 打开"新建"族工具，选择"概念体量"族样板（图 3-478）。
步骤 2： 使用"立面"视图中的"南"立面绘制模型的高度定位依据：标高（图 3-479）。

图 3-478　概念体量族样板

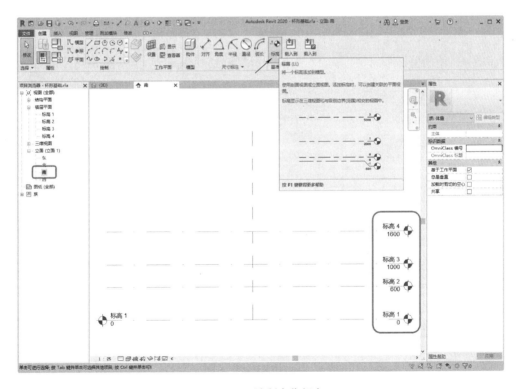

图 3-479　绘制定位标高

步骤 3：使用"标高 1"为工作平面，绘制用于放样造型的"截面形"，矩形尺寸为 5000×3600（图 3-480）。

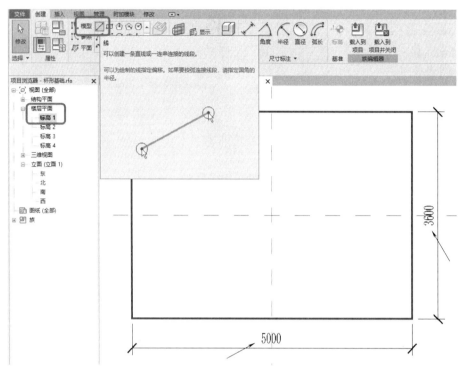

图 3-480　绘制"标高 1"上的放样截面形

步骤 4： 使用剪贴板将"标高 1"上的图形复制到"标高 2"上（图 3-481）。

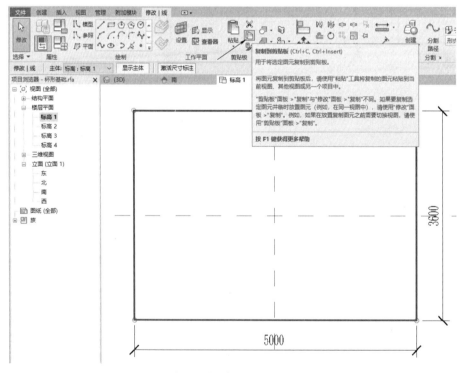

图 3-481　利用剪贴板复制图形到"标高 2"上

步骤 5：利用"与选定的标高对齐"粘贴图形到"标高 2"（图 3-482）。操作结果见图 3-483。

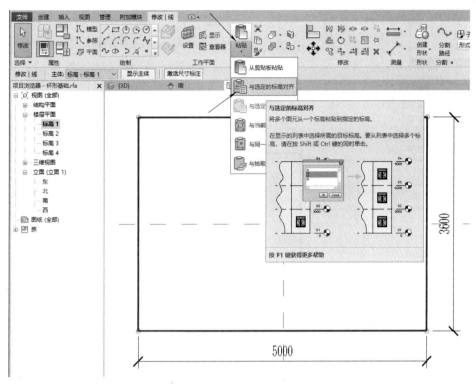

图 3-482 粘贴图形到"标高 2"

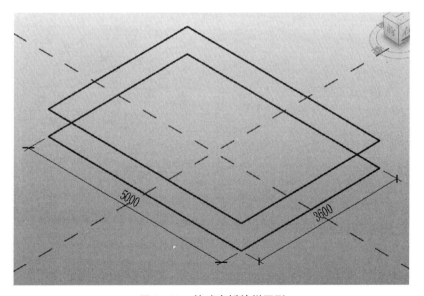

图 3-483 基础底板放样图形

步骤 6：重复上述过程，绘制其他标高面上的截面形（图 3-484），完成后基础外部轮廓的放样截面形参见图 3-485。

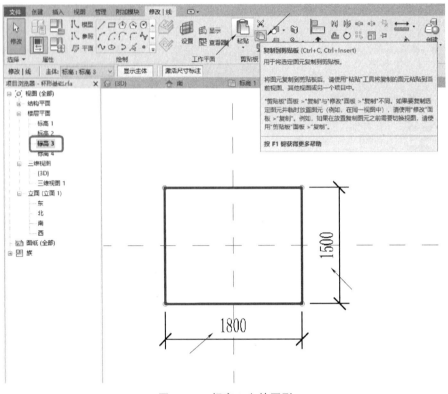

图 3-484　标高 3 上的图形

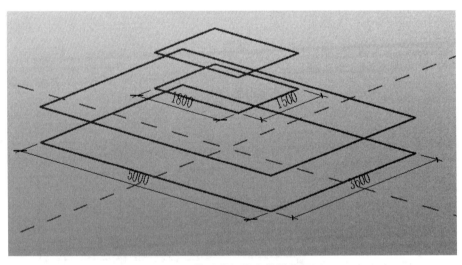

图 3-485　基础外部轮廓放样截面形

　　步骤 7：利用已经绘制成的截面形（图 3-485），使用"Ctrl"键选择相邻的两个形状，使用"创建形状"菜单中的"实心形状"工具，依次创建三个形状（图 3-486）。

　　步骤 8：采用同样的方法创建标高 5，绘制基础内部空洞的底部截面形，同时选择洞口顶部和底部的截面形使用"创建形状"菜单中的"空心形状"创建基础内部的空洞（图 3-486）。

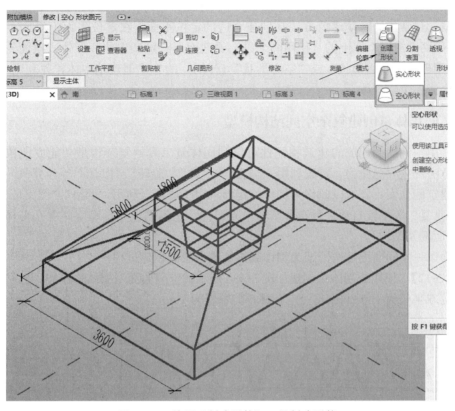

图 3-486　使用"创建形状"工具创建形状

步骤 9：利用"连接"工具将创建好的四个"形状"连接成一个整体（图 3-487）。

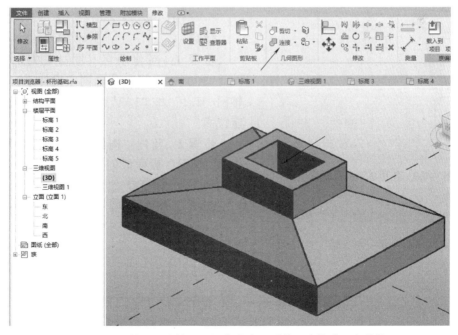

图 3-487　使用"连接"工具将多个"形状"连接成一个整体

至此完成了杯形基础模型的创建。

小结：最常用的体量建模方法是创建合适的定位平面，在定位平面上绘制截面"形状"，利用两个或两个以上的（使用两个以上的截面形状可产生曲面形体）截面轮廓"形状"，采用创建"实心形状"或"空心形状"（开洞）的方式创建基本体，并利用"连接"工具组合成一个组合体。

3.4.2 使用体量创建复杂空间结构模型

一些由空间曲面构成的建筑构配件可以利用体量工具的复杂构型功能方便快捷地创建。该方法的主要思路为：首先利用"融合""放样""旋转""拟合"等计算机几何造型方法创建空间曲面；其次以此作为构件的定形、定位依据，利用"网格""图案填充""自适应""重复"等手段自动重复布置基本单元组件，达到创建大量型空间复杂形体，例如"空间曲面网架结构"。

下面以一空间曲面结构网架为例详细讲解该方法的创建过程。

【例 3-12】 使用公制体量创建如图 3-488 所示的空间曲面网架结构模型。已知球形曲面网架的球半径为 100 000mm，空心材料的壁厚为 10mm。

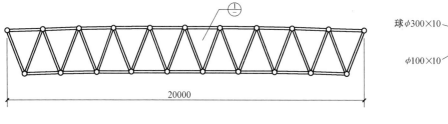
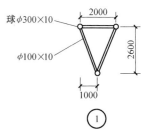

图 3-488   网架施工图

图 3-489   使用建筑样板新建项目

【解】

步骤 1：新建项目（图 3-489），建立如图 3-490 所示的标高与轴网定位体系。其中分轴网 "1/1" 和 "1/A" 为纵横两个方向的居中定位面。

步骤 2：新建"构件"，采用"内建模型"中的"体量"族样板创建一个内建模型。选择类别属性为"体量"，如图 3-491、图 3-492 所示。

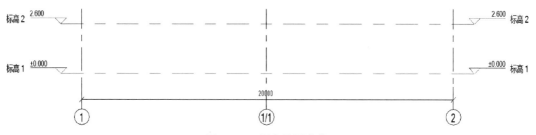

图 3-490   标高轴网定位

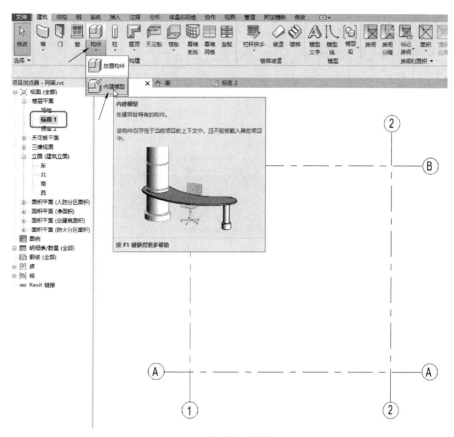

图 3-491　新建内建体量模型

步骤 3：选择"南"立面视图，先设置轴网"1/A"平面为工作平面（图 3-493），绘制横向圆弧模型线如图 3-494 所示。转到"东"立面视图，再设置轴网"1/1"平面为工作平面，用同样的方法绘制纵向圆弧模型线，如图 3-495 所示。

图 3-492　选择构件类别

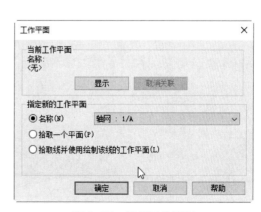

图 3-493　选择工作平面

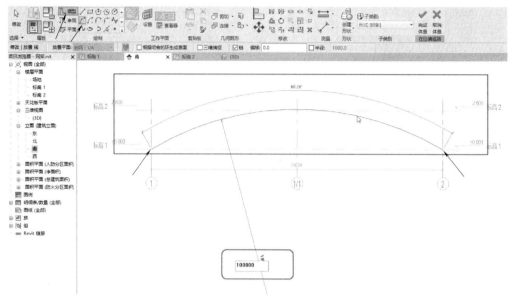

图 3-494　用"三点"绘制半径为 100000 的圆弧

图 3-495　网架下弦的定位

步骤 4：同时选择纵横两个方向的造形母线，使用"创建形状"工具（图 3-496）创建网架下弦的定位曲面，如图 3-497 所示。（技巧：可以先完成该体量，复制该体量到标

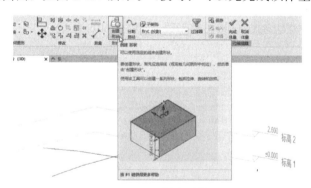

图 3-496　创建形状

图 3-497　下弦网架定形定位体量

高 2 平面用于上弦网架的定形、定位）

步骤 5：选择体量（如果选择不中，可使用"Tab"键切换），使用"分割表面"工具将体量表面按 U、V 两个方向，分割成间隔 2000 的网格，且起点偏移 1000，如图 3-498、图 3-499 所示。至此，完成了下弦杆件的定位。

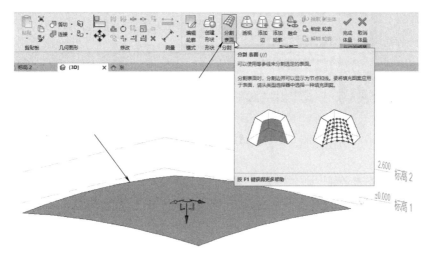

图 3-498　分割体量表面

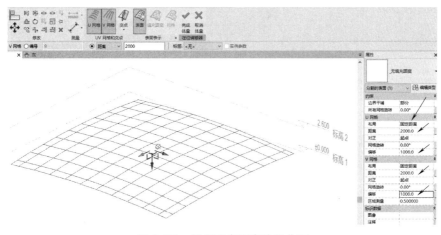

图 3-499　采用固定距离分割曲面

步骤 6：制作下弦杆件，需要使用自适应族。如果是直线形只需两个自适应点，如果是曲线形则至少需要三个自适应点。本例下弦为弧形，需要制作包含三个自适应点的族。采用"自适应公制常规模型"族样板（图 3-500）新建一个族，使用模型工具中的点工具创建三个点，然后选中三个点，使用"自适应"工具转换三个点为自适应点，如图 3-501 所示。

步骤 7：同时选中三个自适应点，使用"通过点的样条曲线"工具创建一条样条曲线作为"放样"的路径，如图 3-502 所示。

步骤 8：选择三个点中任意一点的和路径垂直的面为工作平面（图 3-503），绘制直径为 100 的圆作为杆件的外径。使用创建工具中"拾取"工具，设置偏移量为 10，创建直径为 80 的圆作为空心杆件的内径，如图 3-504 所示。

图 3-500   "自适应公制常规模型"族样板

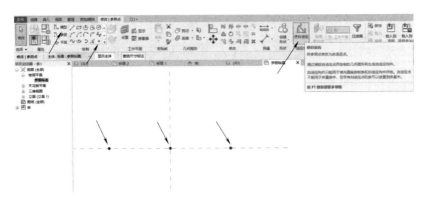

图 3-501   创建自适应点

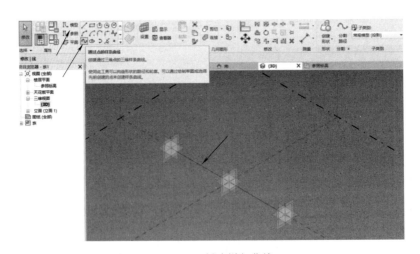

图 3-502   创建样条曲线

步骤9：同时选择路径样条线和外径圆利用"创建形状"工具中的"实心形状"创建管件的外表面，选择路径样条线和内径圆利用"创建形状"工具中的"空心形状"创建管件的内表面，如图 3-505 所示。保存模型文件为"管件.rfa"，并载入项目中。

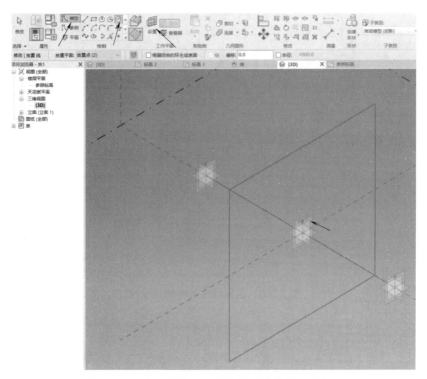

图 3-503 在路径的横断面上创建放样的"形状"

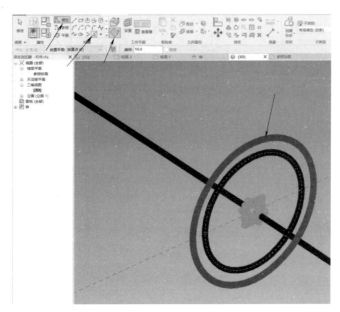

图 3-504 绘制放样的截面形

步骤 10：在网架体量的"修改"状态下，打开网格"表面显示中"的"节点"选项（图 3-506）。然后使用"创建""构件"工具（图 3-507）插入管件自适应族，并选择网格中的纵横两个方向的任意一根网格线的起点、中点和末点放置一根杆件，然后选中杆件使用"重复"工具（图 3-508）自动布满全部的下弦杆，如图 3-509 所示。

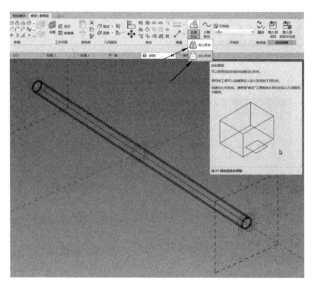

图 3-505　创建管件的内外"形状"

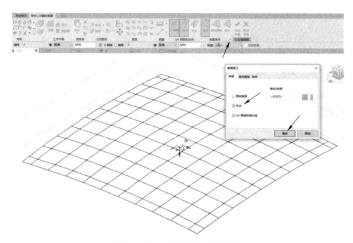

图 3-506　打开节点显示

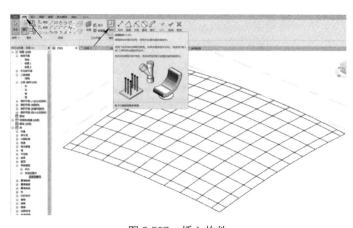

图 3-507　插入构件

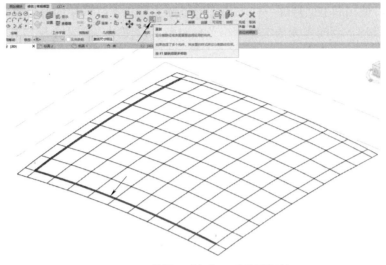

图 3-508 使用"重复"工具阵列杆件

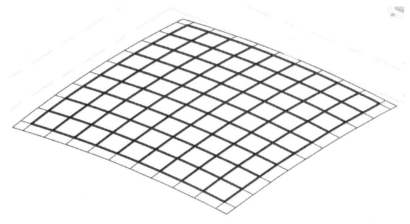

图 3-509 下弦杆创建结果

步骤 11：空心节点球族的创建和空心杆件创建类似，不过只需要使用一个自适应点。创建空心球体的母线为一对同心圆，外径为 300，内径为 280（壁厚为 10）。旋转轴为比圆略大的一条直径线。分别用大圆＋直径和小圆＋直径创建一个"实心形状"和一个"空心形状"，再使用"连接"工具组合成空心球体，如图 3-510、图 3-511 所示。将其保存为"节点球.rfa"文件，并载入到项目中。

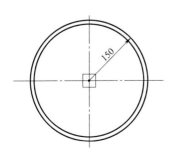

图 3-510 创建空心球的母线

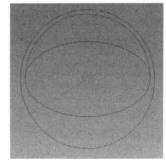

图 3-511 空心球体

步骤 12：使用和上面杆件一样方法将节点球放置在下弦网架的各个节点上，如图 3-512 所示。（技巧：当插入无法选择网格节点时，可以使用"临时隐藏"工具将已经建好的杆件隐藏）

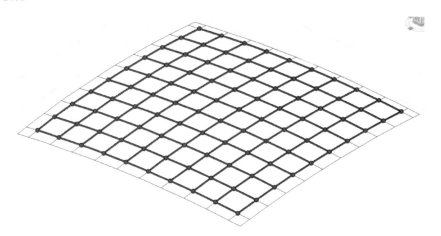

图 3-512　放置节点球

步骤 13：使用下弦杆曲面的创建方法，创建上弦杆定位曲面（定位基准为"标高2"），只是网格采用等分的方法，采用 10 等分将网格分成 2000 一格。具体参数为，布局：固定数量，编号：10，对正：起点，偏移：0.0，如图 3-513 所示。

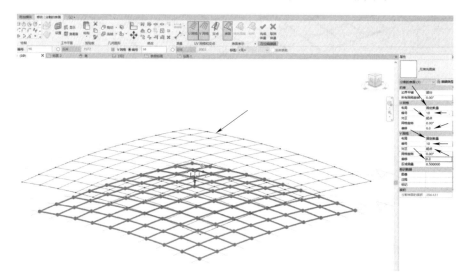

图 3-513　使用"固定数量"等分曲面网格

下面采用新的方法创建上弦杆和斜腹杆。新方法是采用填充图案族填充各个网格，以达到一次填充所有的上弦杆和斜腹杆。

总体思路：使用"公制常规模型"族样板制作一个单元格的杆件族，然后插入到"填充图案族"样板中，居中对齐自适应定位网格，制作成"填充图案族"载入到体量中，使用其作为填充图案族填充所有网格，一次性完成所有上弦杆和斜腹杆的创建。

步骤 14：使用"公制常规模型"族样板制作如图 3-514 所示的单元构件。

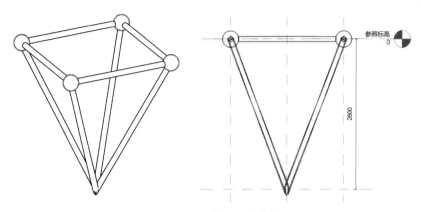

图 3-514　一个单元的构件

步骤 15：插入到使用"基于填充图案的公制常规模型"族样板（图 3-515）新建的族中，并使用参考线绘制对角线，以此为对齐点居中对齐，如图 3-516 所示。保存为"网架

图 3-515　"基于填充图案的公制常规模型"族样板

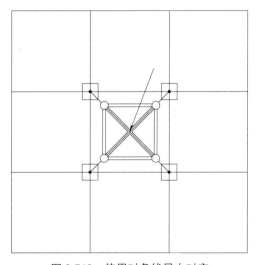

图 3-516　使用对角线居中对齐

单元图案"族，然后载入到项目中。

步骤 16：在上弦曲面体量的族属性中选择刚刚载入的图案填充族"网架单元图案"族，填充结果如图 3-517 所示。（提示：因曲面的原因，已知尺寸为垂直距离，实际间距为弦长，由此造成上部和下部节点不对齐，可通过微调下弦曲面体量的单元格的间距和起点偏移量进行调节）

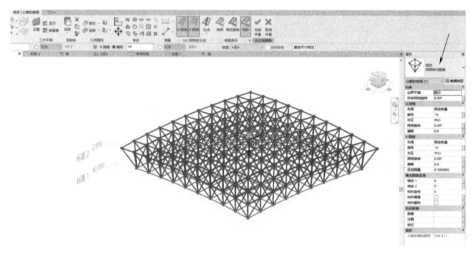

图 3-517　填充上部结构

步骤 17：最终点击"完成体量"按钮，完成整个网架模型的创建。最终成果如图 3-518 所示。

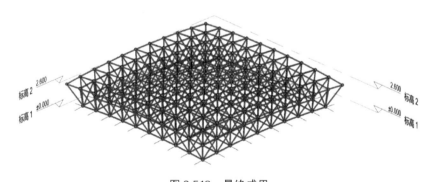

图 3-518　最终成果

本章小结

本章简要介绍了 BIM 技术的应用软件及基本工作流程，并以目前常用的 Revit 软件为例，详细介绍了软件的操作界面、基本术语与操作方法，并以某学生宿舍为例，分步骤讲解了轴网标高的设置以及基础、梁柱、墙体等基本建筑构件的布置方法。以结构构件为例，详细介绍了利用"概念体量"工具创建组合形体和复杂空间曲面模型的创建方法。通过本章的学习，可基本了解 BIM 建模的流程及方法。

思考与练习题

3-1 请思考 Revit 的项目浏览器的主要作用有哪些?

3-2 请思考项目样板与项目文件有什么区别?

3-3 请列举 Revit 图元有哪些类型,并举例进行解释说明。

3-4 请比较类型参数与实例参数,并举例说明。

3-5 请说明 Revit 中指定工作平面有哪些方法?它们之间的区别是什么?

3-6 请说明参数化建族的基本流程。

3-7 请说明 Revit 进行实体编辑的方法有哪些?

3-8 请思考 Revit 中视图样板的作用是什么?

3-9 Revit 在项目建立初期时,标高、轴网的建立顺序一般是什么?先建立轴网再建立标高与先建立标高再建立轴网有什么区别?

3-10 请思考在楼梯的绘制中,类型属性框中"开始于梯面"与"结束于梯面"在楼梯的绘制中起到什么作用?

3-11 BIM 软件在建模过程中的技术要点是什么?

3-12 结合一个实际工程图纸,实现三维 BIM 建模的全过程。

第 4 章　BIM 技术在设计阶段的应用

本章要点及学习目标

本章要点：
(1) BIM 技术在设计阶段的各种应用。
(2) 利用 Revit 软件进行协同设计、工程量估算、碰撞检查的方法和步骤。
(3) 利用 Ecotect 软件进行建筑性能模拟和分析的方法和步骤。
学习目标：
(1) 了解 BIM 技术在设计阶段的各种应用，掌握利用 BIM 技术进行参数化设计的原理和方法。
(2) 重点掌握利用 Revit 软件进行协同设计、工程量估算、碰撞检查的方法和步骤。
(3) 重点掌握利用 Ecotect 软件进行建筑性能模拟和分析的方法和步骤。

4.1　参数化设计

4.1.1　概述

参数化设计的概念最早源于美国麻省理工学院 Gossard 教授提出的"变量化设计"。与传统的 CAD 系统不同，参数化设计系统把影响设计的主要因素当成参数变量，即把设计要求看成参数并首先找到某些重要的设计要求作为参数，然后通过某种或几种规则系统（算法）作为指令构筑参数关系，再利用计算机语言描述参数关系形成软件参数模型。在计算机语言环境中输入参变量数据信息，同时执行算法指令时，就可实现生成目标，得到设计方案雏形。因此，参数化设计在一定程度上改变了传统的设计方式和思维观念。

参数化设计最早仅应用于工业设计领域，20 世纪 90 年代后期在欧美一些著名建筑设计院所的推动下，以参数化设计为主，关联设计、参数化设计、数字化设计、数字建构、建筑信息模型、非线性建筑等建筑新思潮蓬勃发展，目前基于 BIM 的参数化设计已遍布建筑设计的整个过程。

1. 参数化建模

参数化建模是基于 BIM 的参数化设计的核心。随着人们审美观念的转变，现代建筑经常采用漂亮的异形、自由曲面设计，其模型复杂，建模困难。利用 BIM 的参数化建模技术，设计师只需预先设定好模型的参数值、参数关系及参数约束，然后由系统创建具有关联和连接关系的建筑形体。例如，图 4-1 即为使用参数化软件 Rhino 创建的某球场模型；图 4-2 则是设计师为完成建模，而使用 Grasshopper（一款在 Rhino 环境下运行的采用程序算法生成模型的插件）创建的模型参数关系框图（又称电池图）。

2. 创建结构分析模型

BIM 模型里的参数不仅包括建筑物的几何信息和物理信息，还包含丰富的结构分析信息，例如，杆件的拓扑信息、刚度数据、节点信息、材料特性、荷载分布、边界支撑条件等。设计师可利用 BIM 系统，创建结构实体构件，并自动生成结构分析模型，建立有限元结构信息模型。

此外，BIM 系统所带的分析检查功能，还可以保证所创建结构分析模型的正

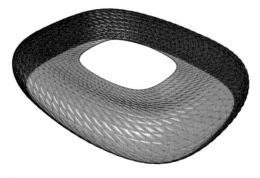

图 4-1　使用 Rhino 创建的某球场模型

确合理，设计师可将其导入专门的结构分析软件，进行计算分析并调整构件的材料和尺寸。

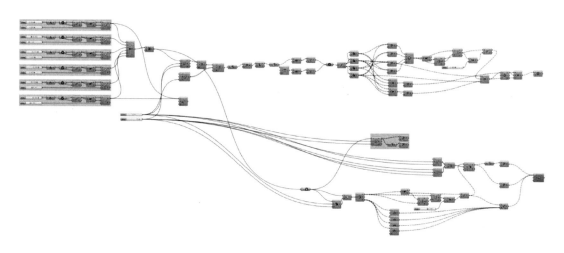

图 4-2　使用 Grasshopper 创建某球场模型时的电池图（部分）

3. 多方案优化设计

基于 BIM 的参数化设计系统，通常使用多方案的设计选项参数。它利用一个模型开发研究多个方案，设计师在进行建筑方案的量化、可视化和假设分析、推敲时，只需在模型中关闭或开启某些设计选项功能，即可实现多方案的切换。

4. 自动出图

利用传统 CAD 系统进行设计时，如果出现设计变更，需要设计师手动、逐项修改各张图纸的相关信息，不仅工作量大，还存在漏改的风险。而 BIM 系统的参数化设计，由于模型、图纸及其他数据信息是相互关联的，所以保证了变更准确和实时传递，节省了设计师的时间和精力，大大提高了设计效率。

5. 基于经济性的结构优化设计

基于 BIM 技术的设计软件可提供强大的工程量统计功能，工程师可以根据自己的需要，添加或自定义字段，提取所需信息，为实现基于"投资—效益"准则的性能化结构设计提供便捷、高效的工具。

4.1.2　参数化设计案例

"水立方"是国家游泳中心为迎接 2008 年北京奥运会而兴建的比赛场馆，如图 4-3 所示。该建筑总建筑面积约 5 万 m²，其长、宽均约 177m，高度约 31m，地下 2 层，地上主体单层、局部 5 层。"水立方"的设计工作由中建总公司牵头，联合中建国际（深圳）设计顾问有限公司、澳大利亚 PTW 建筑师事务所和悉尼 ARUP 工程顾问有限公司组成的设计联合体具体设计。

图 4-3　国家游泳馆——"水立方"

"水立方"的名称与它的外形非常吻合，其设计灵感源于肥皂泡和有机细胞的天然图案，因为采用了 BIM 技术，才使得这样的设计灵感能够实现。如图 4-4 所示，"水立方"的建筑结构采用了 3D 的维伦第尔式空间梁架（每边长约 175m，高 35m）。整个空间梁架由若干个基本细胞单位构成，每个几何细胞均由 12 个五边形和 2 个六边形组成。为此，设计师使用 Bently Structural 和 MicroStation TriForma 制作了一个 3D 的细胞阵列，然后为建筑物制作造型，如图 4-5 所示。其余元件的切削表面形成这个混合式结构的凸源，而内部元件则形成网状，在 3D 空间中一直重复，没有留下任何闲置空间。

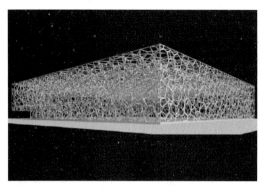

图 4-4　"水立方"的建筑结构——空间梁架

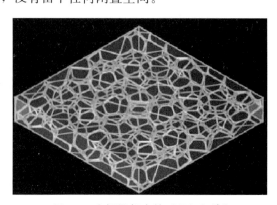

图 4-5　空间梁架中的"几何细胞"

由于设计师们在"水立方"项目中大量使用了 BIM 的参数化设计技术,在较短时间内完成了如此复杂的几何图形的设计,所以赢得了 2005 年美国建筑师学会(AIA)颁发的"建筑信息模型奖"。

4.1.3 参数化设计的应用

采用参数化设计方法也是 Revit 软件的一个重要特点,它体现在两个方面:参数化建筑图元和参数化修改引擎。

1. 参数化建筑图元

参数化建筑图元是 Revit 软件的核心。如图 4-6 所示为 Revit 中的图元结构。所谓参数化建筑图元,实际上是由系统为用户预先提供的一些可以直接调用的建筑构件,例如图中的墙、柱(梁)、门窗、楼梯、屋顶等。设计师在创建项目时,需要添加相应的参数化建筑图元,并通过对其参数的调整而控制建筑构件的几何尺寸、材质等信息。

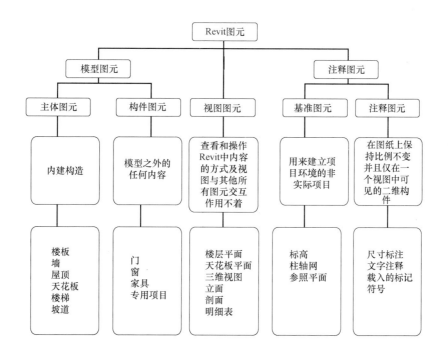

图 4-6 Revit 中的图元结构示意图

2. 参数化修改引擎

参数化修改引擎提供了参数更改技术,利用它可使设计师对建筑设计或文档部分做的任何改动能够自动在其他相关联的部分及时反映出来,大大提高了工作效率、协同效率和工作质量。Revit 软件采用智能建筑构件、视图和注释符号,使每一个构件都通过一个变更传播引擎互相关联。软件中构件的移动、删除和尺寸的改动所引起的参数变化会引起相关构件的参数产生关联的变化,任一视图下所发生的变更都能参数化地、双向地传播到所有视图,以保证所有图纸的一致性,无须逐一对所有视图进行修改。

4.2　协同设计

4.2.1　概述

随着经济全球化进程的加速发展，跨国家、跨地区、跨行业的联盟型虚拟设计机构应运而生，许多建筑产品的设计、施工和管理需要由分布在世界各地的不同人员协同完成，由此，一种新兴的工作方式出现了，这就是协同设计。

协同设计是网络环境下 BIM 系统的关键技术之一，所谓协同设计亦称计算机支持协同设计 CSCD（Computer Supported Cooperative Design），是指在计算机支持的共享环境里，由一群设计师、工程师协同努力，共同完成某个工程项目的一种新的工作方式，其本质为：共同任务、共享环境、通信、合作和协调。

而基于 BIM 的协同设计是指不同专业人员使用各自的 BIM 核心建模软件，在客户端建立与自己专业相关的 BIM 模型（Local File），并与服务器端唯一的中心文件（Central File）链接，如图 4-7 所示，保持本地数据的修改和更新，并在与中心文件同步后，将新创建或修改的信息自动添加到中心文件，如图 4-8 所示。

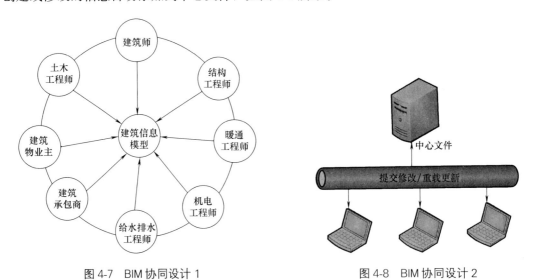

图 4-7　BIM 协同设计 1　　　　　　　　　　图 4-8　BIM 协同设计 2

4.2.2　协同设计的应用

工作共享是 Revit 软件的一种协同设计方法，此方法允许多名项目组成员同时处理同一个项目模型，如图 4-9 所示。它的主要功能是可以让项目组每位成员能同时对中心模型的本地副本进行修改。图中的工作集是指项目中墙、门、楼板、楼梯等建筑构件的集合，它具有在设计师之间传递和协调修改的功能。该功能类似于 AutoCAD 软件中的 Xref（外部参照），但却比其复杂和强大许多。

在 Revit 创建的项目中，不同的设计师可以通过建立各自的工作集（这些工作集互不重叠）在同一个模型中同时工作，他们可以随时在工作集中签入或签出构件或工作集，并

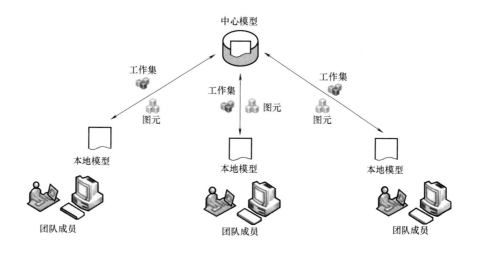

图 4-9 工作共享的原理

同时参与协同设计的最新变化，而其他设计师则可以随时查看这些签出的构件或工作集，但不可以修改，这个过程就像在图书馆中借还书籍一样。通过工作集可以使设计师们的工作既有分工，又完全协调，大大提高了设计效率，同时还能保证设计质量。

Revit 中处理团队项目的工作流程如图 4-10 所示。

图 4-10 项目的工作流程

【例 4-1】 建立某团队协作设计项目——男生宿舍工作集，要求：根据需要，团队下分建筑内部、外部和场地三个工作集，并假设其中属于自己的工作集为内部。

【解】

步骤 1：打开需要启用工作集的项目文件（通常需预先为项目创建好标高和轴网等基本定位信息），然后单击"管理协作"选项卡中的"工作集"。在弹出的如图 4-11 所示"工作共享"对话框中，根据需要自行定义（或按照系统默认）将标高、轴网及其他图元分别设置到"共享标高和轴网"及"工作集 1"内，并单击"确定"按钮。

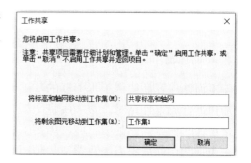

图 4-11 "工作共享"对话框

步骤 2：如图 4-12 所示，在随后弹出的"工作集"对话框中，根据题目要求新建"内部""外部""场地"工作集。其中：可编辑、所有者等各项内容按图中设定。

步骤 3：单击"确定"按钮，并按图 4-13 中提示将项目文件另存为项目中心文件。

步骤 4：重新打开"工作集"对话框，将其中某工作集"可编辑"选项中的"是"改

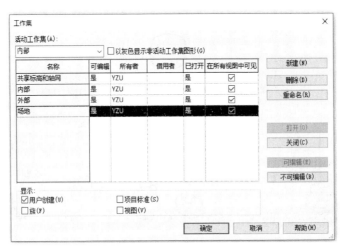

图 4-12 "工作集"对话框

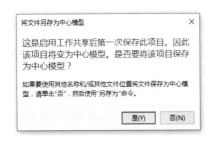

图 4-13 "将文件另存为中心模型"对话框

为"否"(此时当前用户将不能编辑该工作集)。选择"协作"选项卡中"同步"里的"与中心文件同步"下的"立即同步",将上述修改保存到中心文件。

步骤 5：在"工作集"对话框中将内部工作集的"可编辑"选项设为"是"并退出。然后将项目文件另存为本地文件。

工作共享、工作集是 Revit 中最高形式的团队协作模式,它允许用户通过指定不同的工作集来划分项目中各图元的编辑权限,从而实现实时设计协调。该模式也将是建筑工程设计中协同工作的目标和发展方向。

4.3 工程量和成本估算

4.3.1 概述

工程量计算是编制工程预算的基础,该项工作由造价工程师完成。长期以来,造价工程师在进行成本计算时,常采用将图纸导入工程量计算软件中计算,或采用直接手工计算工程量这两种方式。其中,前者需要工程师将图纸重新输入算量软件,该方式易产生额外的人为错误;而后者需要耗费造价师们大量的时间和精力。因此,无论是哪种方式,由于设计阶段的设计信息无法快速准确地被造价工程师们调用,使得他们没有足够的时间来精确计算和了解造价信息,从而容易导致成本估算的准确率不高(据统计,工程预算超支现象十分普遍)。

BIM 模型是一个面向对象的、包含丰富数据且具有参数化和智能化特点的建筑物的数字化模型,其中的建筑构件模型不仅带有大量的几何数据信息,同时也带有许多可运算的物理数据信息,借助这些信息,计算机可以自动识别模型中的不同构件,并根据模型内嵌的几何和物理信息对各种构件的数量进行统计。再加上 BIM 技术对于大数据的处理及分析能力，因此，近年来，基于 BIM 平台的工程量计算和成本估算技术已成为趋势。如图 4-14 所示，为传统的"基于图纸"的成本核算过程与"基于 BIM"的成本核算过程的流程图。

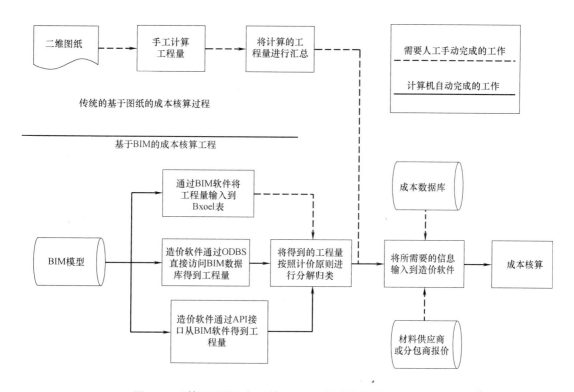

图 4-14 "基于图纸"与"基于 BIM"的成本核算过程流程图

由此可见，与传统做法相比，基于 BIM 的自动化算量方法有如下优点：

1. 大大降低概预算人员的工作强度

基于 BIM 的自动化算量方法可以将大量的统计、计算工作交由系统完成，从而将造价工程师们从繁琐的劳动中解放出来，为他们节省更多的时间和精力用于其他更有价值的工作（例如：询价、风险评估等）。

2. 工程量估算的精度与稳定性高

基于 BIM 的自动化算量方法比传统的计算方法更加准确。工程量计算是编制工程预算的基础，但计算过程非常繁琐，人工计算时很容易产生计算错误，影响后续计算的准确性。BIM 的自动化算量功能可以使工程量计算工作摆脱人为因素影响，从而得到更加客观的数据。

3. 便于设计前期的成本控制

传统的工程量计算方式往往耗时太多，因此，无法将设计对成本的影响及时反馈给设计师。而基于 BIM 的自动化算量方法则可以更快地计算工程量，并及时地将设计方案的成本反馈给设计师，这样做，有利于设计师们在设计的前期阶段对成本进行有效地控制。

4. 更好地应对设计变更

　　传统的成本核算方法，一旦发生设计变更，造价工程师需要手动检查设计变更，找出对成本的影响。这样的过程不仅缓慢，而且可靠性不强。BIM 软件与成本计算软件的集成，将成本与空间数据进行了一致关联，自动检测哪些内容发生变更，直观地显示变更结果，并将结果反馈给设计人员，使他们能清楚地了解设计方案的变化对成本的影响。

4.3.2　工程量和成本估算的应用

　　Revit 软件中，可使用"明细表视图"来统计项目中的各类图元对象，生成包括模型图元数量、材质数量、图纸列表、视图列表和注释块列表在内的各种样式的明细表。

　　【例 4-2】　使用构件明细表对男生宿舍楼项目中的窗进行统计。要求：统计信息包括窗的编号、尺寸、参照图集、樘数、洞口面积、窗样式等。

　　【解】

　　在"男生宿舍建筑（2016 版）.rvt"文件中，已经设置了"门明细表"视图，且将它放在了项目浏览器的"明细表/数量"类别中，具体内容如图 4-15 所示。若要根据指定条件定义窗明细表，具体步骤如下：

　　步骤 1：创建新的窗明细表。单击"视图"菜单下"创建"选项卡内"明细表"里的"明细表/数量"，弹出如图 4-16 所示"新建明细表"对话框。在其中"类别"栏中选择"窗"，"名称"中修改为"男生宿舍窗明细表"，其他各项如图 4-16 所示。

图 4-15　文件中已有男生宿舍"门明细表"

图 4-16　"新建明细表"对话框

　　点击"确定"按钮，在弹出的"明细表属性"对话框中，在左侧"可用的字段"栏中，分别选择类型标记、宽度、高度、注释、合计和构造类型等参数，然后单击"添加"按钮，将它们依次添加至右侧的"明细表字段（按顺序排列）"中，具体如图 4-17 所示。

　　切换上表中选项卡至"排序/成组"，在其中设置"排序方式"为"类型"；排序顺序为"升序"；取消"逐项列举每个实例"选项前的"√"（注：此时统计表中的多个实例会根据排序参数压缩到同一行中。如果没有指定排序参数，那么，所有的实例都将压缩到一行中）。

　　切换表中选项卡至"外观"，分别设置明细表格的外框（中粗线）、内部网格线（细

图 4-17 "明细表属性"对话框

线）和表格内文字的字体和大小。

完成上述设置后，单击"确定"按钮，系统将自动建立新的明细表视图如图 4-18 所示。

<男生宿舍窗明细表>

A	B	C	D	E	F
类型标记	宽度	高度	注释	合计	构造类型
35	2100	1800		3	
C1406	1400	600		7	
C1507	1500	700		15	
C1521	2100	1500		10	
C1930	1900	2950		8	
C2331	2300	3050		1	
C2815	2800	1500		24	
C2921	2900	2100		15	
C2923	2900	2300		4	
C2923a	2900	2300		5	
C6221	6200	2050		8	
C7421	7400	2050		3	

图 4-18 新建"男生宿舍窗明细表"

步骤 2：修改明细表。在新建明细表视图中，按住并拖动鼠标，选中表中"宽度"和"高度"两列，然后单击菜单"修改明细表/数量"下"标题和页眉"选项卡中的"成组"，将门的"宽度"和"高度"两列组合成一大列，并命名为"尺寸"列，如图 4-18 所示。

分别选中表中各列名称，按照题目要求逐个修改，如图 4-19 所示。

其中增加了一列——洞口面积。该列中使用了计算公式统计窗洞面积。做法如下：

在已完成的明细表中，选择列名称单击右键，在弹出的短菜单中选择"插入列"。打开如图 4-17 所示的"明细表属性"对话框，点击其中"计算值"按钮，在随后的对话框中如图 4-20 所示设置各项，然后点击"确定"按钮即完成。

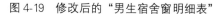

<男生宿舍窗明细表>					
A	B	C	D	E	F
	尺寸				
窗编号	宽度	高度	参照图集	樘数	洞口面积
35	2100	1800		3	3.78 m²
C1406	1400	600		7	0.84 m²
C1507	1500	700		15	1.05 m²
C1521	2100	1500		10	3.15 m²
C1930	1900	2950		8	5.61 m²
C2331	2300	3050		1	7.02 m²
C2815	2800	1500		24	4.20 m²
C2921	2900	2100		15	6.09 m²
C2923	2900	2300		4	6.67 m²
C2923a	2900	2300		5	6.67 m²
C6221	6200	2050		8	12.71 m²
C7421	7400	2050		3	15.17 m²

图 4-19　修改后的"男生宿舍窗明细表"

图 4-20　"计算值"对话框

步骤 3：利用明细表关键字，继续在窗明细表中增加"窗样式"列及内容。

Revit 中的明细表可以包含多个具有相同特征的项目。例如，房间明细表中可能包含 100 个墙面、地板、天花等均相同的房间。通常需要在明细表中，手动逐个输入这 100 个房间的信息，而使用定义关键字，系统则可自动填充相关信息。同样，将已有定义关键字的房间添加到明细表中时，明细表中的相关字段也将自动更新，从而减少生成明细表所需的时间。

单击"视图"菜单下"创建"选项卡内"明细表"里的"明细表/数量"，弹出"新建明细表"对话框。如图 4-21 所示选择"明细表关键字"，并确定"关键字名称"为"窗样式"。

单击"确定"按钮，在随后弹出的"明细表属性"对话框中，选择"注释"字段添加至右侧的"明细表字段"栏。然后，单击"添加参数"按钮，打开"参数属性"对话框，如图 4-22 所示，设置、填写各项内容后，点击"确定"按钮，得到"窗样式明细表"。

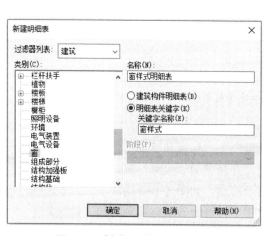

图 4-21　新建"明细表关键字"

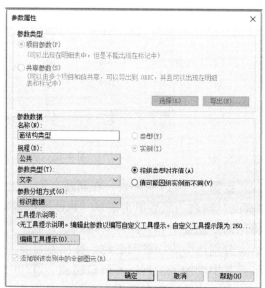

图 4-22　"参数属性"对话框

单击菜单"修改明细表/数量"下"行"选项卡中的"插入数据行"两次，在新建的

"窗样式明细表"中新建两行数据行，系统自动顺序命令"关键字名称"为1、2。如图 4-23 所示，手动设置其中"注释"和"窗结构类型"的值。

切换至一层楼层平面视图，选择任意窗（例如：C1507），可见其实例参数中新增加了"窗样式"和"窗结构类型"参数。

切换至"男生宿舍窗明细表"，将"窗样式"和"窗结构类型"添加至明细表字段列表内，位于"合计"之后。

<窗样式明细表>		
A	B	C
关键字名称	注释	窗结构类型
1	苏 J50-2015	固定窗
2	苏 J11-2006	铝合金推拉窗

图 4-23　窗样式明细表

返回"男生宿舍窗明细表"视图，如图 4-24 所示，在其中逐个指定"窗样式"单元格的内容，此时系统会同步更新"参照图集"和"窗结构类型"的值。此即为"以关键字来驱动相关联参数值"。

\<男生宿舍窗明细表\>							
A	B	C	D	E	F	G	H
窗编号	尺寸		参照图集	樘数	洞口面积	窗样式	窗结构类型
	宽度	高度					
35	2100	1800	苏 J11-2006	3	3.78 m²	2	铝合金推拉窗
C1406	1400	600	苏 J11-2006	7	0.84 m²	2	铝合金推拉窗
C1507	1500	700	苏 J11-2006	15	1.05 m²	2	铝合金推拉窗
C1521	2100	1500	苏 J11-2006	10	3.15 m²	2	铝合金推拉窗
C1930	1900	2950	苏 J50-2015	8	5.61 m²	1	固定窗
C2331	2300	3050	苏 J50-2015	1	7.02 m²	1	固定窗
C2815	2800	1500	苏 J11-2006	24	4.20 m²	2	铝合金推拉窗
C2921	2900	2100	苏 J11-2006	15	6.09 m²	2	铝合金推拉窗
C2923	2900	2300	苏 J11-2006	4	6.67 m²	2	铝合金推拉窗
C2923a	2900	2300	苏 J11-2006	5	6.67 m²	2	铝合金推拉窗
C6221	6200	2050	苏 J50-2015	8	12.71 m²	1	固定窗
C7421	7400	2050	苏 J50-2015	3	15.17 m²	1	固定窗

图 4-24　完成的"男生宿舍窗明细表"

统计材料数量是项目概预算的基础。Revit 软件里的"材质提取"工具，就用于统计项目中的对象材质并生成材质统计明细表。

【例 4-3】　使用"材质提取"工具，生成男生宿舍楼墙体材质统计表。

【解】

步骤 1：打开"男生宿舍建筑（2016 版）.rvt"文件，单击"视图"菜单下"创建"选项卡内"明细表"里的"材质提取"，弹出"新材质提取"对话框。在其中"类别"栏中选择墙，"名称"中为"墙体材质提取"。

步骤 2：在打开的"材质提取属性"对话框中，依次添加"材质：名称"和"材质：体积"至明细表字段列表；设置排序方式为"材质：名称"，取消"逐项列举每个实例"前的"√"；单击"确定"按钮，完成明细表属性设置，生成如图 4-25 所示的"墙体材质提取"明细表。此时表中的"材质：体积"单元格为空白。

步骤 3：打开"材质提取属性"对话框中的"格式"选项卡，在左侧的"字段"栏选择"材质：体积"并勾选右下侧"计算总数"。图 4-26 即为完成的"墙体材质提取"明细表。

如上，Revit 中的明细表可以完成统计项目中的各类图元对象，并生成各种样式的明细表的任务。如果在明细表提供的项目文档中使用条件字段，Revit 还可以将明细表用作设计工具，进行简单的数值运算。但在施工图设计阶段，最常用的统计表只是"门窗统计表"和"图纸列表",且对于复杂的建筑项目的工程量统计和成本估算,Revit 并不擅长,还需借助一些基于其平台上的插件实现。其工作思路可归纳为如图 4-27 所示。

<墙体材质提取>	
A	**B**
材质:名称	材质:体积
Default Wall	
Rigid insulation	
白色涂料	

图 4-25　"墙体材质提取"明细表

<墙体材质提取>	
A	**B**
材质:名称	材质:体积
Default Wall	898.01 m²
Rigid insulation	3.88 m²
白色涂料	81.84 m²

图 4-26　完成的"墙体材质提取"明细表

图 4-27　工作思路图

目前,基于 BIM 平台的工程量计算和成本估算软件不少,应用较广的主要有:鲁班公司的 Luban Trans-Revit、广联达公司的 BIM5D、GFC 插件以及清华斯维尔等。

4.4　碰撞检测

4.4.1　概述

在传统二维设计中,一直存在一个难题——就是设计师难以对各个专业所设计的内容进行整合检查,从而导致各专业在绘图上发生碰撞及冲突,影响工程的施工。而基于 BIM 的碰撞检测技术很好地解决了这个难题。

所谓碰撞检测是指在计算机中提前预警工程项目中不同专业(包括结构、暖通、消防、给水排水、电气桥架等)空间上的碰撞冲突。在设计阶段,设计师通过基于 BIM 技术的软件系统,对建筑物进行可视化模拟展示,提前发现上述冲突,可为协调、优化处理提供依据,大大减少施工阶段可能存在的返工风险。

碰撞检测技术的适用范围包括:

1. 深化设计阶段

在该阶段,利用 BIM 的碰撞检测技术,设计师可结合施工现场的实际情况和施工工艺进行模拟,对设计方案进行完善。

2. 施工方案调整

设计师可将碰撞检测结果的可视化模拟展示给甲方、监理方和分包方,在综合各方意见的基础上进行相关方案的调整。

4.4.2　碰撞检测的应用

在 Revit 软件中,可以进行碰撞检查的图元包括:结构大梁和檩条;结构柱和建筑柱;结构支撑和墙;结构支撑、门和窗;屋顶和楼板;专用设备和楼板以及当前模型中的链接 Revit 模型和图元等。其工作流程如图 4-28 所示。

图 4-28　工作流程图

而进行构件间碰撞检查和质量控制，必须先链接其他专业模型，然后再使用碰撞检测功能命令，如图 4-29 所示。

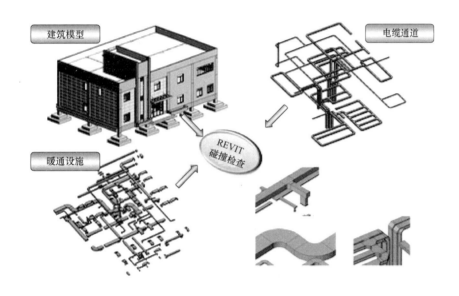

图 4-29　Revit 中的碰撞检查

【例 4-4】　利用 Revit 软件，通过链接实现某别墅项目建筑和结构专业间的三维协作和碰撞检查。

【解】

该例中已分别创建某别墅项目的建筑和结构模型文件，其中在"别墅项目 . rvt"文件中已利用 Revit MEP 创建了部分给水管和洁具。解题步骤如图 4-30 所示。

图 4-30　解题步骤

具体步骤如下：

步骤 1：打开项目文件"别墅项目 . rvt"，如图 4-31 所示，选择"插入"菜单中"链接"选项卡里的"链接 Revit"命令，打开如图 4-32 所示的"导入/链接 RVT"对话框，导入项目文件"别墅结构.rvt"。注意：对话框底部的"定位"，选择"自动-原点到原点"方式。

图4-31　Revit中的"插入"菜单

步骤2：如图4-33所示，选择"协作"菜单下"坐标"选项卡中的"碰撞检查"，单击其中的"运行碰撞检查"命令，弹出如图4-34所示的"碰撞检查"对话框。

步骤3：在"碰撞检查"对话框中，按照如图4-34所示进行设置，其中左侧"类别来自"里选择链接文件——别墅结构.rvt；右侧则为原当前文件，选择其中的"管件"与"管道"两项，意为检查其与左侧所选结构是否有冲突。

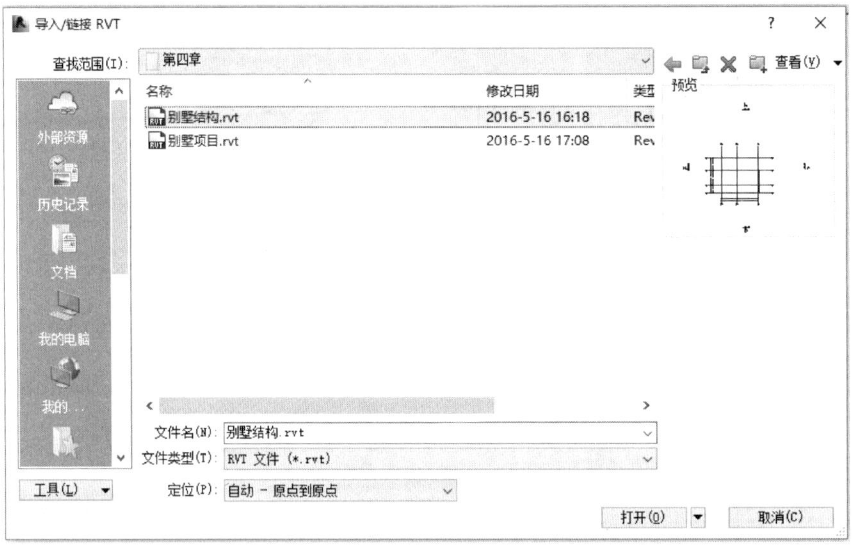

图4-32　"导入/链接RVT"对话框

单击"碰撞检查"对话框中的"确定"按钮，弹出如图4-35所示的"冲突报告"对话框，框中除显示"成组条件""创建时间"等信息外，重点描述了发生冲突的图元对象类别、图元类型及其ID号，例如图中所示的"结构柱：混凝土-矩形-柱：300×450mm：ID 436335"。

单击对话框中的"导出"按钮，系统将检查结果以".html"的文件格式保存。

步骤4：单击"碰撞检查"右侧箭头，选择其中"显示上一个报告"命令，重新弹出如上图4-35所示的"冲突报告"对话框。然后，在"注释"选项卡的"详图"面板中单击"云线批注"命令，在随后的"修改｜创建云线批注草图"选项卡中（图4-36），单击"矩形"命令，在冲突柱附近绘制如图4-37所示的云线批注并单击"完成编辑模式"按钮。

图4-33　"坐标"选项卡中的"运行碰撞检查"命令

图 4-34　"碰撞检查"对话框

图 4-35　"冲突报告"对话框

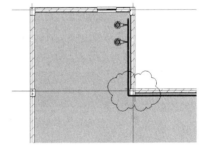

图 4-36　"修改｜创建云线批注草图"
选项卡中的"矩形"命令

图 4-37　创建云线批注

选择已完成的云线批注，如图 4-38 所示修改"修订"栏中的内容为"序列 1—一次提资"（意为本次检查内容是在项目"一次提资"阶段所发现的问题）。

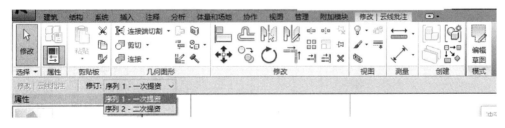

图 4-38　"修改｜云线批注"选项卡中的"修订"版本设置

如图 4-39 所示，单击菜单"视图"下"图纸组合"选项卡中的"修订"命令，打开如图 4-40 所示的"图纸发布/修订"对话框，其中显示了项目中已有修订的编号、日期、说明、是否发布等信息。将对话框中序列 1 的"已发布"选项勾选"√"，并退出对话框。

图 4-39 "图纸组合"选项卡中的"修订"命令

步骤 5：重新启动 Revit 软件并打开项目结构文件，如图 4-41 所示，在"管理"菜单的"查询"选项卡中单击"按 ID 号选择"命令，弹出如图 4-42 所示"按 ID 号选择图元"对话框，输入碰撞结构柱 ID 号并确定，重新选择合适的结构柱尺寸，完成后保存修改文件。

打开项目文件，选择"插入"菜单中"链接"选项卡里的"管理链接"命令，打开"管理链接"对话框，单击其中的"重新载入"按钮并确定，即可完成修订更新。

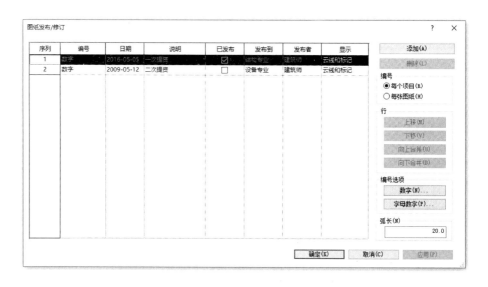

图 4-40 "图纸发布/修订"对话框

图 4-41 "查询"选项卡中的"按 ID 号选择"命令

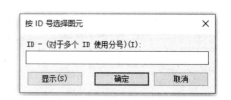

图 4-42 "按 ID 号选择图元"对话框

重复前面的步骤 1、步骤 2 和步骤 3，对修订后的项目进行碰撞检查，结果弹出如图 4-43 所示的对话框，说明此时已修订了所有冲突。

　　使用 Revit 中的"链接模型"和"碰撞检查",可以找出项目模型里类型图之间的无效交点,方便设计师们在设计过程中及时发现因专业配合产生的结构碰撞或遗漏现象,并降低建筑变更及成本超限的风险。但由于 Revit 中的三维动态观察或者漫游,对机器的配置要求会非常高,所以,该方法对于大型建筑项目的

图 4-43 "未检测到冲突"提示对话框

展示效果不够理想。通常,设计师们会选用更为专业的其他软件进行碰撞检测。

4.4.3 Autodesk Navisworks 中的碰撞检测

　　Autodesk 公司的 Navisworks 软件是一款基于 Revit 平台的第三方设计软件,适用于在各种建筑设计中进行更为直观的 3D 漫游、模型合并、碰撞检查,帮助设计师及其扩展团队加强对项目的控制,提高工作效率,保证工程质量。如图 4-44 所示为 Navisworks 软件的下拉菜单,其中用于碰撞检查的命令为"Clash Detective(冲突检测)"。

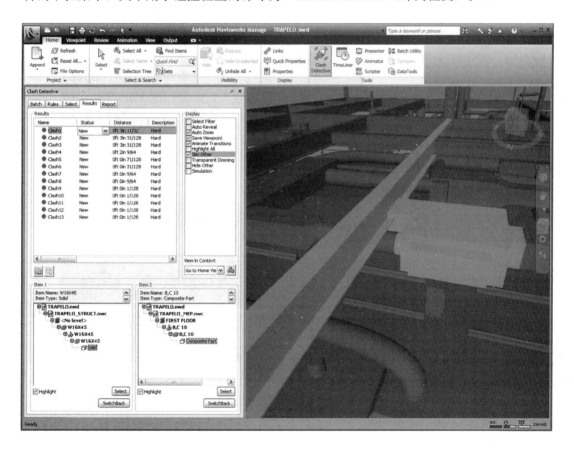

图 4-44　Navisworks 软件界面

　　与 Revit 相比较,Navisworks 的碰撞检测功能更为强大。即使在最复杂的项目中,该软件也能够将 AutoCAD 和 Revit&reg 系列等应用软件创建的设计数据,与来自其他设

计工具的几何图形和信息相结合,将其作为整体的三维项目,不仅通过多种文件格式进行实时审阅,并且无须考虑文件的大小。

在实际工程项目中,利用 Navisworks 配合做碰撞检查的流程通常如图 4-45 所示。

图 4-45　碰撞检查的流程

如图 4-46～图 4-48 所示,为利用 Navisworks 软件进行碰撞检查的实例。

该项目为某住宅小区,其机电外线模型采用 RevitMEP 分专业创建,如图 4-46 所示。利用链接的方式导出带有包括颜色通道信息在内的 DXF 格式的模型,然后利用 Navisworks 软件进行碰撞检查。

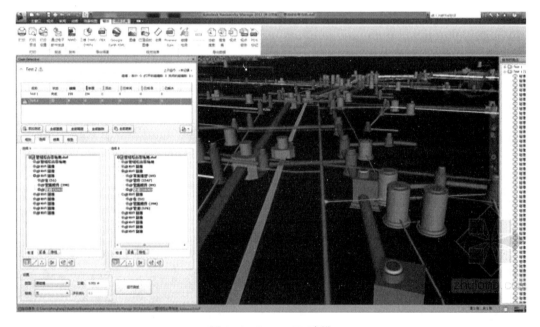

图 4-46　Revit MEP 建模

由图 4-47 可以看到,虽然该模型已很好地完成了二维管线的综合排布,但在用 Navisworks 进行三维碰撞检查时,仍查出了几百处的碰撞点。为此,设计师们对查出的碰撞点逐一进行了调整,图 4-48 则为调整前后的对比。由此可见,碰撞检查可以有效地将施工过程中可能出现的碰撞问题,消灭在图纸设计阶段。

与其他相似软件相比,Navisworks 还有以下几个重要的特点:

(1) Navisworks 不仅能像其他软件(例如 Revit 软件等)检查硬碰撞,还能检查间隙碰撞和软碰撞。

所谓硬碰撞是指场景中的不同部分之间发生的实实在在的交叉、冲突。

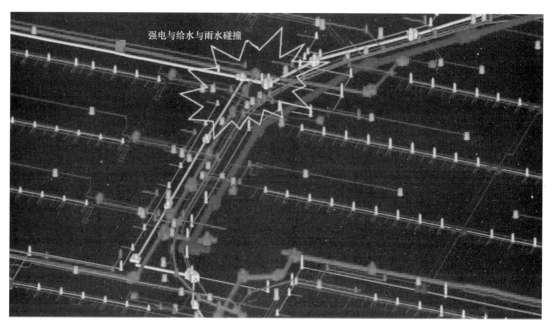

图 4-47 Navisworks 查出的管线综合碰撞点

图 4-48 调整前后的对比

　　而间隙碰撞是指两构件间并未产生实际的交叉、冲突，但是由于它们的间距小于规定值而不满足碰撞检测的要求。例如，建筑物内部有两根管道并排架设，考虑到后期需要安装保温、隔热材料等，两管道间必须留有足够的间隙，过小的间隙会使得安装无法进行，这种现象被称为间隙碰撞。这个允许的间隙值称为公差，在 Navisworks 的使用中，可在碰撞检查前进行设置。

软碰撞是指虽然两构件间产生了直接交叉和碰撞，但是这种交叉和碰撞在一定范围内是被允许的现象。允许的交叉范围也称为公差。

（2）为了碰撞检查的准确性，应合理选择公差值。在间隙碰撞和软碰撞时，公差是指两构件相离或相交的程度。例如：柱子 A 与风管 B 相交 0.6m，如果公差值设置为 0.5m，该碰撞存在；若公差值设置为 1.0m，那么在 Navisworks 中就检测不到该碰撞点。所以，为了提高碰撞检测的精度，公差值的设置应小于两构件相离或相交的距离。

（3）Navisworks 中的碰撞名称必须为英文，若使用中文名称，导出报告时将无法显示图片内容；同时，导出报告应采用 HTML 格式，因为该格式不仅能报告碰撞的位置，还能够导出碰撞位置的截图等内容，非常直观。

4.5　建筑性能模拟

4.5.1　概述

所谓建筑物理环境，是指建筑物及其周边的热环境、光环境和声环境。为了提供给人们一个舒适的居住环境，有关建筑物的上述物理指标均由相关的国家标准所确定。但由于缺少必要和有效的分析工具，一般建筑项目设计时，通常采用一种定性甚至模糊的方法进行多种方案的比较和推敲。而基于 BIM 技术的建筑性能模拟分析，则很好地解决了该项难题。

所谓建筑性能模拟主要指建筑物物理性能的模拟分析，通常包括：建筑热环境与能耗分析、建筑光环境分析、建筑声环境分析、建筑日照分析和建筑风环境分析。

4.5.2　建筑热环境与能耗分析

建筑物的热环境由建筑围护结构状况（包括通过围护结构的传热、传湿、空气渗透而对室内产生的影响）、室外气候条件（包括室外空气温度、湿度、太阳辐射、风速、风向及雨水等）、室内热源状况（包括室内设备、照明、人体辐射等热、湿源的影响）以及室内外的通风状况等众多因素所决定，利用计算机模拟计算的方法，设计师可以有效预测建筑物环境可能出现的状况，模拟预测包括室内温湿度、房间的热量、热负荷、冷负荷、供暖空调系统的逐时能耗、建筑物全年环境控制所需能耗等物理指标值。

用于建筑能耗模拟分析的软件很多，其中较为著名的有：

1. DOE-2

DOE-2 是由美国劳伦斯伯克利国家实验室在美国能源部的支持下开发的能耗分析模拟软件。该软件采用反应系数法模拟房间的冷热负荷，它可以提供整幢建筑物每小时的能量消耗分析，不仅用于计算系统运行过程中的能效和总费用，也可以用于分析围护结构（如内外墙、屋顶、门窗、楼板、地面）、空调系统、电器设备和照明等对能耗的影响。由于其功能全面强大、模拟分析较为准确，所以是目前国际公认的、权威的能耗模拟分析软件。在我国编制的《夏热冬冷地区居住建筑节能设计标准》JGJ 134—2010 和部分地方节能标准中均采用了 DOE-2 软件。但其过于专业和复杂的能耗分析策略以及不够友好的界面，给设计师的应用也带来了不便。

2. DeST

DeST（Desinger's Simulation Toolkit）是由我国清华大学开发的建筑与暖通空调系统分析和辅助设计软件，是一款面向设计人员的用于设计的模拟工具。DeST 的负荷模拟采用状态空间法。与其他传统的模拟系统相比，它充分考虑了设计的阶段性，提出了"分阶段设计，分阶段模拟"的模拟分析理念。通过采用逆向的求解过程，基于全工况的设计，在每一个设计阶段都计算出逐时的各项要求，使得设计可以从传统的单点设计拓展到全工况设计。

由于其友好的界面和强大的功能，DeST 在国内外得到了广泛的应用，例如，国家大剧院、国家游泳中心、中央电视台空调系统改造等项目。除了用于空调系统辅助设计外，该软件还可用于围护结构的优化设计和建筑节能评估。

3. PKPM

PKPM 是由中国建筑科学研究院开发的建筑设计系列软件，包括公共建筑节能设计软件、供暖居住建筑节能设计软件、夏热冬冷地区居住建筑节能设计软件和夏热冬暖地区居住建筑节能设计软件。

PKPM 采用动态能耗分析计算程序，可按照建筑物所在地区全年气象数据的统计，对建筑物进行全年的逐时能耗计算、分析，并进行系统设计。

4.5.3 建筑光环境分析

光环境是建筑物理环境的重要组成部分。评估建筑光环境，需要综合考量人、建筑及经济和环境多个方面的因素，一个舒适合理的建筑光环境不仅要有良好的照度和舒适的视觉感，还要满足节能要求。

通常的建筑光环境设计包括天然采光设计和人工照明设计两个方面。为了获得最佳的室内采光效果，设计师不仅需要合理设置建筑布局、窗口面积、选择合适的窗玻璃材料（光透视比）和墙面粉刷材料（反光增量系数），还需要掌握一定的人工光源的照明知识，能够合理设计人工光源的辅助照明。传统设计时，常依靠草图和手工计算，完成光环境的评估和分析，既复杂、费时，也不够精确。而基于 BIM 平台的相关软件，可以针对各种天然采光和人工照明环境，提供多种高精度的分析工具，精确模拟建筑光环境，并进行精确的分析和评估。

基于 BIM 的光环境分析，可分为建筑物室内照明分析和天然采光分析。

如图 4-49 所示为某宾馆室内光环境分析效果图，由 Radiance 软件完成。该软件是由美国能源部资助、劳伦斯伯克利国家实验室研制开发的一款专门用于在虚拟环境中进行可见光光照分析的软件。与其他同类软件相比，Radiance 具有强大的计算和分析功能，它提供近 50 多种高精度的分析工具（其中多数为其独有），供设计师直接或组合使用，以发挥更为强大的模拟、分析功能。其中包括：

（1）利用测量和计算照明灯具的光输出分布数据，精确模拟建筑空间内的电光源；同样，通过模拟计算太阳辐射至物体表面后，从物体表面反射的光线在空间的再分布，以及天空的散射分布，从而精确模拟建筑空间内的自然光源。

（2）通过调整软件自带 25 种不同物体表面材质的相关参数，建立大量的具有不同表面光反射系数的计算模型，用于精确计算模型空间内的亮度和辐射率。

同时，Radiance 还与包括 AutoCAD 在内的许多其他系统和软件有着良好的连接，因此受到广大设计师们的喜爱，已被用于多个居住建筑和公共建筑项目的虚拟照明分析和设计。同时，在道路、隧道、桥梁、机场等建设项目中也发挥着巨大的作用。

如图 4-50 所示，则是由 Michael Fowler 和 Leo A. Daly 利用 Lightscape 软件进行某办公楼入口处的太阳光照效果研究分析。

Lightscape 是一款非常优秀的光照渲染软件，它是目前世界上唯一同时拥有光影跟踪技术、光能传递技术和全息渲染技术的渲染软件。许多设计师熟悉它，都是缘于其强大的光照渲染能力，其实它也是一款可视化的设计软件，精确模拟现实光效，是 Lightscape 的特点之一。使用 Lightscape 软件，可以非常方便地生成建筑物的模拟光照模型，其中人工光源可使用设备厂家提供的参数来设置电光源的亮度，而自然光源则通过直接分析给定建筑物位置、日期、时间和去覆盖程度等参数设定。同时，Lightscape 还提供了一套强大的分析工具，可以方便设计师定量计算模型的光照特性，分析结果采用渲染图输出表示，图中的不同色彩、灰度和网格点均直观明了地反映了模型空间各处不同的光照量。

图 4-49　应用 Radiance 制作的建筑室内光环境效果图

图 4-50　应用 Lightscape 制作的
办公楼入口光照效果图

4.5.4　建筑声环境分析

声环境也是建筑物理环境的重要组成部分，声环境的好坏在一定程度上影响了住房者的空间听觉感受。

与传统的建筑声学设计方法相比，基于 BIM 的计算机声环境模拟优势明显：设计师利用相关的声环境模拟软件建立房间的几何模型后，能够在短时间内通过材质的变化、房间内部装修的变化来预测建筑的声学质量，并对建筑声学改造方案进行可行性预测。

基于 BIM 的建筑声环境模拟方法主要有两个：基于波动理论的数值计算方法和基于几何声学原理的模拟方法。由于前者的计算工作量过大，所以实际应用的模拟分析软件通常都基于几何声学原理。

比较著名的室内声学分析软件有丹麦技术大学开发的 ODEON、德国 ADA 公司开发的 EASE、比利时 LMS 公司开发的 RAYNOISE 以及瑞典的 CATT、德国的 CAESAR 和意大利的 RAMSTETE 等。

目前国内使用的主要是 ODEON、EASE 和 RAYNOISE。其中：ODEON 主要用于房间建筑声学模拟，其模拟结果与实际较为接近；EASE 主要用于扩声系统的声场模拟，其自带的扬声器数据库非常丰富，许多国际知名品牌的扬声器均在其中，EASE4.1 还加入了可选购的建筑声学模拟模块、可视化模块等，使其功能变得更加强大，其建筑声学模块以 CAESAR 为基础完善而成；RAYNOISE 既可用于建筑声学也可用于扩声系统的模拟。

如图 4-51 所示为利用 ODEON 对 ELMIA 音乐厅进行声学模拟的结果分析。

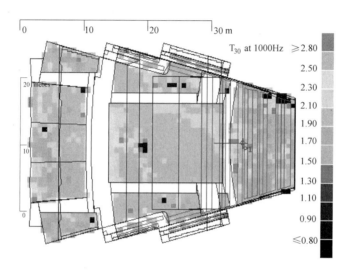

图 4-51　ELMIA 音乐厅 1kHz 混响时间（T_{30}）分析网格

4.5.5　建筑日照分析

日照是指物体表面被太阳光直接照射的现象，它与人类生存、身心健康、环境卫生、劳动效率等密切相关，建筑对日照的要求主要由其使用性能和当地气候情况所决定。例如，在冬季（尤其是严寒和寒冷地区）人们希望获得更多的日照；而在炎热的夏季，人们则希望避免日照，防止室内过热。所以，优秀的日照设计可以提高建筑的舒适度和卫生条件，降低供暖（制冷）能耗。

长期以来，建筑日照设计一直是建筑设计中的重要环节之一，设计师们利用日影图、棒影图、分时阴影叠合图等图解方法计算日影，或利用日晷仪测试日影，该方法虽有效但相当费时且繁琐，以至于很多设计师仅仅依靠国家颁布的相关规范中推出的日照间距来布置建筑物，由于规范为强制性条文，其中的日照间距仅按照大寒日（或冬至日）对照特例（指"不同朝向的住宅均采用与南向住宅相同的日照间距系数"）计算所得，且对窗口处太阳辐射热也没有具体要求，所以其计算结果往往与实际结果差异较大。

基于 BIM 的日照分析工具不仅可以精确地计算窗口实际的日照时间、建筑物窗口或外墙面获得的太阳辐射热和天空散射热，还可以计算出相邻建筑物相互之间的遮蔽效应，是一个非常好的辅助设计工具。

4.5.6　建筑风环境分析

建筑风环境模拟分析包括：室外风环境模拟分析和室内自然风环境模拟分析两部分，是设计师为获得理想的建筑风环境（和热环境），在实际的工程设计中常采用的重要手段。所谓室外风环境模拟分析，是指在建筑设计阶段，设计师通过合理规划建筑布局、调整建筑物周围的景观绿化，改善居住小区风（流）场的分布，减小涡流和滞风现象。同时还可以通过分析，找出大风情况下可能形成狭管效应的区域，提前采取措施，避免安全隐患的发生。而室内自然风环境模拟分析则是指设计师通过分析相关设计方案，合理调整窗口和通风口位置、尺寸、建筑布局，从而改善室内的风（流）场分布，引导室内气流组织有效的自然通风、换气，以获得良好的室内舒适度。

通常，建筑风环境模拟分析可采用两种方法：风洞模型试验和利用 CFD 技术模拟仿真。风洞试验虽然结果较为可靠，但因试验周期长、费用高而难以推广。相比之下，基于 BIM 技术的 CFD 软件模拟仿真，因其周期短、费用低，且可形象、直观地模拟建筑物周边或室内的风（流）场分布，所以深受欢迎。

目前在建筑领域影响较大的 CFD 软件有：Fluent 和 PHOENICS。

1. Fluent

Fluent 是目前世界上应用最广、影响最大的 CFD 软件，由美国 FLUENT 公司研发。该软件具有丰富的物理模型、先进的数值方法和强大的前后台处理能力，在航空航天、汽车设计、石油天然气和涡轮机设计等方面都有着广泛的应用。该软件设计基于 CFD 计算机软件群的概念，针对每一种流动的物理问题的特点，采用适合于它的数值解法且在计算速度、稳定性和精度等各方面达到最佳。其中，专门应用于建筑通风和空调分析的是 Airpak。

Fluent Airpak 软件采用基于"object"的建模方式，这些"object"包括房间、人体、块、风扇、通风孔、墙壁、隔板、热负荷源、阻尼板（块）、排烟罩等模型。此外，Airpak 还提供了各式各样的 diffuser 模型，这些模型包括强迫对流、自然对流和混合对流模型；热传导、流固耦合传热模型；热辐射模型和湍流模型，此外还有用于计算大气边界层的模型。利用它们可以精确模拟建筑物室内的空气流动、传热和污染等物理现象，准确模拟室内通风系统的空气流动、空气品质、传热、污染和舒适度等问题，并依照《适中的热环境——PMV 与 PPD 指标的确定及热舒适条件的确定》ISO 7730 标准提供室内舒适度、PMV、PPD 等衡量室内空气质量（IAQ）的技术指标。

Airpak 与 CAD 软件有着良好的接口，可以通过 IGES 和 DXF 格式导入 CAD 软件的几何模型。

2. PHOENICS

PHOENICS 是世界上第一套计算流体与计算传热学的商业软件，它由英国 CHAM 公司开发。由于该软件以低速热流的输运现象为主要模拟对象，所以适用于建筑风环境（环境风属于低速流体）的评估。与其他 CFD 软件相比，PHOENICS 有着以下特点：

（1）良好的开放性。PHOENICS 最大限度地向用户开放了程序，用户可以根据需要任意修改或添加用户程序、用户模型。而 PLANT 和 INFORM 功能的引入，使用户不再需要编写 FORTRAN 源程序。GROUND 程序功能使用户修改或添加模型更加任意、方便。

（2）友好的接口技术。PHOENICS 可以读入任何 CAD 软件的图形文件。

（3）MOVOBJ。运动物体功能可以定义物体运动，避免了使用相对运动方法的局限性。

（4）大量的模型选择：20多种湍流模型，多种多相流模型，多流体模型，燃烧模型，辐射模型。

（5）提供了欧拉算法，也提供了基于粒子运动轨迹的拉格朗日算法。

（6）计算流动与传热时能同时计算浸入流体中的固体的机械力和热应力。

（7）VR（虚拟现实）用户界面引入了一种崭新的CFD建模思路。

（8）PARSOL（CUT CELL）：部分固体处理。

（9）软件自带1000多个例题，附有完整的可读可改的原始输入文件。

如图4-52所示，为利用PHOENICS完成的某居住小区风环境的模拟结果。

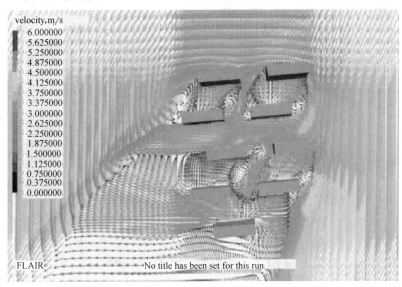

图4-52　某错列式排列小区冬季风速矢量图

3. 风环境模拟软件

风环境模拟软件是由PKPM与Cradle公司为满足中国绿色建筑标准而定制合作研发的一款软件，属于PKPM绿色建筑系列软件之一，是实现绿色建筑系列软件中室外风环境、室内自然通风以及热岛模拟计算等CFD模拟分析的专业软件。该软件已经发展成为用户界面友好，计算速度高，并具有丰富功能的风环境模拟软件。该软件的特点如下：

1）向导模式，易于掌握

软件提供向导模式，用户可根据向导指导进行操作，软件的操作具有提示性，会始终提示操作者设定边界条件，方便新用户快速掌握。经过几天培训，即使没使用过风环境模拟软件的设计师也能利用其进行简单的分析计算。

2）高效的操作流程

软件直接导入PKPM绿建系列软件统一的数据模型，设置好室外边界、室外辅助参数（比如地形高差、种植绿化等）等信息后，由软件自动划分网格进行计算，大大提高工作效率，最后通过强大的可视化处理，生成高质量图片，甚至可以输出高清的动画效果，给予客户更直观，更清晰的感受。

3）快而有效的求解

软件基于WIN平台开发，相对于其他同类软件，PKPM对同等规模的网格数所需要的硬件要求更低、效率更高，能够多核并行计算，快速实现超高网格数量的模型计算。图 4-53 所示即为利用风环境模拟软件进行的某小区通风状况模拟。

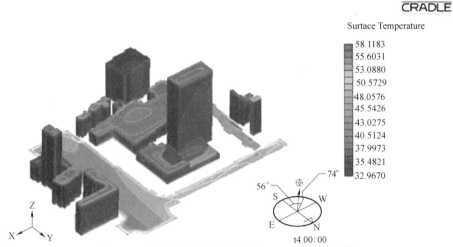

图 4-53　某小区通风状况模拟（PKPM 风环境模拟）

4.5.7　建筑性能模拟的应用

综上所述，基于 BIM 的建筑性能模拟软件很多，而 Ecotect 也是其中重要的工具之一。

Ecotect 一词源于"ecosystem"和"architecture"两个单词各取一部分组成，中文名称是生态建筑大师。由英国 Square One 公司研发，2008 年由美国软件公司 Autodesk 收购，现改名称 Autodesk Ecotect Analysis。它主要用于建筑的概念设计阶段，其分析功能包括：热环境分析、光环境分析、日照分析、可视度分析、声环境分析、经济和环境分析等，具体如图 4-54 所示。

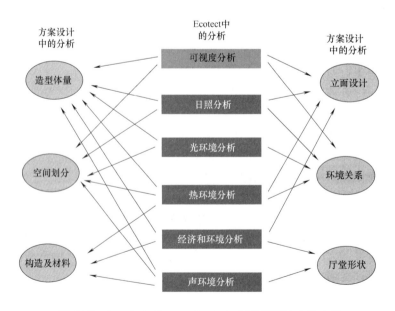

图 4-54　Autodesk Ecotect Analysis 在建筑设计中的应用

如图 4-55 所示是 Autodesk Ecotect Analysis 的操作界面，由主菜单、区域/指针工具条、主工具条、捕捉工具条、页面选择器、控制面板选择器、查看工具条、状态栏及绘图区等部分组成。其操作并不复杂，难度在于如何使用该软件进行建筑性能的模拟和分析。故现以如下几例，分别介绍利用 BIM 技术进行建筑性能模拟分析的应用。

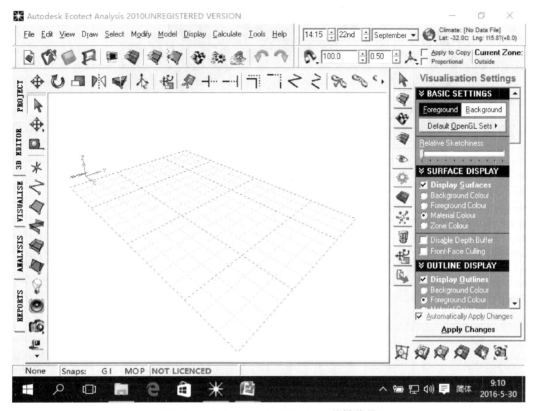

图 4-55　Autodesk Ecotect Analysis 的操作界面

【例 4-5】　城市住宅的日照模拟与分析。

【解】

Ecotect 软件有着强大的日照模拟和分析功能，其内容包括：建筑物可视化投影遮挡分析、日轨图遮挡分析、太阳辐射分析、遮阳及遮挡的优化和设计、采光权分析。

步骤 1：太阳轨迹和建筑物阴影观察分析

（1）打开"日照与遮挡分析.eco"文件，打开附录的 Ecotect 中国气象数据库，载入上海市的气象数据，选择日期、时间为冬至日（12 月 23 日）下午 1 点。

（2）单击屏幕左侧"VISUALISE（可视化页面）"按钮，进入可视化视图界面。

（3）在屏幕右侧选择" ⚙ "按钮，在打开的"Shadow Setting（阴影设置）"面板，勾选其中的"Daily Sun Path（全天太阳轨迹）"选项，得到如图 4-56 所示的建筑物日影。

（4）拖动图中的大圆点（太阳位置）改变时间，可看到一天中不同时刻建筑物日影的变化。如果在按住"Shift"键的同时拖动大圆点，则其轨迹为"8"字形，此时看到的是全年不同日期、相同时刻建筑物日影的变化。

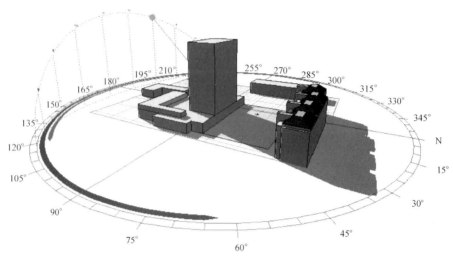

图 4-56　冬至日下午 1 点的建筑物日影图

（5）日影范围的观察。

单击功能键"F5"，进入俯视图界面，选择观察日期为春分日（3 月 19 日）。

选择"Shadow Setting（阴影设置）"面板中的"SHADOW RANGE（阴影范围）"，设置其中各项为：开始时刻（Start）——9：00，结束时刻（Stop）——17：00，步距（Step）——30。

单击"Show Shadow Range（显示阴影范围）"按钮，可得到如图 4-57 所示结果。

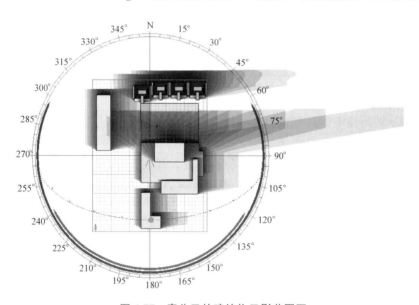

图 4-57　春分日的建筑物日影范围图

步骤 2：建筑物三维遮挡分析

（1）单击屏幕左侧"3D EDITOR（三维编辑）"按钮，进入三维编辑界面，并按功能键"F8"，进入三维视图界面。在"Shadow Setting（阴影设置）"面板中，取消"Show Shadow Range（显示阴影范围）"设置。

（2）创建名为"阴影"的新区域。选择观察日期为大寒日（1月20日）。

（3）选择后排建筑中最西侧的南向窗户，单击下拉菜单"Calculate（计算）"中的"Shading Design Wizard（遮阳设置向导）"命令，得到如图4-58所示对话框。

该对话框共有三页，在第一页中选择"Extrude Objects for Solar Envelope（按太阳包络体拉伸物体）"，并点击"Next"按钮，第二页会提示"Great-you have 1 object（s）selected.（已选择一个物体）"，继续点击"Next"按钮，在第三页中选择"As a Fan-Shaped Hourly Solar Envelope（扇形逐时太阳包络结果）"。

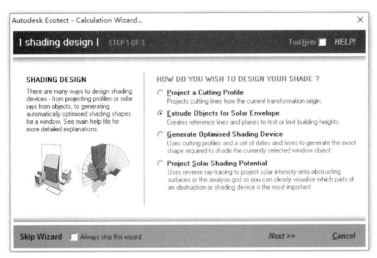

图4-58 "遮阳设计"对话框

单击"OK"按钮，并进入可视化视图界面，可看到如图4-59所示的结果。

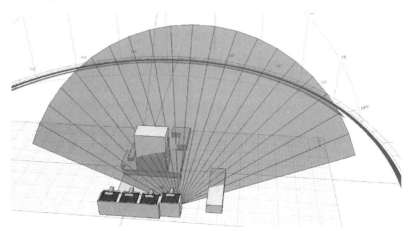

图4-59 扇形逐时太阳包络结果

由图4-59可以看到，在大寒日时前排建筑中的高楼在中午前对所选窗口的日照产生了遮挡影响，时间大约2.5h。同时，位于所选窗口西侧的建筑，虽然不高却依然有影响，仅在傍晚时分的1h左右，故影响不大。

步骤3：利用太阳轨迹图分析

步骤2中的遮挡时间只是粗略的分析，如需精确定时分析，可利用太阳轨迹图。

（1）在"Zone Management（区域管理）"面板中，关闭新建"阴影"区域。

（2）切换至"3D EDITOR（三维编辑）"视图界面，重新选择上述窗口，单击下拉菜单"Calculate（计算）"中的"Sun-Path Diagram（日轨图）"命令，得到如图 4-60 所示的太阳轨迹图。

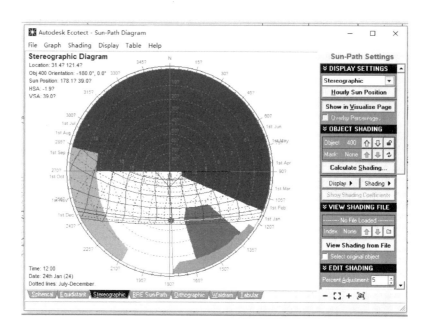

图 4-60　太阳轨迹图

（3）选择其中的下拉菜单"Shading（遮挡）"，点击"Calculate Shading（计算遮挡）"命令，按如图 4-61 所示设置其中各项的值，单击"OK"按钮，得到如图 4-62 和图 4-63 所示的分析结果。

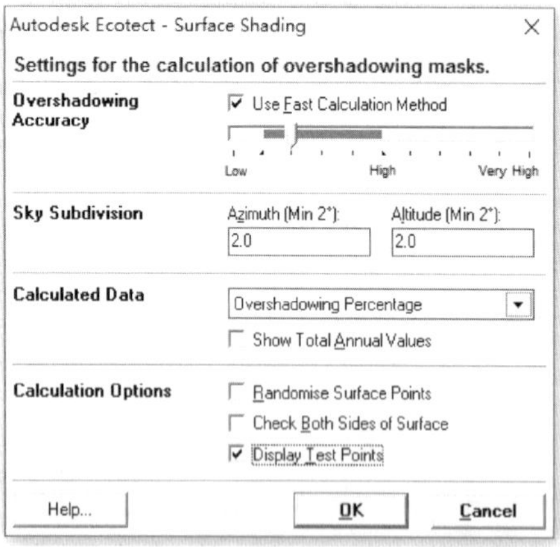

由图 4-63 中可以看出，所选窗口被完全遮挡的时段是上午 9：00、9：30、10：00、10：30、11：00 以及 16：30 和 17：00。其中从 9：00 到 11：00 的遮挡是由前排高楼所致，而 16：30 到 17：00 的遮挡则是由西侧建筑所致。对照图 4-59 可以看出，高楼位于扇形以上部分均对所选窗口产生了遮挡，如果将其全部去除，则楼高降低太多，显然不够合理。因此，为了改善后排建筑窗口的日照时间，除采用降低前排建筑高度的方法外，还可采用增大楼间距、改变朝向或其他的方法。

图 4-61　"表面遮挡设置"对话框

【例 4-6】　某住宅单元采光和照明情况模拟与分析。

【解】

该实例主要用于分析和评估住宅建筑室内的采光及照明状况。

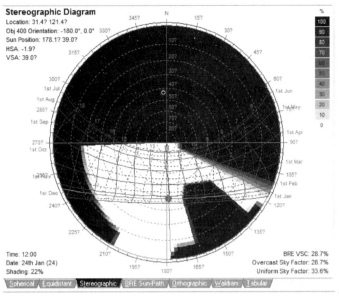

图 4-62   建筑物遮挡分析结果

```
Tabulated Daily Solar Data

Latitude: 31.4?    Date: 24th January      Local Correction: -6.4 mins
Longitude: 121.4? Julian Date: 24         Equation of Time: -12.0 mins
TimeZone: +8.0hrs       Sunrise: 06:56     Declination: -19.6?
OBJECT No.: 400         Sunset: 17:16      Orientation: -180.0?

Local    (Solar)  Azimuth  Altitude            HSA   VSA   Shading
------   -------- -------  ---------          -----  -----  --------
07:00   (06:53)  113.6?     0.7? -66.4?  1.7?   55 %
07:30   (07:23)  117.7?     6.4? -62.3? 13.7?    8 %
08:00   (07:53)  122.1?    12.0? -57.9? 21.8?    0 %
08:30   (08:23)  127.0?    17.3? -53.0? 27.4?    0 %
09:00   (08:53)  132.3?    22.2? -47.7? 31.2?  100 %
09:30   (09:23)  138.3?    26.7? -41.7? 34.0?  100 %
10:00   (09:53)  145.0?    30.7? -35.0? 35.9?  100 %
10:30   (10:23)  152.4?    34.0? -27.6? 37.3?  100 %
11:00   (10:53)  160.4?    36.6? -19.6? 38.2?  100 %
11:30   (11:23)  169.1?    38.3? -10.9? 38.8?    0 %
12:00   (11:53)  178.1?    39.0?  -1.9? 39.0?    0 %
12:30   (12:23) -172.9?    38.7?   7.1? 38.9?    0 %
13:00   (12:53) -164.0?    37.4?  16.0? 38.5?    0 %
13:30   (13:23) -155.7?    35.2?  24.3? 37.7?    0 %
14:00   (13:53) -148.0?    32.2?  32.0? 36.6?    0 %
14:30   (14:23) -141.1?    28.5?  38.9? 34.9?    0 %
15:00   (14:53) -134.8?    24.2?  45.2? 32.5?    0 %
15:30   (15:23) -129.2?    19.4?  50.8? 29.2?    0 %
16:00   (15:53) -124.1?    14.3?  55.9? 24.4?   12 %
16:30   (16:23) -119.5?     8.8?  60.5? 17.5?  100 %
17:00   (16:53) -115.3?     3.2?  64.7?  7.4?  100 %
```

图 4-63   Tabular（角度列表）栏

步骤 1：设置分析网格

在 Ecotect 中，采光分析计算的结果是通过彩色的分析网格来体现的。计算时，系统只计算分析网格节点上所对应的物理量值，相邻节点间的物理量分布则按照线性规律进行插值。因此，在采光计算前，首先需要设置分析网格，指定在本例中网格的位置、形状、高度以及网格间距。

打开"采光和照明 .eco"文件，在屏幕右侧的"Analysis Grid（分析网格）"面板中，点击"Grid Management（网格管理）"按钮，得到如图 4-64 所示的"分析网格管理"对话框，如图设置其中的各项参数。说明：该对话框用于设置控制分析网格的相关参数，其

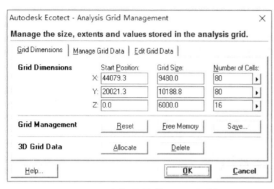

图4-64　"分析网格管理"对话框

中控制网格位置的网格起止坐标由系统自动获取（通常无需修改），而右侧的"Number of Cells"则用于设置网格密度（此值越大，密度越大，网格间距越小）。

在"Analysis Grid（分析网格）"面板中，点击"Display Analysis Grid（显示分析网格）"按钮，此时屏幕中央将显示蓝色分析网格（蓝色表示网格中各点的数据为0）。

步骤2：执行计算

在"Analysis Grid（分析网格）"面板中，确认最下一栏"Calculation"中的"Lighting Levels"被选中，点击"Perform Calculation"按钮，弹出"Lighting Analysis（照明分析）"向导对话框。

直接点击第一页左下角的"Skip Wizard"按钮进入该对话框的第七个页面，如图4-65所示设置各项。注意：其中"Sky Condition"可根据我国不同地区采光标准的临界值选择，此处选择三类采光区，临界照度值为5000lux。

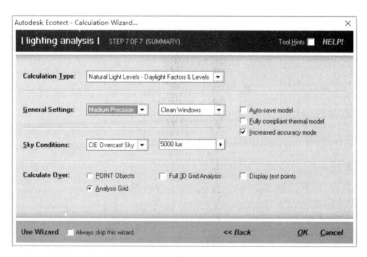

图4-65　"照明分析"向导对话框

步骤3：结果分析

点击"OK"按钮，得到如图4-66所示的结果。图左上方为系统统计数据；右侧彩条用颜色表示采光系数值的递增；中间平面图则表示了室内不同位置的采光系数分布。

由图4-66可见，室内采光系数的值在0.6%~20.6%之间。窗口附近采光系数值较大，但随着进深增加，采光系数值下降很快，室内在日光直射下的采光不均匀，且大部分面积的采光系数均低于5%。如住户有更加理想的照度需求，可采用人工光源加以补充。

步骤4：添加人工光源

单击下拉菜单"Draw"下的"Light Source"命令或直接点击工具条中的"💡"图

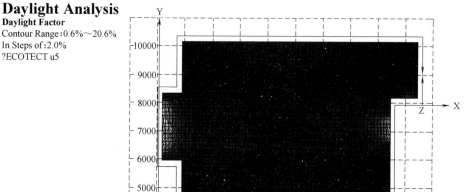

图 4-66 采光系数计算结果

标，然后在绘图区中的指定位置，放置光源。注意：在 Ecotect 中，光源的创建包括两个要素：光源点和目标点。光源点用于确定光源位置，而光源点与目标点的连线则规定了光源照射的方向。

所选光源的类型和发光强度由系统自定，在屏幕右侧的"Selectin Information"面板中的"Basic Data"选项内可以查看，也可点击主工具条上的"Elements library（材质库）"命令，在如图 4-67 所示的对话框中进行设置。

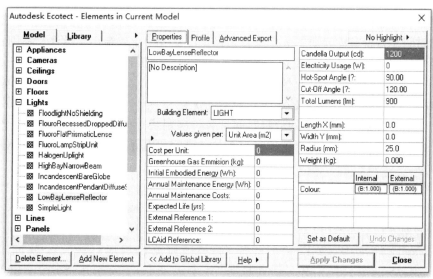

图 4-67 "材质管理器"对话框

步骤5：照明分析

点击下拉菜单"Calculate（计算）"中的"Lighting Analysis...（照明分析）"命令，打开上述"Lighting Analysis（照明分析）"向导对话框，选择计算类型为"Daylight and Electric"，然后在分析网络面板中的"Grid Data & Scale"下选择"Electric Light Levels"，得到如图4-68所示的计算结果。

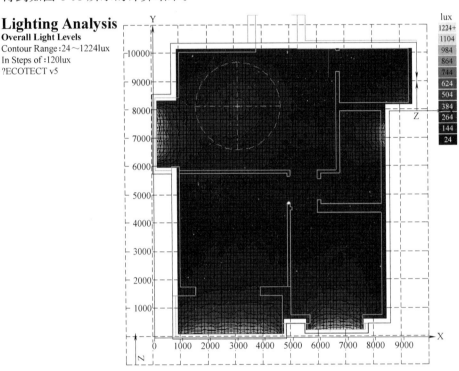

图4-68　天然采光与人工照明相结合的效果

【例4-7】　小教室混响时间的模拟与分析。

【解】

混响时间是评价室内音质的一个重要指标，广泛应用于建筑声学设计。利用它，设计师们可以预计建筑物建成后的室内音质效果，也可以分析现有建筑的音质缺陷，还可以"控制性"地指导待建建筑物中材料的选择和布置。

Ecotect的声环境分析主要是对厅堂音质的优化和设计，混响时间的模拟与分析就是其中的一个重要方面。Ecotect的混响时间计算，应用统计声学的原理，需要用户正确地搭建计算模型，然后指定相应材料的吸声系数，最后利用分析视图中的混响时间选项卡进行分析计算。

步骤1：建模并指定材料

打开文件"混响时间.eco"，这是一间10m×10m的小教室，如图4-69所示。各表面装修材料分别为：地面采用Conc SlabTiles On Ground材料（混凝土上铺瓷砖）；墙面采用Brick Cavity Conc Block Plaster材料（混凝土空心砌块加石膏板）；房间中部采用Plaster Joists Suspended 吊顶（五合板）；其余天花板直接采用Suspended Concrete Ceiling（混凝土天花板）。

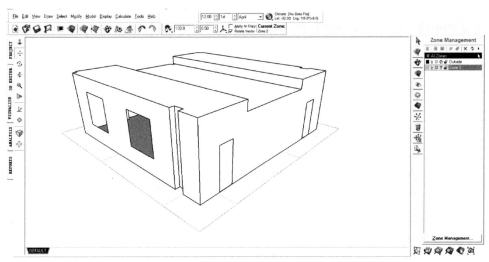

图 4-69 小教室模型

步骤 2：计算参数设置

如图 4-70 所示，选择"分析视图"中的"Reverberation Times（混响时间）"选项卡，按图设置各项选项：

（1）区域选择（Selected Zone）——因本例仅一个区域 Zone2，所以系统自动确定，并显示其体积为 334m³。

（2）观众席（Auditorium Seating）——设置学生座位数为 50；满座率为 80％（实际上课人数为 50×80％＝40 人）；座椅为硬座椅。

（3）计算选项（Calculation）——该项用于选择显示类型和混响时间的计算公式（本例选择了赛宾公式）。

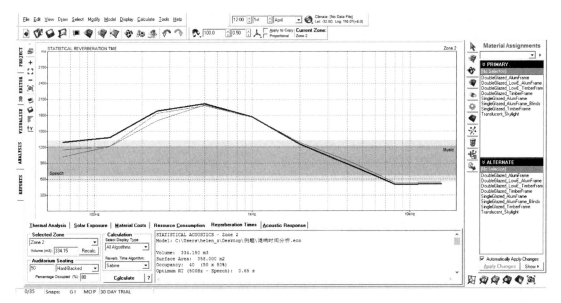

图 4-70 混响时间计算的操作界面及计算结果

步骤 3：混响时间分析

单击图中的"Calculate（计算）"按钮，得到图上方的混响时间图表，其中横坐标为声音频率（单位：kHz）；纵坐标为混响时间（单位：ms）。图中粗线所示为赛宾公式计算所得的混响时间曲线，另外两条细线则分别是由伊林和迈灵顿－赛塔公式计算所得。由图可以看出，该教室的最佳混响时间（相对 500Hz 频率）应为 0.65s，但在 100～2000Hz 的频率范围内，该教室的混响时间计算值已远远超过了 0.65s 的最佳值，最高处 500Hz 的计算值居然高达 2.0s，必须改进、优化。

步骤 4：混响时间优化

单击主工具条中的"Elements Library（材质库）"按钮，打开"Elements in Current Model（材质管理器）"对话框。如图 4-71 所示，选择其中的"Acoustic Date（声学数据）"选项卡。依次选择"Plaster _ Joists _ Suspended 吊顶（五合板）"和"Suspended Absorber（水泥膨胀珍珠岩板）"，分别得到它们的吸声系数曲线如图 4-71 和图 4-72 所示。对比两图可以看出，100Hz 以下，两种材料的吸声系数基本一致，但在高于 100Hz 的中高频段，五合板的吸声本领较弱，以致大部分的声音被反射，从而造成混响时间过长。所以，为降低中高频段的混响时间，可修改天花板的材料。

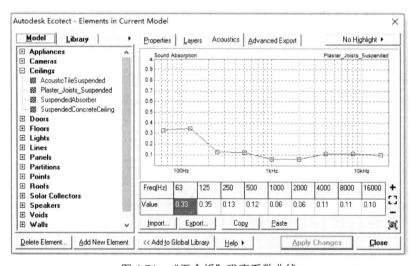

图 4-71　"五合板"吸声系数曲线

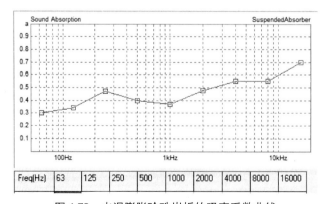

图 4-72　水泥膨胀珍珠岩板的吸声系数曲线

返回"3D EDITOR（三维编辑视图）"，选择教室上部吊顶，修改其吊顶材料为"Suspended Absorber（水泥膨胀珍珠岩板）"。

再次回到"分析视图"中的"Reverberation Times（混响时间）"选项卡，保持上次的各项设置不变，点击"Calculate（计算）"按钮，重新计算混响时间，结果如图 4-73 所示。比较两次的结果可以发现，调整材料后中高频段的混响时间有明显下降，但部分频段仍未达到 0.6~0.8s 的标准要求。

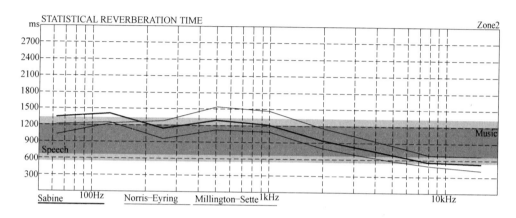

图 4-73 调整后的混响时间曲线

为此可继续调整和优化相关材料，直到混响时间满足语言类建筑的要求，如图 4-74 所示。

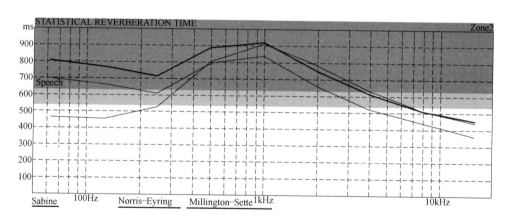

图 4-74 满足教室混响要求的混响时间曲线

【例 4-8】 将 Revit 软件中的模型导入 Ecotect 软件，以便进行相关建筑性能模拟和分析。

【解】

与上述建筑性能分析软件相比，Revit 软件本身的分析能力并不很强大，但由于其基于 BIM 技术的特征，它所创建的是一个集成的、有着大量可用建筑信息的模型，其中不仅有很多复杂的图形元素，同时还包含了很多可供性能分析的专业信息。所以当它与上述建筑性能模拟软件相连接时，分析软件的大量应用可直接建立在其模型上而无须做过多的处理。

　　Revit 构建的物理模型可通过导出为 gbXML 命令，保存为其他软件可接受的分析模型。gbXML 即绿色建筑 XML（Green Building XML），这是一种开放的 XML 格式，其中包含了建筑物的几何模型、材质、体积、人工照明、空调等信息。该格式已被 HVAC（供热通风与空调工程）软件业界广泛接受并成为新的数据交换标准。

　　步骤 1：Revit 导出模型为".xml"格式

　　打开 Revit 软件界面中的"文件"菜单，单击其中"导出"后的"gbXML"命令，可打开如图 4-75 所示的"导出 gbXML"对话框。该对话框有两页选项卡，利用"常规"选项卡，可修改"建筑类型""位置""导出类别"等参数。

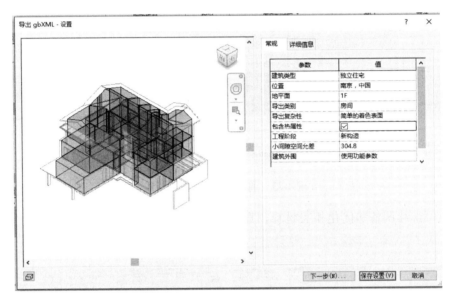

图 4-75　"导出 gbXML"命令对话框

　　需要提醒的是：建筑类型——应在 Revit 系统提供的类型中选择。按照 ASHRAE（美国供暖、制冷与空调工程师学会）标准，类型分为"办公室""住宅""旅馆"等。该选项一旦选错，将会影响到建筑能耗等的分析结果。

　　"详细信息"选项卡显示了建筑物所有房间的信息。如果在某个房间名称前出现黄色感叹号，说明该房间存在错误，需要修改。此时需退出导出命令，修改后重新导出模型。

　　点击图 4-75 下方的"下一步"，输入保存的文件名后点击"保存"即可。

　　步骤 2：Ecotect 导入

　　在 Ecotect 软件中，单击下拉菜单"File"，选择"Import"后的箭头，点击其中的"Model/Analysis Data..."按钮，打开"Import Model Data"对话框，如图 4-76 所示。选择"Files of Type（文件类型）"为"Green Building Studio gbXML Files（*.XML）"。

　　打开所选文件，在如图 4-77 所示的"Import XML Data..."对话框中，对导入的模型数据进行相关参数的设置，然后单击"Open As New（以新文件的方式打开）"按钮或者"Import Into Existing（导入现有文件中）"按钮，完成导入工作。

图 4-76 "Import Model Data"命令对话框

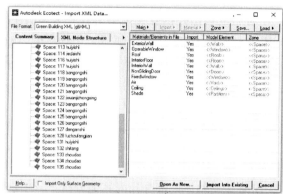

图 4-77 "Import XML Data..."命令对话框

4.6 绿色建筑评价

4.6.1 概述

绿色建筑又称可持续建筑或生态建筑，是指在建筑的全生命周期（包括从建筑选址、场地改造、建筑设计、建造，到运行、维护、翻新并直到拆除的整个过程）中，最大限度地节约资源（节能、节地、节水、节材）、保护环境、减少污染，为人们提供健康、适用和高效的使用空间，且与自然和谐共生的建筑。

自 20 世纪 60 年代以来，绿色建筑设计的理念和实践逐步在世界各国得到了广泛的发展。许多国家先后形成了完整的适合当地特点的绿色建筑技术体系，进而开发了相应的绿色建筑评价体系，其中，较有影响力的有美国的 LEED、英国的 BREEM、德国的 DGNB、新加坡的 GREEN MARK 以及中国的《绿色建筑评价标准》GB/T 50378—2019（2024 年版）。而由于信息是 BIM 技术的核心，一个 BIM 模型所包含的全部建筑信息，在时间上涵盖了建筑的全生命周期（BLM），所以 BIM 在上述评价体系中均占有重要的地位。

4.6.2 绿色建筑评价标准

《绿色建筑评价标准》GB/T 50378—2019（2024 年版）是我国的第一部与绿色建筑有关的国家标准，最早由建设部于 2006 年颁发。该标准共有 11 大条款和若干项要求，所有条款项按照其规定性质和获取途径可分为性能分析、参数判定和数据计算三类。而利用 BIM 技术及其模型所带信息，可以准确获得建筑项目的有关属性并迅速判断是否满足标准条款项目的要求，从而提高贯彻和实施标准的效率。

1. 性能分析

利用基于 BIM 的可视化模型，可以直观地对建筑物的相关属性进行整体把握，在此基础上进一步分析建筑物在节地、节水、节能、节材等方面的具体性能表现。

2. 参数判定

此处的参数是指有关设备的能耗要求。利用 BIM 技术，可对《绿色建筑评价标准》GB/T 50378—2019（2024 年版）中提出的大量有关设备（包括建筑的电气、供热、制冷等设备）的能耗要求进行量化定义和分析，从而为标准中能耗数据要求的评价提供帮助。

3. 数据计算

《绿色建筑评价标准》GB/T 50378—2019（2024 年版）中规定的某些定量指标，无法在 BIM 模型的信息中直接获取，此时需要通过数据计算获得。基于 BIM 技术的数据计算包括两个方面：一是直接对 BIM 模型中的信息进行数学运算，如可利用 BIM 模型中测得的面积数据和计划人口数量，计算出"节地与室外环境"中的人均居住用地指标；二是将 BIM 模型整体或部分导入其他分析工具中进行多变量的复杂模拟计算。

表 4-1 列举了《绿色建筑评价标准》GB/T 50378—2019（2024 年版）中的部分评价指标与 BIM 模型包含的相关信息的比较，由此可以看出 BIM 技术在绿色建筑评价中所起的重要作用。

绿色建筑评价指标与 BIM 信息的关系　　　　表 4-1

部分评价指标	住宅建筑	公共建筑	BIM 模型及信息
节地与室外环境	人均用地指标、绿地率、人均公共绿地面积、室外透水地面面积等	绿地环境噪声、人行区风速、室外透水地面面积等	工程信息、场地面积、统计明细等
节能与能源利用	空调机组的性能系数、能效比、照明光源参数、供暖或空调能耗等	围护结构热工性能、冷热源机组能效比、照明功率密度值等	设备参数、统计明细等
节水与水资源利用	节水率、非传统水源利用率等	非传统水源利用率等	设备参数、统计明细等
节材与材料资源利用	有害物质含量、材料重量、可再利用建筑材料的使用率等	有害物质含量、材料重量、可再利用建筑材料的使用率等	构件材质、统计明细等
室内环境质量	采光系数、噪声分贝、通风开口面积、室内温度、空气污染物浓度等	室内温度、湿度、风速、空气污染物浓度、采光系数等	设备参数、统计明细等
运营管理	树木成活率、垃圾分类收集率等	通风、空调、照明系统参数等	更换周期、设备参数、试用情况等

本章小结

BIM 技术并非一个简单的软件，我们可将其理解为一个概念（或理念），BIM（Building Information Modeling）所代表的是一个通过数字信息仿真模拟的建筑物模型。在设计阶段 BIM 技术的价值主要体现在可视化（Visualization）、协调（Coordination）、模拟（Simulation）、优化（Optimization）和出图（Documentation）5 个方面。本章以此为重点，分别从参数化设计、协同设计、工程量估算、碰撞检查及建筑性能模拟、分析等方面，介绍了 BIM 技术在设计阶段的应用特点和相关的应用软件；还分别以 Revit 软件、Ecotect 软件为例，详细介绍了利用 BIM 技术协同设计、工程量估算、碰撞检查及建筑性能模拟、分析等的方法和步骤。

在建筑项目的设计阶段很好地应用 BIM 技术，可以大大提高设计质量和效率，减少后续施工的返工，保障施工周期，节约项目资金，故其在建筑设计领域将得到更为广泛的应用，并取得了更多惊人的设计效果。

思考与练习题

4-1 BIM 技术在设计阶段有哪些应用？

4-2 何谓"参数化设计"？试列举几个著名的参数化设计的典型案例。

4-3 什么是"协同设计"？其本质是什么？

4-4 与传统的"基于图纸"的做法相比，基于 BIM 的自动化算量方法有哪些优点？

4-5 在设计阶段使用碰撞检测技术的意义是什么？其使用范围包括哪些方面？

4-6 基于 BIM 技术的建筑性能模拟分析主要包括哪些方面？常用的模拟软件有哪些？

4-7 熟悉《绿色建筑评价标准》GB/T 50378—2019（2024 年版），并比较其中有关的绿色建筑评价指标与 BIM 信息的关系。

4-8 有一高校学生宿舍区，建筑为南北朝向，行列式布置，若前后楼间距与计算高度的比例为 1：1.2，试利用 Autodesk Ecotect Analysis 软件分析：（1）能满足大寒日两小时日照的地区分布；（2）在北纬 40°地区，满足同样日照要求的最小间距比。

4-9 选择身边的某城市广场，利用 Autodesk Ecotect Analysis 建立周围建筑的简化模型，观察并分析场地冬季和夏季的日照情况以及人在广场活动时的舒适度。

4-10 利用 Autodesk Ecotect Analysis 软件，分析所在办公室的采光系数和照度，并根据国家照明标准调整采光窗口的尺寸和形式。

4-11 利用 Autodesk Ecotect Analysis 建立某校区多功能报告厅的模型，根据装修指定各内表面材质，然后模拟分析报告厅的混响时间，并根据其不同的功能要求进行相应的调整。

第 5 章　BIM 技术在施工阶段的应用

本章要点及学习目标

本章要点：
(1) BIM 技术在施工阶段的各种应用及 BIM 技术进行建筑施工场地布置的方法。
(2) 利用 BIM 技术施工进度管理、质量安全管理、成本管理及成果交付的方法和步骤。

学习目标：
(1) 了解 BIM 技术在施工阶段的各种应用，掌握利用 BIM 技术进行建筑施工场地布置的方法。
(2) 重点掌握利用 BIM 技术施工进度管理、质量安全管理、成本管理及成果交付的方法和步骤。

5.1　基于 BIM 技术的建筑施工场地布置

建设工程项目施工准备阶段，施工单位需要编写施工组织设计。施工组织设计主要包括工程概况、施工部署及施工方案、施工进度计划、施工平面布置图和主要技术经济指标等内容。

其中施工场地布置是项目施工的前提，合理的布置方案能够在项目开始之初，从源头减少安全隐患，方便后续施工管理，降低成本，提高项目效益。近年中国建筑统计年鉴数据表明，建筑单位的利润仅占建筑成本的 3%～4%，如果能从场地布置入手，不仅能给施工单位带来直观的经济效益，而且能加快进度，最终达到施工方与其他参与各方共赢的结果。随着我国经济的不断发展，各种新技术新工艺等不断涌现，建设项目规模不断扩大，形式日益复杂，对施工项目管理的水平也提出了更高的要求，所以施工场地布置迫切需要得到重视。

5.1.1　场地布置概述

施工平面布置图是施工方案及施工进度计划在空间上的全面安排。它把投入的各种资源、材料、构件、机械、道路、水电供应网络、生产、生活活动场地及各种临时工程设施合理地布置在施工现场，使整个现场有组织地进行文明施工。

1. 场地布置原则

(1) 保证施工现场交通畅通，运输方便，减少全部工程的运输量。

(2) 大宗建筑材料、半成品、重型设备和构件的卸车储存，应尽可能靠近使用安装地点，减少二次搬运。

（3）尽量提前修好可加以利用的正式工程、正式道路、铁路和管线，为施工建设服务。

（4）根据投产或使用的先后次序，错开各单位工程开工竣工时间，尽量避免施工高峰；避免多个工种在同一场地、同一区域而相互牵制、相互干扰。

（5）重复使用场地，节约施工用地，减少临时道路、管线工程量，节省临时性建设的资金。

（6）符合有关劳动保护、安全生产、防火、防污染等条例的规定和要求。

（7）慎重选择工人临时住所，应尽可能和施工现场隔开，但要注意距离适当，减少工人上下班途中往返时间，避免无代价的体力消耗。

2. 场地布置要点

1）起重设施布置

井架、门架等固定式垂直运输设备的布置，要结合建筑物的平面形状、高度、材料及构件的重量，考虑机械的负荷能力和服务范围，做到便于运送、缩短运距。

塔式起重机的布置要结合建筑物的形状及四周的场地情况进行布置。起重高度、幅度及重量要满足要求，使材料和构件可达建筑物的任何使用地点。

履带式和轮胎式起重机的行驶路线要考虑吊装顺序、构件重量、建筑物的平面形状、高度、堆放场位置以及吊装方法等。

2）搅拌站、加工厂、仓库、材料、构件堆场的布置

它们要尽量靠近使用地点或在起重机起重能力范围内，运输、装卸要方便。

搅拌站要与砂、石堆场及水泥库一起考虑，既要靠近，又要便于大宗材料的运输装卸。木材棚、钢筋棚和水电加工棚可离建筑物稍远。

仓库、堆场的布置，应进行计算，能适应各个施工阶段的需要。按照材料使用的先后，同一场地可以供多种材料或构件堆放。易燃、易爆品的仓库位置，必须遵守防火、防爆安全距离的要求。

构件重量大的，要在起重机臂下，构件重量小的，可离起重机稍远。

3）运输道路的布置

应按材料和构件运输的需要，沿着仓库和堆场进行布置，使之畅行无阻。宽度要符合规定，单行道大于 3～3.5m，双行道大于 5.5～6m。路基要经过设计，拐弯半径要满足运输要求，要结合地形在道路两侧设排水沟。总的来说，现场应尽量设环形路，在易燃品附近也要设置进出容易的道路。

4）行政管理、文化、生活、福利等临时设施的布置

应该使用方便，不妨碍施工，符合防火、安全的要求，一般建在工地出入口附近。尽量利用已有设施或正式工程，必须修建时要经过计算确定面积。

5）供水设施的布置

临时供水首先要经过计算、设计，然后进行设置。高层建筑施工用水要设置蓄水池和加压泵，以满足高处用水要求。管线布置应使线路总长度小，消防管和生产、生活用水管可以合并设置。

6）临时供电设施的布置

临时供电设计，包括用电量计算、电源选择、电力系统选择和配置。变压器离地应大

于30cm，在2m以外四周用高度大于1.7m铁丝网围住以保安全，但不要布置在交通要道口处。

3. 传统场地布置方法存在的问题

目前，大多数工程项目都是以二维施工平面布置图的形式展示施工场地布置。但是随着项目复杂程度的增加，这种方式存在由于设计规范考虑不周全带来的绘制慢、不直观、调整多，空间规划不合理、利用率低等问题。主要体现在：

（1）向领导汇报或者做技术交底时，表达不直观；

（2）施工平面布置图是技术标必须包含的内容，二维平面布置图投标无亮点；

（3）施工场地布置应随施工进度推进呈动态变化，然而传统的场地布置方法没有紧密结合施工现场动态变化的需要，尤其是对施工过程中可能产生的安全冲突问题考虑欠缺；

（4）二维设计条件下，要实现对场地进行不同布置方案设计，需要进行大量的作图工作，费时费力，导致施工单位不愿意进行多方案比选。

相比而言，BIM三维场地布置可以有效解决以上问题。通过BIM软件布置出的施工场地布置三维模型，可以为施工前期的场地布置，提供有效的方案选择，大大提高施工场地的利用率。其中包括板房、围墙、大门、加工棚，以及提前在建模端建立完成的工程三维模型等。

5.1.2　BIM三维场地布置应用

目前市场上存在多款可以有效进行施工场地布置的BIM软件，如表5-1所示。

目前常用的 BIM 三维场地布置软件及主要应用阶段　　　　　　表 5-1

软件工具			设计阶段			施工阶段				运维阶段		
公司	软件	专业功能	方案设计	初步设计	施工图	施工投标	施工组织	深化设计	项目管理	设施维护	空间管理	设备应急
Autodesk	Civil 3D	地形场地道路		▲	▲	▲	▲					
	Navisworks	场地布置		▲	▲	▲	▲					
清华大学	4D 施工软件	4D 施工场地管理		▲	▲	▲	▲					
鲁班	鲁班施工软件	场地布置		▲	▲	▲	▲		▲			
广联达	BIM 施工现场布置软件	场地布置		▲	▲	▲	▲		▲			

它们各具特色，施工单位可以根据具体工程需要进行选择。BIM三维场地布置软件具有以下显著特点：

（1）软件内含丰富的施工常用图例模块，如地形图、地坪道路、围墙大门、临时用房、运输设施、脚手架、塔吊、临时设施等，输入构件的相关参数后，鼠标拖曳即可完成布置绘制成图，并可帮助工程技术人员快速、准确、美观地绘制施工现场平面布置图，并计算出工程量，对前期的措施费计算、材料采购、结算提供依据，避免利润流失，如图5-1～图5-3所示。

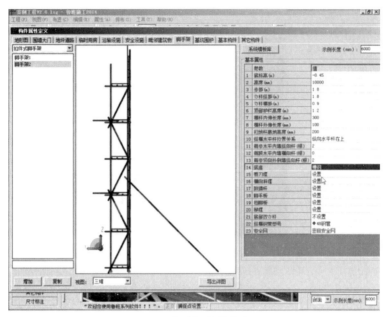

图 5-1　脚手架参数化布置

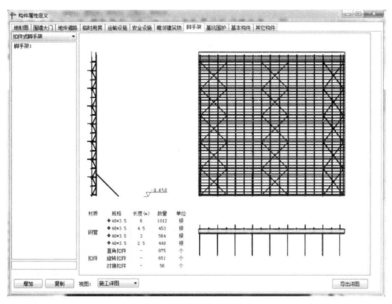

图 5-2　脚手架构件统计

（2）可以模拟脚手架排布、砌块排布，输出排列详图。BIM 场地布置软件可以模拟脚手架排布、砌块排布，指导现场实际施工，如图 5-4 所示。

（3）基于 BIM 三维模型及搭建的各种临时设施，可以对施工场地进行布置，合理安排塔吊、库房、加工场地和生活区等的位置，解决现场施工场地划分问题；通过与业主的可视化沟通协调，对施工场地进行优化，选择最优施工路线；通过软件进行三维多角度审视，设置漫游路线，形象生动，避免表达不直观问题，并输出平面布置图、施工详图、三维效果图，如图 5-5～图 5-7 所示。

图 5-3　包含各专业图形的平面布置图展示

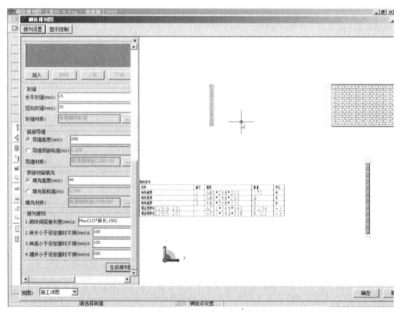

图 5-4　砌块排布示意图

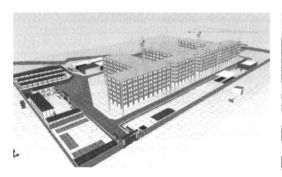
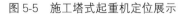

图 5-5　施工塔式起重机定位展示　　图 5-6　施工现场围墙、大门、生活区等定位布置展示

（4）运用 BIM 快速建模和 IFC 标准数据下的信息共享特点，能够达到一次建模，多次使用，快速进行不同阶段的场地布局方案设计，大量节省时间、精力等，为进行施工全过程考量提供可能。解决二维设计条件下，实现场地布置方案设计费时费力，导致施工单位不愿意进行多方案比选的问题。

图 5-7　施工现场加工棚、材料堆放定位布置展示

（5）软件内置施工规范和消防、安全文明施工、绿色施工、环卫标准等规范，并嵌入丰富的现场经验，为使用者提供更多的参考依据。如依据安全文明施工检查标准，通过对施工场地平面布置内容进行识别，将此数据库和 BIM 场地布置软件结合，进行合理性检查，如图 5-8 所示。

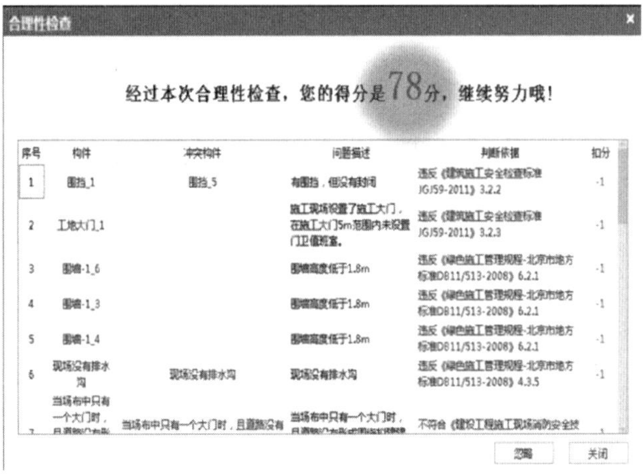

图 5-8　场地布置合理性检查

5.1.3　基于 BIM 的场地布置案例

本工程为某大学某校区综合体育馆主馆工程，总建筑面积为 $7268m^2$，建筑结构形式为框架结构。综合体育馆建筑层数为 3 层，无地下室，建筑总高度为 26.95m，檐口高度为 22.66m。本工程建筑抗震设防类别为丙类，使用年限为 50 年，抗震设防烈度为 7 度，建筑防火分类为二类，屋面防水等级为二级。案例工程场地布置总体思路如图 5-9 所示。

下面我们将展示几类主要构件的布置方法，每类构件都可以进行属性说明，在这里我们不进行一一截图描述。

1. 导入 CAD 图纸

利用 BIM 三维场地布置软件进行场地布置时，我们可以利用导入的 CAD 图纸，直接拾取部分构件，省时省力。具体途径为新建工程后自动弹出窗口询问是否导入 CAD 平面图时，点击"是"按钮即可弹出 CAD 图纸路径选择窗口。

CAD 设计平面图内有多余内容为非必要内容，用户可根据实际情况在 CAD 内删除后

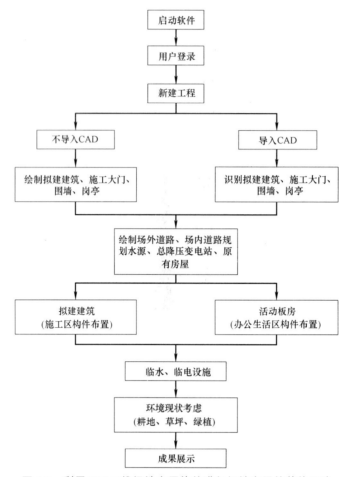

图 5-9   利用 BIM 三维场地布置软件进行场地布置的整体思路

再导入，也可以导入后再删除多余内容，如图 5-10 所示。

2. 识别拟建建筑

由 CAD 图纸的底平面轮廓线绘制简易的拟建建筑模型，点击"CAD 识别"菜单下的
"描点 CAD 线端点生成拟建建筑"命令会自动识别直线描点，也可以通过直线、弧线、
矩形绘制方式绘制拟建房屋，如图 5-11 所示。

图 5-10   CAD 平面图导入界面

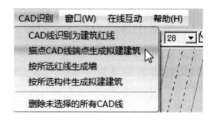

图 5-11   拟建建筑识别

同时，我们可以进行拟建房屋重要属性说明，如图 5-12 所示。

3. 绘制围墙

围墙是现场施工的围挡或隔离外界的构件，在软件提供了直线、起点—终点—中点画

弧、起点—中点—终点画弧、矩形、圆绘制五种方式。绘制围墙构件时类别属性默认为围墙，也有临设墙和分隔墙可供选择。软件提供四种围墙常用材质，分别为砌块、砖、混凝土、铁皮，默认材质为波浪形的蓝色铁皮，用户还可以点击材质下的其他材质来设置围墙材质，如图 5-13 所示。

图 5-12 拟建建筑属性设置

当需要绘制以宣传和展示为用途的文化墙时，应遵循以下步骤：绘制墙构件、绘制图片、调整图片属性（宽度、高度、离地高度、左上顶点位置、角度），使图片与墙位置结合。同拟建建筑属性说明方法类似，软件中也可以进行围墙属性说明。

4. 岗亭布置

岗亭是用于大门入口的警卫用房，绘制方式为旋转点布置。同样可以进行岗亭属性说明，如图 5-14 所示。

图 5-13 围墙材质设置

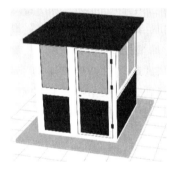

图 5-14 施工场地岗亭布置

5. 绘制道路

道路主要用于施工现场的道路、场地内外的规划道路，绘制方式主要有直线、起点—终点—中点画弧、起点—中点—终点画弧三种绘制方式。

类别：根据现实场景，软件提供 5 种道路类别可选，分别为现有永久性道路、拟建永久性道路、施工用临时道路、场地内道路、施工通道。默认为现有永久性道路，用户可下拉选择其他类别。

材质：软件提供 4 种常用道路材质，分别为沥青、混凝土、水泥、碎石。默认为沥青材质，用户可下拉选择其他材质，且材质与道路类别可任意正交组合，如图 5-15 所示。

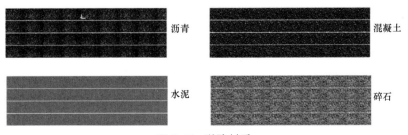

图 5-15 道路材质

6. 水源布置

施工现场用水主要是施工用水、消防用水和生活用水，所设计的流量和压力应满足施工用水和消防用水要求。在开工前先在工地场外寻找合适水源，沿土建开挖线外围敷设室外给水、消防主管，环管各处按用水点需要预留甩口。软件绘制水源的方式为点式绘制，显示方式为二维图标简易显示，如图 5-16 所示。

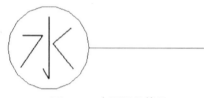

图 5-16   水源显示符号

7. 总降压变电站布置

总降压变电站是把高压转换为低压的设施，绘制方式为点式绘制。

8. 毗邻建筑物布置

软件采用立体盒子状的外轮廓线简易处理。控制原有房屋立体模型的显示透明程度。默认为 30，范围为 1～100 之间的整数，如图 5-17 所示。

绘制完以上主要构件后可以进入施工区详细布置构件，施工区的构件主要包括塔式起重机、施工电梯、堆场、加工棚、搅拌场、圆锯、弯曲机、调直机、排水沟、硬化路面等。

9. 塔式起重机布置

塔式起重机是建筑工地上最常用的一种起重设备，是用来吊施工用的钢筋、脚手管等施工原材料的设备。绘制方式为点式绘制。

10. 施工电梯布置

施工电梯是建筑中经常使用的载人载货施

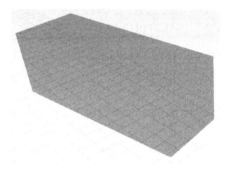

图 5-17   毗邻建筑物展示

工机械，它根据建筑物外形，将导轨架倾斜安装，而吊笼保持水平，沿倾斜导轨架上下运行。绘制方式为点式绘制。我们可以设置防护栏高度、顶部高度、左侧轿厢底标高、右侧轿厢底标高。

11. 堆场布置

堆场是施工现场用于堆放各种施工用材料的地方。主要堆场分类有脚手架堆场、模板堆场、钢筋堆场、型钢堆场、机电材料堆场、钢板墙堆场、砌块堆场、木材堆场、废料堆场、幕墙材料堆场、装饰材料堆场、周转材料堆场、砾石碎石堆场、砂堆、渣土堆场。绘制方法有直线模式、起点—终点—中点画弧、起点—中点—终点画弧、矩形 4 种绘制方式，如图 5-18 所示。

12. 加工棚绘制

施工现场的加工棚是利用软件中的敞篷式临时房屋来完成的，加工棚也可以和堆场一起使用。绘制方式为矩形绘制。根据现场施工的真实情况，软件提供了四张加工棚常用的标语图，如图 5-19 所示。

13. 办公生活区布置

通常情况下，办公生活区包括的构件有活动板房、封闭式临时房屋、围栏、柱，此外还会有标牌、标语牌等，如图 5-20 所示。

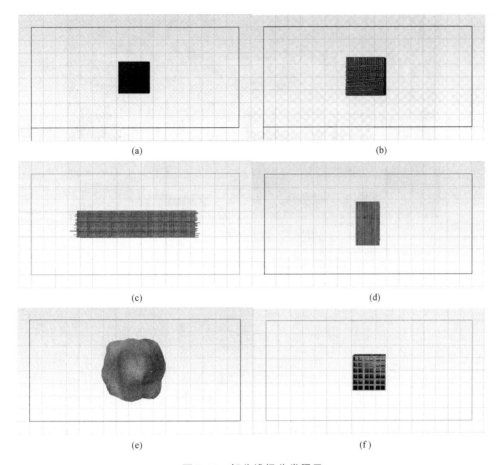

图 5-18 部分堆场分类展示

（a）模板堆场；（b）脚手架堆场；（c）钢筋堆场；（d）机电材料堆场；（e）砂堆；（f）砌块堆场

14. 围栏布置

围栏是指为了将建设施工现场与外部环境隔离开来，使施工现场成为一个相对封闭的空间所采取的措施。绘制方式有直线、起点—终点—中点画弧、起点—中点—终点画弧、矩形、圆绘制五种方式。材质：铁丝网、铁皮墙、白灰墙、密目网和其他材质，默认为铁丝网，如图 5-21 所示。

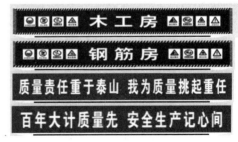

图 5-19 加工棚常用四种标语图

15. 电线、水管布置

电线、水管的绘制方式均为点式画法。在图元库中选择"电线/水管"，点击鼠标左键绘制，在提示框中输入标高，点击"确定"按钮，再点击鼠标左键，输入终点标高，右键确认即可完成绘制。红色为电线，蓝色为水管。

电线包括现有高压 6kV 线路、施工期间利用的永久高压 6kV 线路、临时高压 3～5kV 线路、现有低压线路和临时低压线路六种。用户可根据实际现场情况输入电线的规格型号。

图 5-20   办公生活区展示

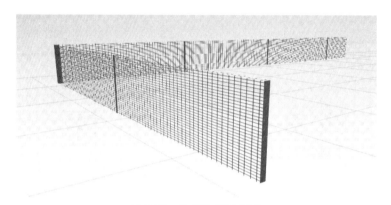

图 5-21   围栏效果展示图

　　水管包括原有的上水管线、临时给水管线、原有排水管线和临时排水管线四种。用户可根据实际现场情况输入水管的管径，如图 5-22 所示。

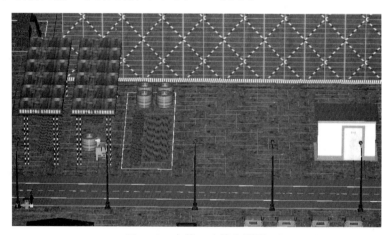

图 5-22   电线、水管布置图

16. 绘制草坪、树林

草坪的绘制方式有直线模式、起点—终点—中点画弧模式、起点—中点—终点画弧模式和绘制矩形四种。树林的绘制方式有直线模式、起点—终点—中点画弧模式、起点—中点—终点画弧模式、绘制矩形和放置物品五种。两者都可以进行属性说明。

经过以上绘制步骤后，我们完成了整个施工场地布置方案，如图 5-23 和图 5-24 所示。

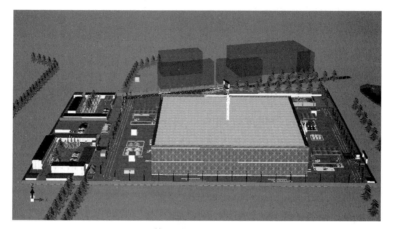

图 5-23　整个施工场地布置图展示 1

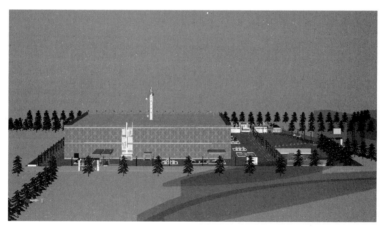

图 5-24　整个施工场地布置图展示 2

业界把 BIM 技术视为继 CAD 之后建筑行业的第二次革命。近几年我国政府也出台了多项政策指导、引领设计单位和建筑企业应用 BIM，促进 BIM 技术在我国迅速发展。作为中国建筑业信息化未来十年发展的主旋律，基于 BIM 技术的一系列应用已经成为不可逆转的趋势，因此施工单位应该紧跟时代潮流，在今后的建设项目场地布置中多多尝试应用 BIM 技术，提高项目收益。

5.2　基于 BIM 技术的施工进度管理

5.2.1　施工进度管理概述

工程项目进度管理，是指全面分析工程项目的目标、各项工作内容、工作程序、持续时间和逻辑关系，力求拟定具体可行、经济合理的计划，并在计划实施过程中，通过采取各种有效的组织、指挥、协调和控制等措施，确保预定进度目标实现。一般情况下，工程项目进度管理的内容主要包括进度计划和进度控制两大部分。工程项目进度计划的主要方式是依据工程项目的目标，结合工程所处特定环境，通过工程分解、作业时间估计和工序逻辑关系建立一系列步骤，形成符合工程目标要求和实际约束的工程项目计划排程方案；工程项目进度控制的主要方式是通过收集进度实际进展情况，与基准进度计划进行对比分析、发现偏差并及时采取应对措施，确保工程项目总体进度目标的实现。

施工进度管理属于工程项目进度管理的一部分，只是根据施工合同规定的工期等要求编制工程项目施工进度计划，并以此作为管理的依据，对施工的全过程持续检查、对比、分析，及时发现施工过程中出现的偏差，有针对地采取有效应对措施，调整工程建设施工作业安排，排除干扰，保证工期目标实现的全部活动。

5.2.2   BIM进度管理实施途径和实施框架

根据项目的特点和BIM软件所能提供的应用，明确项目过程中BIM实施的途径和框架。基于BIM的进度管理实施途径如图5-25所示。

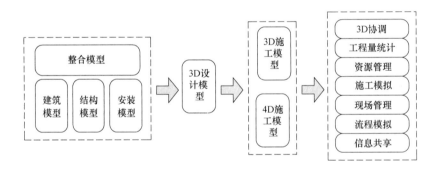

图 5-25   基于BIM的进度管理实施途径

在项目建设过程中，影响施工进度的因素众多，如工人的工作效率、管理水平、图纸问题、施工质量等。通过引入BIM技术，利用BIM可视化、参数化等特点来降低各项负面因素对施工进度的影响（图5-26）。一方面提升进度管理水平和现场的工作效率，另一方面可以最大限度地避免进度拖延事件的发生，减少工程延误造成的损失。因此，在项目实施前，需要规划BIM施工进度管理的实施框架，明确BIM在进度管理方面的应用。

BIM施工进度管理实施框架包括BIM项目实施和应用两部分内容。BIM实施框架从BIM规划、组织、实施流程及基础保障等方面规范了各方的工作内容及需要达到的目标，如图5-27所示。BIM应用框架（图5-28）主要是明确BIM在施工进度管理领域的应用点，根据应用点设计BIM进度管理流程，确定实现方法和实施程序，同时定义BIM信息交换要求，明确支持BIM实施的基础设施。

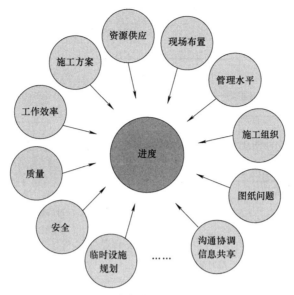

图 5-26　进度管理影响因素分析

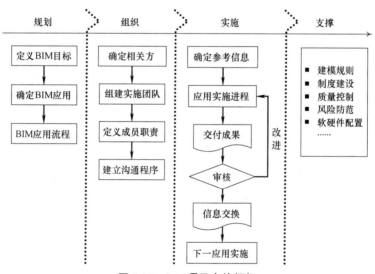

图 5-27　BIM 项目实施框架

5.2.3　BIM 进度管理实施流程及方法

　　基于 BIM 的工程项目施工进度管理是指，施工单位以建设单位要求的工期为目标，进行工程分解、计划编制、跟踪记录、分析纠偏等工作。同时项目的所有参与方都能在 BIM 提供的统一平台上协同工作，进行工程项目施工进度计划的编制与控制。基于 BIM 的 4D 施工模拟能够直观地表现工程项目的时序变化情况，使管理人员摆脱对复杂抽象的图形、表格和文字等二维元素的依赖，有利于各阶段、各专业相关人员的沟通和交流，减少建设项目因为信息过载或者流失而带来的损失，提高建筑从业人员的工作效率及整个建筑业的效率。

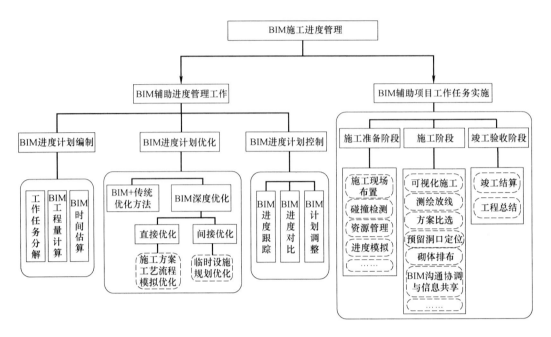

图 5-28 BIM 施工进度管理应用框架

1. 基于 BIM 的进度计划编制

传统的进度管理对施工现场准备工作缺少重视，绝大多数进度计划中并没有详细分解施工准备所包含的工作，多数情况只定义了总的准备时间。由于这部分进度计划较为粗略，并不能达到控制的要求，而这些工作实际影响着工程是否能够按时开工、按期竣工，对工程进度能否按照进度计划完成有着重要影响，并且合理地缩短施工现场准备时间，也能为施工单位带来一定的经济效益。在施工过程中，为了完成工程实体的建设，除了进行一些实体工作，还需要很多非实体的工作。非实体工作是指在施工过程中不形成工程实体，但是在施工过程中又必不可少的工作，如施工现场的准备、大型机械安拆、脚手架搭拆等临时性、措施性工作。

基于 BIM 的进度计划编制，并不是完全摆脱传统的进度编制程序和方法，而是研究如何把 BIM 技术应用到进度计划编制工作中，进而改善传统的进度计划编制工作，更好地为进度计划编制人员服务。传统的进度计划编制工作流程主要包括工作分解结构的建立、工期的估算以及工作逻辑关系的安排等步骤。基于 BIM 的进度计划编制工作一方面也应该包括这些内容，只是有些工作由于有了 BIM 技术及相关软件的辅助变得相对容易；另一方面，新技术的应用也会对原有的工作流程和工作内容带来变革。基于 BIM 的制定进度计划的第一步就是要建立 WBS 工作分解结构，以往计划编制人员只能手工完成这些工作，现在则可以用相关的 BIM 软件或系统完成。利用 BIM 软件编制进度计划与传统的方法最大的区别在于 WBS 分解完成后需要将 WBS 作业进度、资源等信息与 BIM 模型图元信息进行链接，其中关键的环节是数据的集成。BIM 技术的应用使得进度计划的编制更加科学合理，减少进度计划中存在的潜在问题，保证现场施工的合理安排。BIM 施工进度计划的编制流程如图 5-29 所示。

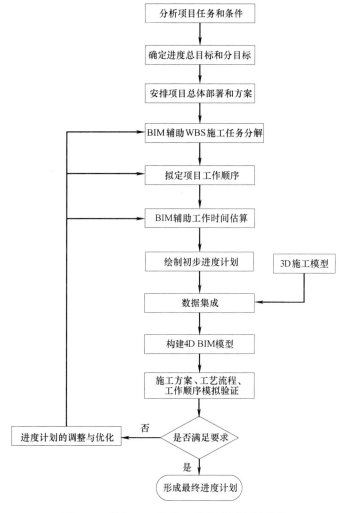

图 5-29　基于 BIM 的施工进度计划编制流程

2. 基于 BIM 的进度计划优化

基于 BIM 的进度计划优化包含两方面内容：一是在传统优化方法基础上结合 BIM 技术对进度计划进行优化；二是应用 BIM 技术进行虚拟建造、施工方案比选、临时设施规划。利用 BIM 优化进度计划不仅可以实现对进度计划的直接或间接深度优化，而且还能找出施工过程中可能存在的问题，保证优化后进度计划够有效实施。基于 BIM 的进度计划优化流程如图 5-30 所示。

3. 基于 BIM 的施工进度控制

传统的进度控制方法主要是利用收集到的进度数据进行计算，并以二维的形式展示计算结果，在需要对原来的进度计划进行调整时，也只能根据进度数据及工程经验进行调整，重新安排相关工作，采取相应的进度控制措施，而对于调整后的进度计划在实施过程中是否存在其他的问题无法提前知晓，只有遇到具体问题时，再进行管理控制。而利用 BIM 技术则可以对调整后的进度计划进行可视化的模拟，分析调整方案是否科学合理。基于 BIM 的进度控制，可以结合传统的进度控制方法，以 BIM 技术特有的可视化动态模

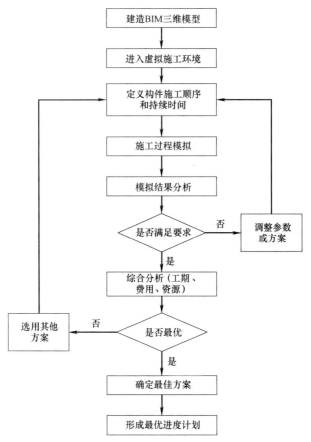

图 5-30　基于 BIM 的进度计划优化流程

拟分析的优势，对工程进度进行全方位精细化的控制，是进度控制技术的革新。基于 BIM 的进度控制流程如图 5-31 所示。

　　基于 BIM 的进度跟踪分析控制可以实现实时分析、参数化表达以及协同控制。基于 BIM 的 4D 施工进度跟踪与控制系统，可以在整个建筑项目实施过程中利用进度管理信息平台实现异地办公，信息共享，将决策信息的传递次数降到最低，保证施工管理人员所做的决定立即执行，提高现场施工效率。

　　基于 BIM 的施工进度跟踪分析控制主要包括两方面工作：

　　（1）项目施工前在施工现场和项目管理办公场所建立一个可以即时互动交流沟通的进度信息采集平台，该平台主要支持现场监控、实时记录、动态更新实际进度等进度信息的采集工作；

　　（2）利用该进度信息采集平台提供的数据和 BIM 施工进度计划模型进行跟踪分析与调整控制。

5.2.4　基于 BIM 的施工进度管理案例

　　某国际中学项目主体由教学区、学生宿舍楼、学生食堂、教室公寓、艺体馆、运动场以及相关配套组成，结构设计主要为框架结构。项目用地约 100 亩（6.7hm^2），总建筑面

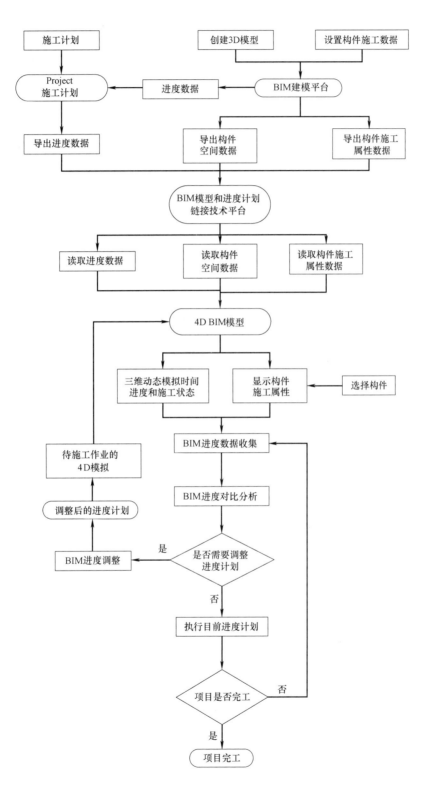

图 5-31 基于 BIM 的进度控制流程

积 30560m^2，项目总投资约一亿元。设计阶段由设计院 A 负责设计，建筑安装工程由总承包单位 B 中标，项目建设合同工期 245 个日历天，计划于 2015 年 11 月完工。但由于项目相关文件审批问题和 2 个多月的雨天及变更频繁等问题，使得竣工时间不断延后，施工方通过与业主方沟通协调双方达成一致，将竣工日期调整为 2016 年 4 月 30 日，施工方进行剩余工作计划安排，加强进度管理工作。某国际中学设计效果图如图 5-32 所示。

图 5-32   某国际中学设计效果图

1. BIM 进度计划编制

BIM 进度计划编制主要是工程量计算和通过套施工定额估算工作时间以及 4D 进度计划模拟，从中发现存在的问题并进行调整，以学生宿舍为例说明 BIM 技术在进度计划编制中的应用。

1）工程量计算和工作时间估算

利用 BIM 某算量软件来统计实体工作的工程量：在"工程量"模块选择"工程量计算"，选择要统计的构件，软件计算完成后，打开"计算报表"，查看工程量。也可以选择先统计所有实体的工程量，在计算报表中利用"统计"功能，选择要统计的工程量，如图 5-33 所示。利用造价软件统计人工工日和机械台班的需要量：将各专业 BIM 模型导出".tozj"格式的造价文件，将造价文件导入某造价软件中；利用造价软件中的"框图出价"功能，通过"选择图形"或者"条件统计"功能模块选择特定构件进行人材机计算，创建预算书；打开预算书，通过"人材机表"查看工作任务的人材机资源需要量，根据自身的资源条件考虑人机的投入，估算每项工作任务的时间，同时施工方可以修改资源单价计算施工费用。图 5-34 所示为学生宿舍地下一层混凝土柱施工所需人工工日和机械台班统计。

2）进度计划模拟

在某软件中导入 Project 编制的进度计划，将进度计划中的工作与对应的模型构件关联，进入"驾驶舱"实现进度计划的可视化动态模拟。通过 4D 施工模拟，发现进度计划中存在的问题及需要调整的地方，提前制定好应对措施，更科学合理地进行施工组织。图 5-35 为某中学学生宿舍 BIM 4D 模拟。

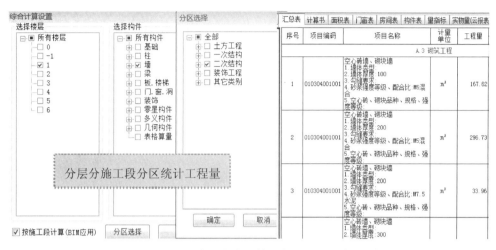

图 5-33　学生宿舍工作任务工程量统计

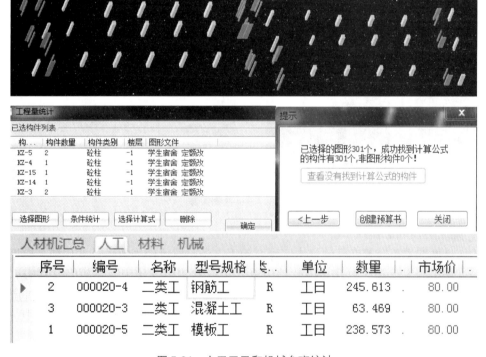

图 5-34　人工工日和机械台班统计

2. 施工阶段 BIM 进度动态监控

1）现场进度数据采集

现场的班组负责人和进度管理小组可以利用某软件移动端 iBan 将现场的施工进度拍照上传到 BIM 系统，并与对应的模型构件关联，同时也可以加录语音进行说明。工长也可以将工作汇报拍照上传。BIM 团队可以根据进度数据对实际施工模型进行更新，施工单位的负责人可以随时通过 BIM 系统查看实际施工进度，如图 5-36 所示。

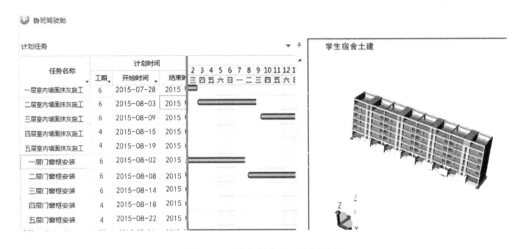

图 5-35   学生宿舍 BIM 4D 模拟

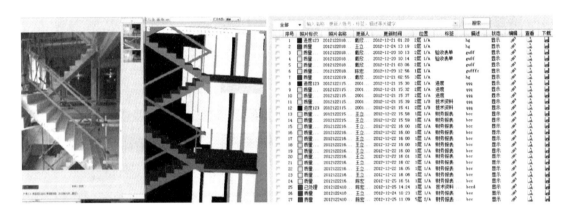

图 5-36   iBan 数据采集

2）施工进度动态监控

施工进度的动态监控在某软件中实现。施工准备阶段已经完成了进度计划与模型的关联，根据采集的实际进度数据在该软件中输入工作的实际开始和结束时间，点击"驾驶舱"按钮，进入 4D 模拟界面，可以对计划进度和实际进度进行对比，分析实际进度是超前还是拖延，以达到对施工进度的监控，实现进度管理动态控制的目的。该软件中进行进度对比和监控有两种方法，一种是根据计划进度条和实际进度条的颜色差异进行对比，另一种是根据模型构件的颜色差异进行对比，如果进度拖延，则拖延工作关联的构件就会显示成红色，图 5-37 为该软件中对学生宿舍施工进度的动态监控。某软件是 BIM 5D 系统，在该软件中可以利用费用累计曲线反映施工进展，通过对比计划工作的预算费用曲线和已完工作的预算费用曲线，判断实际进度是超前还是延后，对施工进度进行动态监控。通过某造价软件导出各个专业包含综合单价的工程量清单表，在该软件中上传各个专业的 3D 模型，使用数据导入功能导入各个专业模型对应的工程量清单表，然后在"进度计划"模块导入进度计划，将计划中的任务项与对应的构件进行关联。利用"驾驶舱"功能，进行5D 模拟。图 5-38 为该软件的 5D 模拟。

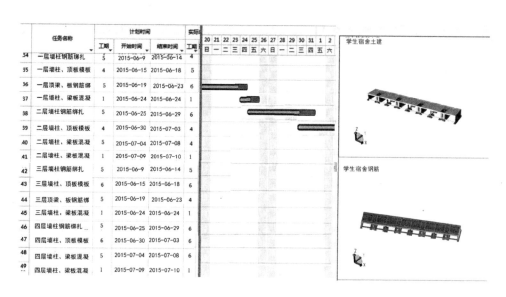

	任务名称	计划时间			实际	
		工期	开始时间	结束时间	工期	
34	一层墙柱钢筋绑扎	5	2015-06-9	2015-06-14	4	
35	一层墙柱、顶板模板	4	2015-06-15	2015-06-18	5	
36	一层顶梁、板钢筋绑	5	2015-06-19	2015-06-23	6	
37	一层墙柱、梁板混凝	1	2015-06-24	2015-06-24	1	
38	二层墙柱钢筋绑扎	5	2015-06-25	2015-06-29	6	
39	二层墙柱、顶板模板	4	2015-06-30	2015-07-03	4	
40	二层墙柱、梁板混凝	5	2015-07-04	2015-07-08	5	
41	二层墙柱、梁板混凝	1	2015-07-09	2015-07-10	1	
42	三层墙柱钢筋绑扎	5	2015-06-9	2015-06-14	5	
43	三层墙柱、顶板模板	6	2015-06-15	2015-06-18	5	
44	三层顶梁、板钢筋绑	5	2015-06-19	2015-06-23	5	
45	三层墙柱、梁板混凝	5	2015-06-24	2015-06-24	6	
46	四层墙柱钢筋绑扎	5	2015-06-25	2015-06-29	5	
47	四层墙柱、顶板模板	6	2015-06-30	2015-07-03	6	
48	四层墙柱、梁板混凝	5	2015-07-04	2015-07-08	6	
49	四层墙柱、梁板混凝	1	2015-07-09	2015-07-10		

图 5-37　基于某软件的施工进度动态监控

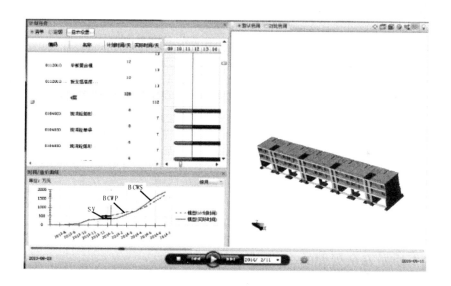

图 5-38　基于某软件的5D模拟

5.3　基于 BIM 技术的施工质量安全管理

5.3.1　施工质量安全管理概述

在施工过程中，建筑工程项目受不可控因素影响较多，容易产生质量安全问题。施工过程中的质量安全控制尤为重要。BIM 技术在工程项目质量安全管理中的应用目标可以细分如下三个等级：1 级目标为较成熟也较易于实现的 BIM 应用；2 级目标涉及的应用内容较多，需要多种 BIM 软件相互配合来实现；3 级目标需要较大的软件投入（涉及 BIM 技术的二次开发过程）和硬件投入，需要较深入地研究和探索才能实现，如表 5-2 所示。

BIM 技术在工程项目质量和安全管理中的应用目标　　　　　表 5-2

目标	名　　称	内　　容
1 级目标	图纸会审管理	采用 BIM 技术进行图纸会审,把图纸中的问题在施工开始前就予以暴露和发觉,提升图纸会审工作的质量和效率
	专项施工方案的模拟以及优化管理	采用 BIM 技术对专项施工方案进行模拟,将各施工步骤和施工工序之间的逻辑关系直观地加以展示,同时再配合简单的文字表述。 在降低技术人员和施工人员理解难度的同时,进一步确保专项施工方案的可实施性
	三维和四维技术交底管理	将运用 BIM 技术建立的模型转换为可三维浏览的文件,并结合文字说明、图片等内容,最终形成可视化 PDF 文件,以保证在施工中全面采用可视化交底,从而大大提高施工效率和质量
	碰撞检测及深化设计管理	基于施工图 BIM 模型,进行各专业内部和各专业之间的碰撞检测及深化设计。在提升深化设计工作的质量和效率的同时,确保深化设计结果的可实施性
	危险源的辨识及管理	将施工现场所有的生产要素都绘制在 BIM 模型中。在此基础上,采用 BIM 技术对施工过程中的危险源进行辨识和评价
	安全策划管理	采用 BIM 技术,对需要进行安全防护的区域进行精确定位,事先编制出相应的安全策划方案
2 级目标	竣工 BIM 的建模及管理	依据工程项目建造工程中的变更信息、进度信息和造价信息,对施工 BIM 模型进行补偿和完善,形成信息完备能够反映工程项目最终状态的竣工 BIM 模型
	RFID 技术应用	采用 BIM 技术和 RFID 技术,实现重点工程和隐蔽工程的质量管理
	预制装配式建筑的施工管理	实现 BIM 环境下的预制装配式建筑的质量管理
3 级目标	采用 BIM 技术的三维激光扫描技术的质量管理	将 BIM 技术和三维激光扫描技术相结合,实现施工图信息和施工现场实测实量信息的比对和分析

5.3.2　施工质量安全管理的 BIM 模型构成

1. 建模依据

1）依据图纸和文件进行建模

用于质量安全建模的图纸和文件包括：图纸和设计类文件、总体进度计划文件、当地的规范和标准类文件（其他的特定要求）、专项施工方案、技术交底方案、设计交底方案、危险源辨识计划、施工安全策划书。

2）依据变更文件进行建模（模型更新）

用于质量安全建模的变更文件包括：设计变更通知单和变更图纸，当地的规范和标准类文件，以及其他的特定要求。

2. 质量管理数据输入要求

从上游获取的质量管理数据如表 5-3 所示。

从上游获取的质量管理数据列表 表 5-3

数据的类别	数据的名称	数据的格式
施工准备阶段的数据	各参与单位的资质资料	文本和图像
	各参与单位的项目负责人资料	
	地质勘察报告	
	设计图纸	文本
施工依据数据	设计图纸	文本
	深化设计图纸	
	设计变更图纸	
	BIM 数据	格式化的数据
施工计划数据	施工进度计划	格式化的数据
	材料进场计划	
	资金使用计划	

3. 安全管理数据输入要求

从上游获取的安全管理数据如表 5-4 所示。

从上游获取的安全管理数据列表 表 5-4

数据的类别	数据的名称	数据的格式
建筑物的信息	工程概况和建筑材料种类	文本
施工组织资料	施工组织设计	文本
	施工平面布置图	
	施工机械的种类	格式化的数据
	施工进度计划	
	劳动力组织计划	
施工技术资料	施工方案和技术交底	文本
BIM 数据	BIM 数据	格式化的数据

4. 质量安全管理 BIM 模型的主要内容

质量安全管理所涉及的 BIM 模型的模型细度主要集中在施工过程阶段,具体如表 5-5 所示。

质量安全管理模型内容 表 5-5

模型名称	模型内容	模型信息	备 注
洞口防护模型、临边防护模型	基坑临边防护、楼层周边防护、楼梯临边防护、楼梯洞口防护、后浇带防护、电梯入口防护、电梯洞口防护	几何尺寸、材质、产品信息、空间位置	面向洞口防护、临边防护布置
楼层平面防护模型	基坑临边防护、楼梯临边防护、楼梯洞口防护、后浇带防护、电梯井水平防护	几何尺寸、材质、产品信息、空间位置	面向楼层平面防护布置

模型名称	模型内容	模型信息	备　注
垂直防护模型	水平安全网、外挑防护网	几何尺寸、材质、产品信息、空间位置	面向垂直防护布置
安全通道平面布置模型	上下基坑通道、施工安全通道、外架斜道	几何尺寸、材质、产品信息、空间位置	面向安全通道平面布置
脚手架防护	脚手架、脚手板、扣件、剪刀撑、扫地杆、密目网	几何尺寸、材质、产品信息、空间位置	面向脚手架布置
施工机械安全管理模型	施工电梯、起重设备、中小型机械、塔吊	几何尺寸、材质、产品信息、空间位置	面向施工机械安全管理布置
临时用电安全模型	配电室	几何尺寸、材质、产品信息、空间位置	面向临时用电安全管理
消防疏散分区模型	消防疏散分区	几何尺寸、材质、产品信息、空间位置	面向消防疏散分区管理
CI 管理模型	施工现场大门、施工现场标语、活动房 CI	几何尺寸、材质、产品信息、空间位置	面向 CI 管理

5.3.3　质量安全管理典型 BIM 应用

1. 图纸会审管理 BIM 应用

在质量管理工作中，图纸会审是最为常用的一种施工质量预控手段。图纸会审是指：施工方在收到施工图设计文件后，在进行设计交底前，对施工图设计文件进行全面而细致的熟悉和审核工作。图纸会审的基本目的是：将图纸中可能引发质量问题的设计错误、设计问题在施工开始前就予以暴露、发觉，以便及时进行变更和优化，确保工程项目的施工质量。

BIM 模型的虚拟建造过程将原本在施工过程中才能够发觉的图纸问题，在建模过程中就能够得以暴露，可以显著提升图纸会审工作的质量和效率。同时，采用 BIM 技术，建模过程中结合技术人员、施工人员的施工经验，可以很容易地发现施工难度大的区域，在提前做好相应的策划工作的同时，彻底改变了传统工作模式下"干到哪里看哪里"的弊端。在 BIM 模型完成后，借助碰撞检测和虚拟漫游功能，工程项目的各参与方可以对工程项目中不符合规范要求，在空间中存在的错漏碰缺问题以及设计不合理的区域进行整体的审核、协商、变更。在提升图纸会审工作的质量和效率的同时，显著降低了各参与方之间的沟通难度。

2. 专项施工方案模拟及优化管理 BIM 应用

现代工程项目在施工过程中涉及大量的新材料和新工艺。这些新材料和新工艺的施工步骤、施工工序往往不为技术人员、施工人员所熟知。传统工作模式下，大多依据一系列二维的图纸（平、立、剖面图）结合文字进行专项施工方案的编制，增加了技术人员、施工人员对新材料和新工艺的理解难度。

基于 BIM 技术对专项施工方案进行模拟，可以将各施工步骤、施工工序之间的逻辑关系直观地加以展示，同时再配合简单的文字描述。这在降低技术人员、施工人员理解难度的同时，能够进一步确保专项施工方案的可实施性。

传统工作模式与 BIM 工作模式两种工作模式下专项施工方案模拟及优化工作的对比见表 5-6 。

两种工作模式下专项施工方案模拟及优化工作的对比 表 5-6

	传统工作模式	BIM 工作模式
信息的表达方式	一系列二维的图纸＋文字	BIM 模型＋文字＋施工模拟
理论依据	施工经验＋规范	施工经验＋规范＋施工模拟
比选的难度	难度大,但准确度有待论证。对技术人员和施工人员的专业水平要求高	计算机辅助比选,难度小,且准确度高
保障措施	专项施工方案需依据施工现场情况进行调整	依据施工模拟进行专项施工方案的编制,针对性强,可实施性好
施工现场管理	难度大,需要其他专业配合	计算机环境下进行事先规划,能够确保施工现场管理有序

3. 3D 和 4D 技术交底管理 BIM 应用

技术交底可以使一线的技术人员、施工人员对工程项目的技术要求、质量要求、安全要求、施工方法等方面有一个细致的理解。便于科学地组织施工，避免技术质量事故的发生。传统工作模式下，大多依据一系列二维的图纸（平、立、剖面图）结合文字进行技术交底。同时，由于技术交底内容晦涩难懂，增加了技术人员、施工人员对技术交底内容的理解难度。造成技术交底不彻底，在施工过程中无法达到预期的效果。采用 BIM 技术进行技术交底，可以将各施工步骤、施工工序之间的逻辑关系、现场危险源等直观地加以展示，同时再配合简单的文字描述，这不仅降低了技术人员、施工人员理解难度，而且也能够进一步确保技术交底的可实施性。

4. 竣工及验收管理 BIM 应用

质量管理工作是整个工程项目管理工作中的重中之重。同传统工作模式相比，采用 BIM 技术的质量管理的显著优势在于：BIM 技术可以对实际的施工过程进行模拟，并对施工过程中涉及的海量施工信息进行存储和管理。同时，BIM 技术可以作为施工现场质量校核的依据。此外，将 BIM 技术同其他硬件系统相结合（如三维激光扫描仪），可以对施工现场进行实测实量分析，对潜在的质量问题进行及时的监控和解决。

5.3.4 基于 BIM 的质量安全管理流程

传统的质量管理主要依靠的建设、管理人员对施工图纸的熟悉及依靠经验判断施工手段合理性来实现，对于质量管理要点的传递、现场实体检查等方面都有一定的局限性。采用 BIM 技术可以在技术交底、现场实体检查、现场资料填写、样板引路方面进行应用，帮助提高质量管理方面的效率和有效性。相应的基于 BIM 技术的质量管理和安全管理业务流程可以参见如图 5-39 和图 5-40 所示。

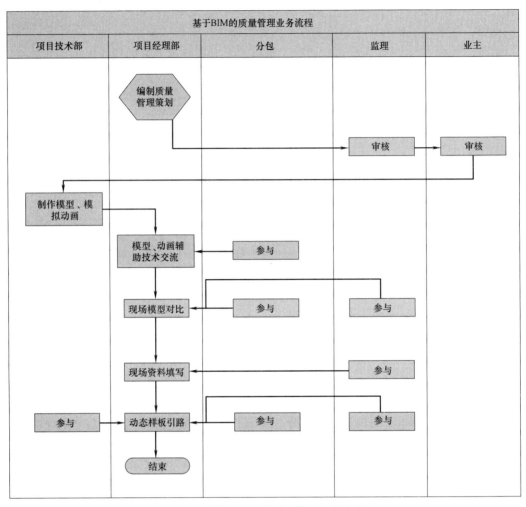

图 5-39　基于 BIM 的质量管理业务流程

BIM 在施工质量安全管理的成果表达主要通过可视化模型和关联数据库，在实施过程中应注意以下几个方面：

1. 模型与动画辅助技术交底

针对比较复杂的建筑构件或者难以用二维表达的施工部位建立 BIM 模型，将模型图片加入到技术交底书面资料中，便于分包方及施工班组的理解；同时在技术交底协调会上，将重要工序、质量检查重要部位以及现场危险源等利用电脑上进行模拟交底和动画模拟，直观地讨论和确定质量与安全保证的相关措施，实现交底内容的无缝传递。

2. 现场模型对比与资料填写

通过 BIM360 或者鲁班 BIM 等软件，将 BIM 模型导入到 IPAD、手机等移动终端设备，让现场管理人员利用模型进行现场工作的布置和实体的对比，直观快速地发现现场质量与安全问题，并将发现的问题拍摄后直接在移动设备上记录整改问题，将照片与问题汇总后生成整改通知单下发，确保问题的及时处理，从而加强对施工过程的质量和安全管理。

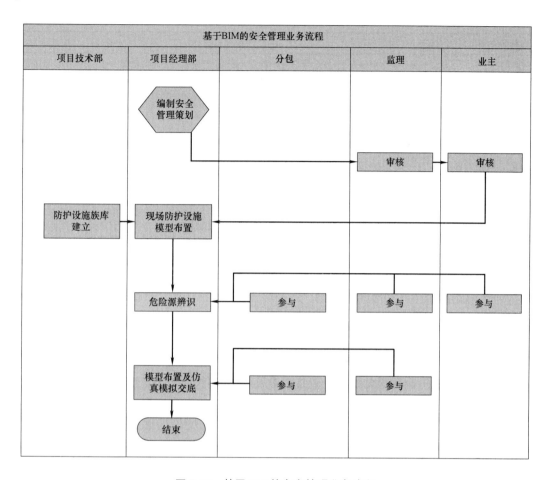

图 5-40 基于 BIM 的安全管理业务流程

3. 动态样板引路

将 BIM 融入样板引路中，打破传统在现场占用大片空间进行工序展示的单一做法，在现场布置若干个触摸式显示屏，将施工重要样板做法、质量安全管控要点、施工模拟动画、现场平面布置等进行动态展示，将施工 BIM 模型对项目管理人员进行施工模拟交底，确保现场按照 BIM 模型执行，为施工质量安全管控提供依据。

5.3.5 基于 BIM 的施工现场质量安全隐患的快速处置

以 BIM 模型为基础，将 RFID、移动设备等为施工现场实时信息采集的工具，两者信息整合分析对比，实现对施工现场质量安全隐患进行动态实时的管理和快速处置，主要包括两方面：一方面是人员、机械等的实时定位信息在 BIM 模型中的可视化；另一方面是相关建筑构件等属性状态的实时信息与 BIM 信息数据库中安全规则信息对比反馈，通过现场监控中心可以及时地对隐患信息有个直观的认识，及时发出警告并通知施工现场相关人员及时进行事故隐患的处理，以达到减少或预防工程事故的发生。

施工现场质量安全隐患快速处置的相关人员包括项目经理、监理工程师、质检员、专职安全员以及施工作业人员，其职责分工如表 5-7 所示。

系统涉及使用主体及相关职责分析表　　　　表 5-7

使用主体角色	主要职责描述
项目经理	统筹整个项目发展,安全管理第一负责人,质量安全管理方面负全面责任;总体领导与协调,执行各项安全政策与措施,落实隐患整改;实行重大危险源动态监控,随时跟踪掌握危险源情况;强化重点部位专项整治,重点部位和重点环节要重点检查和治理;及时查看处理系统推送的资讯
监理工程师	加强提高自身质量安全管理素质;审查施工组织设计中专项施工方案安全技术措施等;监督施工单位对涉及结构安全的试块、试件以及有关材料按规定进行现场取样并送检;总监理工程师根据旁站监理方案安排监理人员在关键部位或关键工序施工过程中实施旁站监理,有针对性地进行检查,消除可能发生的质量安全隐患;进行巡视、旁站和平行检查时,发现质量安全隐患时,及时要求施工进行整改或停止施工,并及时采集相关信息并推送至系统
质检员	负责落实三检制度(自检、互检、专检),对产品实行现场跟踪检查对不符合质量要求的施工作业,有权要求整改、停工,并采集信息做好完整准确的资料保存;负责工程各工序、隐蔽工程的施工过程、施工质量的图像资料记录保存上传;质量事故分析总结,参与制定纠正预防措施,负责检查执行
专职安全员	重点检查施工机械设备、危险部位防护工作;发现安全隐患及时提出整改措施;重大危险源管理方案重点跟踪监测;对工程发生的安全问题及时汇总分析,提出改进意见;协助调查、分析、处理工程事故,及时采集信息存储报备
施工作业人员	严格遵守操作规程、施工管理方案的要求作业;一旦发现事故隐患或不安全因素,及时汇报消息并采取措施整改;接收到警告提醒及时离开不安全区域或及时采取措施整改

施工现场质量安全隐患的快速处置主要涉及两类事件:一是对于施工现场质量安全隐患或事故信息的及时采集;二是工程事故信息通知警报,主要流程如图 5-41 和图 5-42 所示。其中,基于信息采集末端的工程质量安全隐患排查与处理以及工程事故处理流程是在

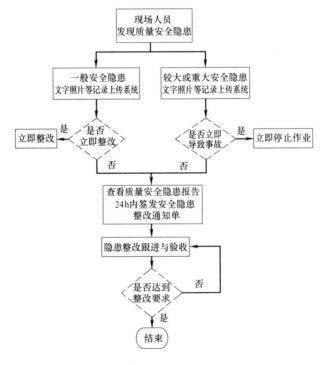

图 5-41　工程质量安全隐患排查与处理流程图

传统流程的基础上增加移动设备进行拍照或信息采集并上传 BIM 数据库的步骤，在实现与 BIM 模型同步的数据收集同时，可以及时推送相关责任人，及时进行隐患处理；一旦发生事故，迅速发出警告提醒，确保事故处理的及时性。

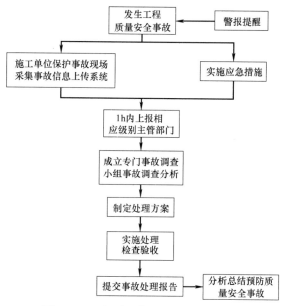

图 5-42　工程质量安全事故处理流程图

5.4　基于 BIM 的成本管理

5.4.1　施工成本管理概述

成本管理除施工相关信息外，更多的是付诸计算规则（工程量清单、定额、钢筋平法等）、材料、工程量、成本等成本类信息，因此 BIM 造价模型创建者和使用者需要掌握国家相关计量计价规范、施工规范等。成本管理 BIM 应用实施根据成本管理工作的性质和软件系统的设置分为计量功能、计价功能、核算功能、数据统计与分析功能、报表管理功能、BIM 平台协作系统功能，BIM 成本管理应用可能范围如下：

（1）计量：BIM 软件根据模型中构件的属性和设置的工程量计算规则，可快速计算选定构件或工程的工程量，形成工程量清单，对单位工程项目定额、人材机等资源指标输出，是成本管理基本功能。

（2）计价：一是将 BIM 模型与造价功能相关联，通过框图或对构件的选择快速计算工程造价；二是 BIM 软件内置造价功能，模型和造价相关联。计价模块也可对造价数据进行分类分析输出，同时根据造价信息反查到模型，及时发现成本管理中出现偏差的构件或工程。

（3）核算：随着工程进度将施工模型和相应成本资料进行实时核算，辅助完成进度款的申请、材料及其他供应商或分包商工程款的核算与审核，实现基于模型的过程成本计算，具备成本核算的功能。

（4）数据统计与分析：工程成本数据的实时更新和相关工程成本数据的整理归档，可作为 BIM 模型的数据库，实现企业和项目部信息的对称，并对合约模型、目标模型、施工模型等进行实时的对比分析，及时发现成本管理存在的问题并纠偏，实现对成本的动态管理。

（5）报表管理：作为成本管理辅助功能，一方面实现承包商工程进度款申报、工程变更单等书面材料的电子化编辑输出；另一方面将成本静态及动态控制、成本分析数据等信息以报表的形式供项目部阅览和研究。

（6）BIM 平台协作：与 BIM 数据库相联，实现对工程数据的快速调用、查阅和分析；对成本管理 BIM 应用功能综合应用，实现项目部和有关权限人员数据共享与协调工作，促进传统成本管理工作的信息化、自动化。

综上，BIM 各功能模块将 BIM 模型同 BIM 应用相关联，BIM 应用系统功能模块如图 5-43 所示。

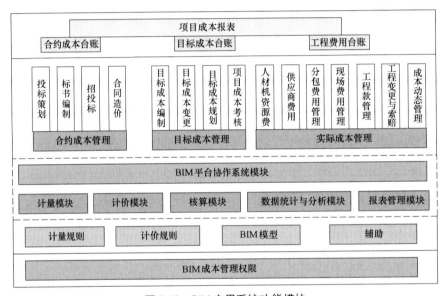

图 5-43   BIM 应用系统功能模块

5.4.2   基于 BIM 的投标阶段成本管理

投标阶段成本管理工作界面从投标决策开始，到签订合同结束，主要由施工企业层负责实施。基于 BIM 的成本管理在投标阶段主要有投标决策、投标策划、BIM 建模、模型分析、编制投标文件、投标、签订合同工作，其中 BIM 建模和模型分析为新增工作，投标策划、投标决策支持、编制投标文件及签订合同为 BIM 改善型工作。投标阶段的主要工作是编制投标文件，通过建立 BIM 模型，可较好地辅助商务标与技术标的编制与优化。

1. 模型创建

投标模型是承包商参与工程项目的第一个模型，也是后期模型转化的基础。投标模型的形成有两种途径，一是根据施工图纸由各专业工程师完成各专业建模，并由 BIM 工程师整合形成基础模型，然后造价工程师将其深化到自身需求的程度，同时对成本信息补充；二是由甲方模型进行转化并由BIM工程师审核后由造价工程师将其转化为初步投标模型，初步的投标模型是后续模型基础。由于目前施工仍以施工图为主导，各方建模习惯和思维会导致模型的差异，因此目前采用第一种方式居多，而模型的转化方式和规则也会因为采用不同的软件也不同。通过各专业软件BIM模型的共享，土建、钢筋和安装不必重复建模，避免数据的重复录入，加强各专业的交流、协同和融合，提高建模效率，把节省的人力和时间投入到投标文件的编制中。

2. 编制商务标

BIM模型通过项目基础数据库自动拆分和统计不同构件及部门所需数据，并自动分析各专业工程人、材、机数量，快速计算造价工程师所需各区域、各阶段的工程价款：一是说明各子目在成本中的重要性比例；二是对暂估价以及不确定性的模拟优化可预测，为投标决策提供依据。BIM模型中各构件可被赋予时间信息，结合BIM的自动化算量、计价功能以及BIM数据库中人工、材料、机械等相关费率，管理者就可以拆分出任意时间段可能发生费用。

综上，在工程计价方面BIM造价同传统造价的差异可总结为将基于表格的造价转变为基于模型构件的造价，将静态的价格数据转变为动态的市场价格数据，此种工作方式和工作思维的转变也成为动态管理和精细化管理的基础。

3. 编制技术标

利用BIM软件将整合的模型和技术标项目的书面信息相关联，并将这些书面文件形象化展示。由于BIM模型较为形象，细致表现建筑物不同系统（结构、电气、暖通等）构件信息，可直接服务于建筑施工。通过碰撞检查、4D施工模拟、三维施工指导等方式说明工程存在的问题，对不同系统构件进行冲突分析、施工可行性分析、能耗分析等。通过信息化手段将自身的技术手段形象化展现于评标专家的面前，提高技术标分数，提升项目中标概率。

BIM投标模式的推广能够促进各承包商提高自身技术手段，改变传统低价中标、利润靠索赔的盈利方式。BIM软件对于技术标的主要BIM应用有项目可视化展示、碰撞检测、施工模拟、安全文明施工等。

4. 投标文件优化

投标文件的优化是在商务标编制和技术标编制后，将两者相联系：一是根据编制过程中的问题实施自身的报价策略；二是实现商务标和技术标的平衡，形成经济合理的项目报价。优化取决于信息、复杂程度和时间三个要素：BIM模型提供了建筑物几何、物理等准确信息；复杂程度是工程施工及方案的难度，通过模拟和工程数据库确定施工方案同成本的平衡；时间是由于投标时间紧张，要在建设单位规定时间内完成有效合理的投标文件。

BIM应用对报价策略的实施：①BIM造价软件同基础BIM数据库关联，把投标项目同数据库类似项目对比，形成多个清单模型，实现成本对比分析，确定计价的策略和重点；②对在碰撞检测中统计的潜在错误及施工方案的风险，并综合考虑标准定额和企业定额，有针对性地进行投标报价策略的选择；③对成本中各专业、各工程子目、各工程资源自动化、精细化对比分析，为不平衡报价提供辅助，预留项目利润，编制商务标；④通过技术标编制过程中存在的问题，优化施工方案、施工组织，尤其是对施工难度比较大和施工问题比较多的设计施工方案的优化，改进工期和造价，并在施工模拟过程中统计可通过管理降低的工程成本；⑤辅助项目成本风险分析，就是对在本项目中可能影响项目效益的诸因素进行事先分析，对风险项目进行成本与措施的平衡报价，做好相应风险预防，如图 5-44～图 5-46 所示。

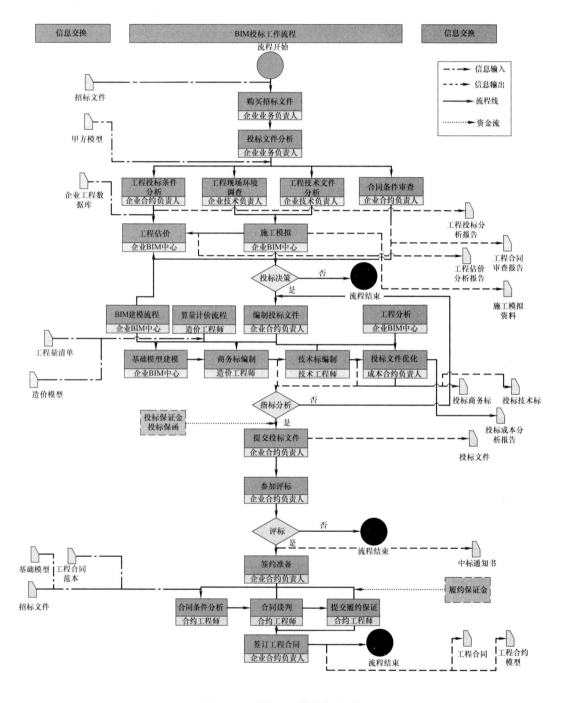

图 5-44　基于 BIM 的投标流程

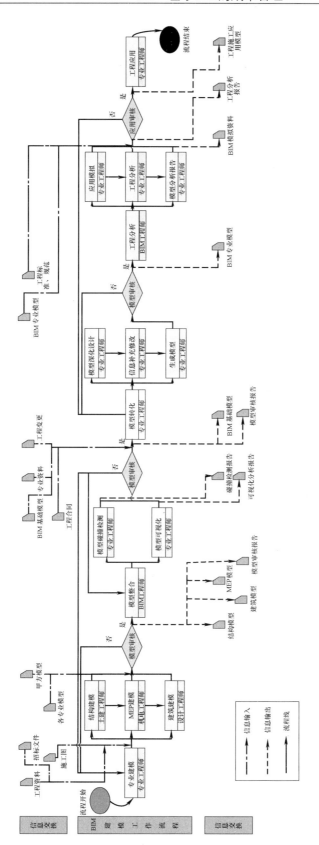

图 5-45 BIM 建模流程图

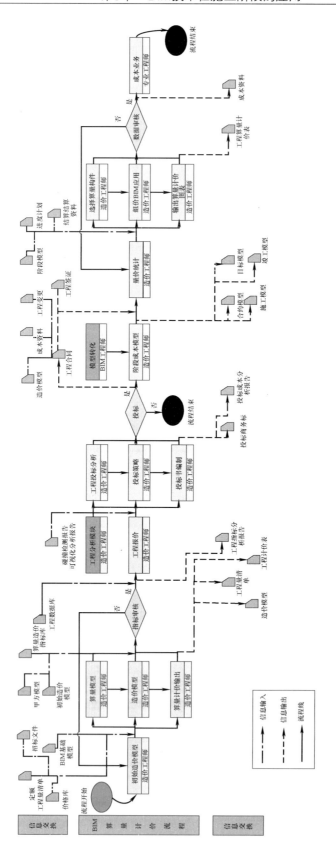

图 5-46　BIM 算量计价流程图

5.4.3　基于 BIM 的施工准备阶段成本管理

目前施工准备阶段成本管理与施工组织相脱离、资源管理与项目需要相脱离、目标责任不清晰，成本计划不准确，可执行性差，导致成本管理措施无法有效实施。BIM 成本管理的应用以 BIM 流程和相关 BIM 应用为基础，做好成本管理同施工组织相关知识领域的联系，通过目标模型和成本目标责任书明确成本责任，最终使项目和个人的目标成本能够融入项目建设与管理过程中。实质是通过 BIM 做好项目策划，在 BIM 辅助下实施施工准备：通过赋予 BIM 模型内各构件时间信息，利用自动化算量功能，输出任意时间段、任一分部分项工程细分其工程量；基于工程量确认某一分部工程所需的时间和资源；根据 BIM 数据库中的人材机价格及统计信息；由项目管理者安排进度、资金、资源等计划，进而合理调配资源，并实时掌控工程成本。具体要做好优化施工组织设计、编制资源供应计划、明确成本计划与成本责任以及分包管理四方面工作。

1. 优化施工组织设计 BIM 应用方法

通过 BIM 软硬件虚拟施工，实现对施工活动中的人、财、物、信息流动的施工环境三维模拟，为施工各参与方提供一种易控制、无破坏、低耗费、无风险且能反复多次的实践方法。实现提高施工水平、消除施工隐患、防止施工事故、减少施工成本及工期、增强施工过程中决策、优化与控制能力的目的。通过 BIM 技术手段减少或避免项目的不必要支出，提高对不可预见费用的控制，增强承包商核心竞争力。

施工方案的优化：①对投标阶段技术标进行深化，注重施工的可行性和经济性，通过 BIM 工程数据库对同类工程项目的特定工序进行多方案的施工对比与施工模拟，从中选择经济合理、切实可行的施工方案；目前在项目基坑开挖、管道综合布局、钢结构拼装、脚手架的搭建与分析等施工方案都可通过 BIM 模型在相应软件中实现优化。②将施工方案所设计的 BIM 模型导入到相关 BIM 应用的模型中，通过对方案的模拟发现其中的难点、不合理地方及潜在施工风险，并通过对模型和方案的修改研究实现相应的预防解决方案。

施工部署则是利用管理的手段，通过 BIM 实现对施工现场及施工人员的部署。通过在 BIM 中将各建筑物和道路等施工辅助构件进行合理的现场部署，形成合理的施工平面，形成科学合理的场地及施工区域的划分，确保合理的组织运输，并在确保生产生活便利的情况下，尽可能地充分利用现场内的永久性建筑物和临时实施等，进而减少相关费用的支出。此 BIM 应用的实施要点即将平面图中的建筑物与施工过程相结合，确定好施工辅助器具及相关厂房以及临时设施的布置，形成在便于施工且无须频繁改变的施工平面布置。

在确保质量、工期前提下，对进度、资源均衡的优化，这种多维、多目标的优化是以精确工程量为基础的，此工程量包括实体工程量和临时性工程量。BIM 环境下通过以下方式实现工程资源和工期的优化：①将实体、临时性、措施性的项目进行建模，通过计算的工程量、工程数据库指标以及优化后的施工部署确定施工计划，输出各施工计划内的资源需求量；②将模型构件与施工工序关联，实现工期同工程量及资源数据的关联；③将 BIM 输出的工期、资源数据导入 Project 软件进行工期、资源均衡的优化，确定最优工期和项目施工工序及关键线路；④将施工工序和最优工期输入到 BIM 施工准备模型，重新计算各施工段工程量，并进行施工模拟，输出各工程节点的工程量、成本、资源数据曲线及统计表；⑤将 Project 或 Excel 编制的进度计划导入 BIM 软件的进度计划模块，实现建筑构件与进度数据的关联设置，进行虚拟建造。

2. 编制资源供应计划 BIM 应用方法

基于 BIM 的资源供应计划有两方面的含义：一是在进行资源采购和调配的过程中，随工程进度合理采购和调配工程资源；二是对工程建设项目采取定额领料施工制度。两层含义的实质都是合同性资源采购与调配严格控制资源数量，非合同性资源通过鲁班 BIM 中的材价通软件根据特定材料的实时价格采取采购策略，将采购策略与市场接轨。

BIM 为编制资源计划提供相应的决策数据，相关辅助部门在 BIM 的辅助下做好阶段性所需资源的输入和管理规划。资源供应计划 BIM 应用步骤：①将优化的工期与模型关联并调入造价及下料软件；②输出各阶段工作所需资源统计表，采购部按材料统计表制定采购计划，明确各阶段采购数量、运输计划、检验检测方法及存储方案；③工程部根据人力需求明确各工序人员数量，确定劳务分包及自有劳务人员的生产活动安排，基于 BIM 模拟合理布置工作面和出工计划；④机械设备根据需求合理安排施工生产，对于租赁的机械设备做好相应的调度和进出场时间安排，做好机上人员与辅助生产人员的协调与配合规划。

3. 确定成本计划与成本责任 BIM 应用方法

在成本管理计划的 BIM 应用核心是算量计价，工作核心是制定科学有效的成本计划与资金计划，并且做好成本责任的分配与考核准备工作。

科学有效的成本计划即能够同施工计划、资源计划等相关信息协同工作，实现相对平衡的成本支出与资金供应计划。通过 BIM 模型将成本同其他维度信息相关联，并优化不同信息维度。通过工期—资源优化，利用 BIM 模型输出较为合理的成本计划：①对阶段性工作构件输出工程量及成本，通过在 BIM 模型中呈现相关工作，并将这种临时性的工作成本折算计入实际成本，以综合单价工作包的形式形成成本计划，避免重复的算量计价工作；②施工模型每个工作面及构件形成相应的综合计划成本，并输出各分部项目和人材机等生产要素的计划成本；③根据各类成本重要性及指标库所提供的弹性范围确定成本计划的质量和效益指标，确定阶段性成本控制难点和要点，制定针对性成本控制措施；④输出不同类型成本汇总表供施工过程参考对比，形成各部门及其负责人成本控制目标成本。具体过程如图 5-47 所示。

4. 分包管理 BIM 应用方法

在分包管理过程中，BIM 应用首先要确定合理的分包价格，并进行实时的计量结算：分包价格的确定可通过目标成本模型对分包工程成本进行核算，同 BIM 工程数据库分包项目的对比分析，确定合理的分包价格和工程工期，并以此进行分包项目的招标和分包商的选择；确定分包商后，转化形成分包 BIM 模型，在分包工期与资金的弹性范围做好分包项目实施，同时做好对分包工程计价和工程进度工程款的支付工作。

5.4.4　基于 BIM 的施工阶段成本管理

施工阶段成本管理表现为对不同对象、要素工作的全方位、全范围的整合管理。施工阶段 BIM 成本管理依据是成本管理工作任务分工表、各类 BIM 工作流程及项目管理制度。施工阶段随着项目实体由于进度、变更等原因的改变，BIM 模型必须不断更新并与实

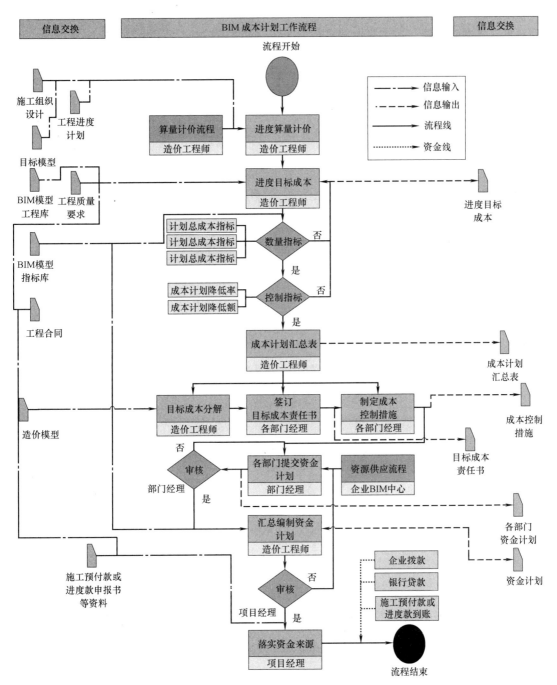

图 5-47 BIM 成本计划流程

际施工保持一致。施工过程至少有三种模型：一是进行施工协调和方案模拟的模型；二是承包商基于目标成本的施工模型；三是同甲方进行结算的模型；后两者的区别主要是采用定额和计价价格数据的区别。

施工阶段 BIM 应用同工作活动间的关联性多，BIM 的辅助有两点：通过运用 BIM 软件对施工组织的辅助优化；对数据的收集与处理，是通过信息化系统对项目实现综合性和实时性掌控。本节从成本控制、成本分析与考核、成本动态管理三方面分析施工阶段基于BIM的成本管理方法，成本控制偏重对 BIM 应用可视化、数据采集以及模拟功能的应用方法，成本核算与分析以及成本考核偏重对 BIM 系统数据的处理和应用。

1. 施工阶段基于 BIM 的承包商成本控制方法

施工阶段将 BIM 应用分为资源消耗量控制和计量结算工作 BIM 应用点分析。控制资源消耗量按工作性质分为间接资源消耗控制与直接资源消耗控制；间接资源消耗控制是通过对方案优化或沟通协调对资源节约控制；直接资源消耗控制是采取措施减少资源用量。

1）间接资源消耗控制

间接资源消耗控制主要对那些同成本管理相关联项目知识维度的控制，包括对进度、施工技术方案等优化和工程协调与信息共享工作。前者通过技术手段减少成本的支出，包括施工可视化、施工方案模拟优化、质量监控、安全管理、模型更新等工作；后者通过管理手段减免不必要的项目管理工作和由于沟通不畅而造成对实体工作的影响，主要有数据收集与共享、3D 协调等应用。

2）直接资源消耗控制

直接资源消耗的控制基本思想就是施工精细化管理，核心是理清资源、工程量、价格及资金流对应部门间的逻辑关系，并在施工过程中按资源管理制度严格控制，进而达到控制成本的目的。BIM 资源管理则是根据模型和资源数据库提供完成合格工程的资源量及资源使用方案，精细化地提供建筑构件的资源量。资源控制逻辑关系如图 5-48 所示。

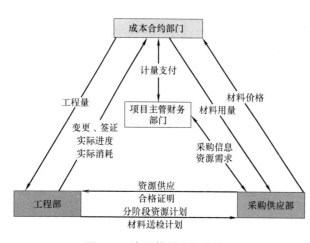

图 5-48　资源控制逻辑关系图

由图 5-48 知，不同部门资源管理的侧重与管理方式不同，成本合约部门注重通过工程量实现对资源数量的控制，采购部门负责对资源价格和供应的控制，工程部负责对资源消耗量的控制，财务部门负责资金回收与支出，形成准备-采购供应-消耗-反馈的闭合过程。因此，施工阶段不同部门也应该根据自身工作的侧重运用 BIM 实现对资源的管理控制。

3）成本合同外工作

成本合同外工作是指对项目建设过程中出现的变更、签证、索赔等对合同条件发生改变的管理工作，这些工作会对工期、工程量、工程款等合同实质性内容发生改变。实施应用体现为通过 BIM 确定合同外工作工程量价并在确认后对施工模型实时更新修改。以工程变更 BIM 应用为例：①通过 BIM 算量计价软件，对变更方案进行空间与成本的模拟，了解变更对进度、成本等的影响，然后选择合理的变更方案；②对于承包商自动检测发生变更的内容并直观地显示成本变更结果，及时计量和结算项目变更工程价款，替代传统繁琐而不准备通过手动对变更的检查计算；③出现索赔事件，通过 BIM 模型及时记录并做好索赔准备，通过计量算价和施工模拟等功能实现对工期、费用索赔的预测，并实施索赔流程。

4）计量和结算管理

工程的计量与结算是对资源消耗成本化的过程，是成本控制的核心阶段与工程结算和成本动态控制的基础，体现为不同参与者之间资金的流动。因此此阶段 BIM 实施的核心工作是工程计量与结算，具体有计量工程量、价款结算的核对与统计及相应阶段资金管理。

（1）工程计量

工程计量是工程参与各方对合同内和合同外工程量的确认，承包商计量工作包括外部对自身工程的计量以及自身对分包工程的计量，两工作过程相似。BIM 应用是在对工程量测量后，将测量结果导入到算量模型；对比施工模型、目标模型等不同模型工程量；对存在偏差工程量研究并同建设单位进行确认；在完全确认后通过 BIM 系统完成向造价工程师的信息传输。

（2）工程结算

工程结算是对实际工程量进行计价，将工程实体转货币化，按照合同约定计量支付周期确认工程量后由造价工程师结算。BIM 实施：①造价工程师以造价资料为依据对投标模型、目标模型和施工模型工程量的属性修改，选择计价区域并自动化计价，对工程造价的快速拆分与汇总，输出工程量报价和工程价款结算清单；②BIM 输出结算周期内的工程款支付申请，经相关审核程序后由财务部同甲方进行进度款支付申请和结算；③建设阶段通过 BIM 系统中模型和支付申请核准工程阶段价款；④根据分包模型及资料进行分包结算，分包结算过程是在分包工程质量合格的基础上准确计量工程量，按分包合同进行进度款的结算与支付；⑤在相应项目结算后将相应的实体、时间和成本在施工模型中更新，并上传至 BIM 系统数据库，完成对成本数据的动态收集；⑥将 BIM 系统通过互联网与企业 BIM 系统对接，总部成本部门、财务部门可共享每个工程项目实际成本数据，实现总部与项目部的信息对称，加强总部对项目部成本的监控与管理。

（3）工程资金管理

BIM 应用要点：①基于模型对阶段工程进度精确计量计价确定资金需求，并根据模型支付信息确定当期应收、应付款项金额；②进行短期或中长期的资金预测，减少资金缺口，确保资金运作；③通过 BIM 系统对各部门具体项目活动进行资金申报与分配的精确管理，财务部门根据工作计划审核各部门资金计划；④通过 BIM 模型实时分析现金收支情况，通过现金流量表实现资金掌控。

2. 施工阶段基于 BIM 的承包商成本分析与考核方法

1）施工阶段承包商成本分析

成本分析的基础是成本核算，成本核算是在结算的基础上对施工建设某阶段所发生的费用，按性质、发生地点等分类归集、汇总、核算，形成该阶段成本总额及分类别单位成本。BIM 成本分析：①通过 BIM 模型对成本分类核算，并上传至 BIM 系统；②对合同造价、目标成本、实际成本所对应合约模型、目标模型和施工模型多算对比，形成对总价、分部分项、细部子目、总偏差、阶段偏差等方面对比分析输出；从时间、工序、空间三个维度多算对比，及时发现存在问题并纠偏；③通过 BIM 系统成本分析模块，项目参与人员项目任意拆分汇总并自动快速计算所需工程量，自动分析并输出图表；④由于在 BIM

中实现了资源、成本与项目实体构件的关联，快速发现偏差的施工节点，通过施工日志对相应节点进行偏差分析；⑤问题体现为成本阶段性偏差与总偏差，并提供成本超支预警；⑥通过对数据分析的辅助发现成本偏差的根本原因；⑦成本原因分析，根据工作任务分工表确定责任部门及责任人，通过 BIM 软件的优化或模拟、评价，改进方案的可行性与经济性；⑧采取调控措施，对相应偏差负责部门发出调控通知表的方式督促其进行成本偏差的调整。

2）施工阶段基于 BIM 的承包商成本考核分析

施工阶段成本考核由项目部办公室负责，根据管理及考评制度、成本目标完成情况进行奖惩。BIM 的应用方法主要是通过数据为考评提供决策依据。

3. 施工阶段基于 BIM 的承包商成本动态管理方法

成本的动态控制以成本计划和工程合同为依据，动态控制成本的支出和资源消耗。此阶段 BIM 应用多是对成本静态管理常用应用的串联，基于 BIM 的承包商成本动态管在 BIM 应用工作流程的指导下，做好以下四方面工作：

1）现场成本及其相关数据的动态收集

通过移动端和 WEB 端 BIM 应用数据统计输入等方式实现对现场数据的动态采集，具体采集方式按施工质量、资源控制等维度步骤进行。需要明确的是采集的数据首先传输至负责该部门成本信息管理与处理的 BIM 工程师，由其审核、处理后转入 BIM 系统平台共享。

2）成本数据的实时处理与监控

通过对收集的数据由 BIM 系统自动化处理并实现项目参与者实现对自身权限内进度、成本及资源消耗等成本信息的实时监控，通过资源管理与跟踪、工程量动态查询、进度款支付与控制以及索赔变更统计等功能模块及时发现施工资源与成本管理的矛盾和冲突。应用的核心是 BIM 系统的数据分析、多算对比及动态模拟功能模块应用。

3）成本调控策略制定

在对成本数据处理、出现监控预警后进行动态调控，通过追踪偏差部位进行成本偏差原因分析，并形成调控意见输出成本预警单，通过 A、B、C、D 划分说明调整的迫切程度。将成本预警通知单下发至相应部门，根据成本偏差额度在 BIM 模型中分析调控方案，形成具体的调控策略并执行。

4）成本调控策略的跟踪实施

成本调控策略的跟踪实施一方面是通过 BIM 系统实现对成本调控策略实施效果的监控，另一方面是实现资源、进度计划、成本的同步调整和实施。此时的 BIM 实施多是对前面各阶段 BIM 应用的重复运用，如图 5-49 所示。

5.4.5　基于 BIM 的竣工阶段成本管理

对工程项目的交接，通过确认最终工程量对工程价款结算，BIM 可进行竣工结算资料的编制和合同争议的处理；工程总结包括项目部和施工企业两个层次，主要是对成本过程进行分析与考核，通过知识管理形成项目数据库。

在最终结算文件的编制过程中，BIM 实施：①运用 BIM 的算量计价软件根据 BIM 模型和过程结算资料输出竣工结算工程量和工程价款统计表；②通过 BIM 模型确认竣工结

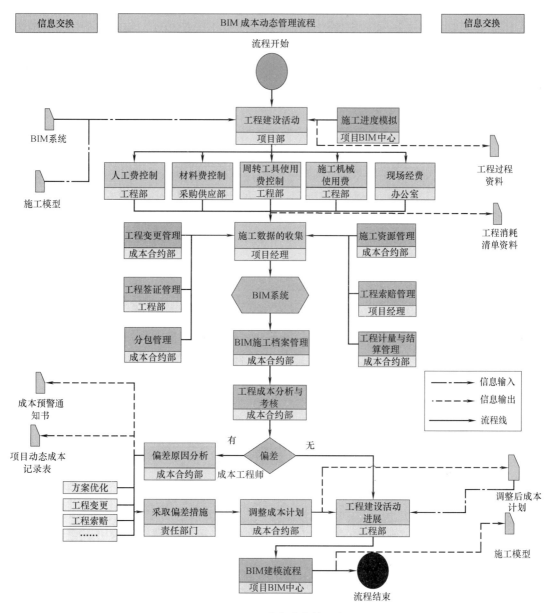

图 5-49 BIM 成本动态管理流程

算过程中整个施工过程的工程量，并对各项成本进行核算分析；③通过结算资料同竣工模型的对应，检查是否有缺项漏项或重复计算，各项变更或索赔等费用是否落实；④通过BIM 系统随施工过程所输出的电子档案，整理形成符合建设单位要求的竣工结算文件；⑤通过施工日志和施工模型的辅助，实现对争议事件的回顾与分析，促进甲乙双方对争议事件的解决。

竣工结算后承包商需要通过竣工模型转化为运维模型并交付于建设单位，一方面方便业主根据各种条件快速检索到相应资料，提升物业管理能力；另一方面以运维模型进行缺陷责任期对建筑项目的维护与保修，制定切实可行的工程保修计划，并在竣工结算时合理预留工程保修费用。

BIM知识管理是以BIM数据库的形式体现，形成工程指标库，实施如下：将各阶段工程资料电子档案同对应模型关联后上传BIM系统；通过BIM系统对模型数据按系统类别分解、指标化分析，归纳进入所属数据库，实现钢筋等资源消耗、同类工程成本估价等应用；类似工程通过对同类工作和指标参考，为后续项目各阶段决策与管理工作提供建议。

目前承包商知识管理刚刚起步，BIM数据库可参照工程很少。在实施过程中最大的难点是一个模型难以定义不同阶段的数据信息，需通过多个模型展现，一方面存储难度大；另一方面多算对比需要调用若干模型，若操作不便，导致施工过程中模型改变步步备份，增加模型创建工作量，也导致数据的对比分析操作较为复杂。因此实现同一模型中对同一构件通过数据库后台存储，实质就是通过构件编码实现对同一构件基于时间和类型的存储，通过一个模型实现对其不同阶段数据的应用。知识管理的快捷实现仍需要软件和知识管理理念的推动发展。

5.4.6　基于BIM的成本管理案例

某中学项目由教学区、学生宿舍楼、学生食堂、教室公寓、艺体馆、运动场以及相关配套组成，其中教学区由教学楼、实验楼、图书馆和阶梯教室组成，建成后可供36个教学班使用。项目用地100亩（6.7hm²），总建筑面积28 281m²，其中教学用房及教学服务用房15 011m²，生活用房8750m²，架空层连廊520m²，地下车库4000m²。项目总投资约1亿元，其中建筑安装工程约6000万。根据现场地形各单位工程设置错落有致。某中学设计效果图与教学区BIM三维模型如图5-50所示。

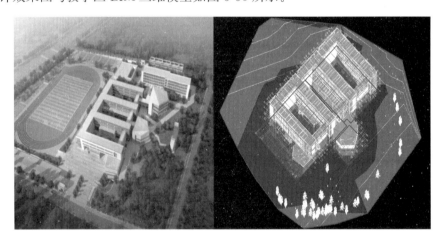

图5-50　某中学设计效果图与BIM三维模型

1. 招标阶段BIM应用

招标阶段BIM团队根据招标阶段各工作应用流程和BIM应用策略，实施了BIM建模与图纸审核、碰撞检测、施工可视化、工程对量与造价等BIM应用，并模拟实现投标决策与投标资料管理等BIM应用。

1）BIM建模与图纸审核

采用各专业 2D 图纸转化建模，通过建模过程发现施工图纸存在的问题。在某中学项目中通过对建筑、钢筋、安装三个专业建模发现图纸中存在标注错误、平立剖不对应、详图说明模糊、配筋不符规范等主要问题，通过云模型检测模型和图纸错误，如图 5-51 所示。

图 5-51　钢筋错误标记和模型云检查

2）碰撞检测

进行多专业碰撞检测施工漫游碰撞检测，实现项目各单位工程各层碰撞点的统计，并输出各单位工程各层碰撞检测报告和碰撞点定位，本项目中主要是管道与管道、梁、柱等的碰撞。根据软件反查搜索功能调整碰撞点、设置预留洞口。如图 5-52 所示为附中教学楼项目碰撞示例与施工漫游。

3）施工可视化

BIM 团队通过建模过程三维可视化发现设计碰撞以及设计潜在缺陷，经过统计汇总形成图纸问题报告并反馈于基建处。同时通过向其展现各工程三维可视化模型，并对工程设计理念和真实效果等展开讨论。由 BIM 团队配合基建处将可视化报告反馈设计单位，实现对图纸问题和方案的调整。例如通过可视化调整了建筑内部楼梯和建筑柱子布局，如图 5-53 所示。

图 5-52　碰撞检测示例

图 5-53　模型可视化

4）工程对量与造价

BIM 团队根据 BIM 模型输出工程量同造价咨询单位所计算工程量对比，统一招标文件的清单格式与清单子目，调整钢筋、部分子目等工程量偏差大的工程合同；通过材料价格数据库软件与 BIM 数据库联动，完成进行 BIM 模型的造价计算，并同承包商投标文件进行价格对比与造价分析，在实施过程中通过跟踪计量和框图出量等，可以及时发现项目子目工程量和价格存在的问题。

2. 施工准备阶段成本管理 BIM 应用

施工准备阶段工程管理研究所 BIM 团队主要实施了模型转化、场地分析、施工方案模拟、施工材料计划四大 BIM 应用。

1）模型转化与应用

承包商在进场后 BIM 团队首先根据钢筋模型转化为土建模型及安装模型，然后根据 BIM 建模流程、工程合同以及施工组织设计实现基础专业模型向合约模型和施工模型的转化。图 5-54 为钢筋模型转化为土建模型。

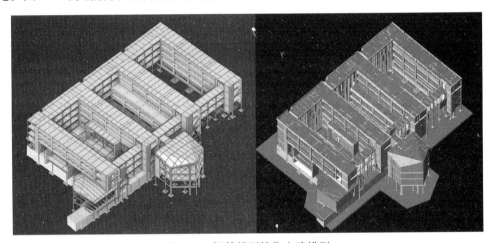

图 5-54　钢筋模型转化土建模型

2）现场场地分析

由于某中学项目现场地形复杂，设计院提供了初始的土方量及基础设计方案。BIM 团队根据地形图进行施工现场模拟并根据设计地坪进行场地平整土方量的计算，发现原设计标高同优化的设计标高在土石方量上有很大的差别，因此通过 BIM 运算确定了场地最佳设计标高并反馈基建处，由其通知设计单位修改设计方案。

承包商进场后，测量现场坐标同原始坐标有出入，双方就土方量确认出现争议。双方通过模型同现场实际场地地形的对比，重新进行坐标点测量和现场模拟，最终得到双方确认的场地地形坐标。团队成员采用飞时达及南方 CASS 这两种土方优化软件进行土方调配优化并模拟调配方案。现场地形模拟如图 5-55 所示。

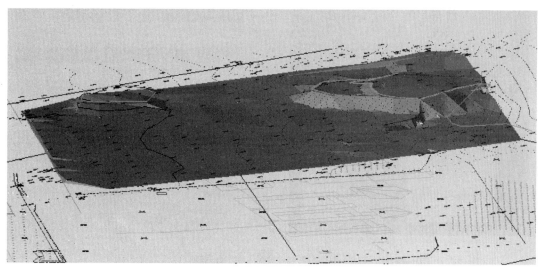

图 5-55 飞时达软件对某中学工程建设现场的可视化展示

3）施工计划模拟与工程跟踪

将承包商施工组织设计、教师公寓施工计划、各单位工程施工模型，结合工程造价信息输出 BIM 进度工程资源及成本统计，实现工期、资源、工程实体相结合的施工模拟，动态呈现承包商施工过程的资金需求。对教学楼 BIM 模型基础构件定义不同颜色，标记施工状态，区分施工准备、正在施工以及即将施工的工作内容，通过三维视图展现工程的进展与准备工作，如图 5-56 所示。

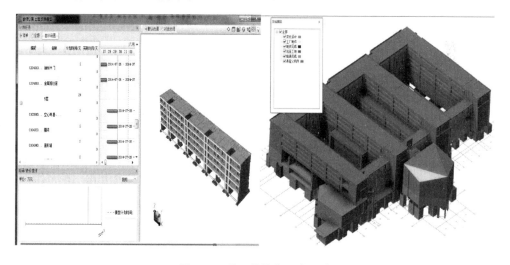

图 5-56 施工模拟与工程跟踪

4）施工方案与资源计划

在教学楼土建 BIM 模型中布置土方开挖与基础施工方案，基于模型进行施工段工程量统计，并与同类工程在指标库中进行对比。确定最终施工方案后输出教学区某施工段工程量输出资源需求表格。图 5-57 为基于施工方案的工程量统计与指标对比分析。

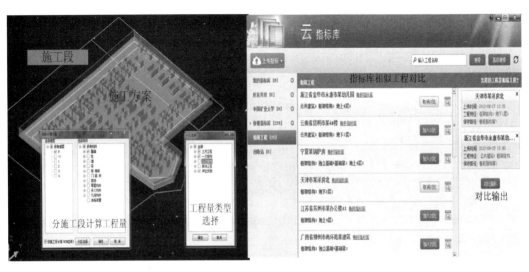

序号	项目编码	项目名称	计量单位	工程量	金额(元)		备注
					单价	合价	
		A.4 混凝土及钢筋混凝土工程					
1	010401002003	独立基础（C35） 1. 混凝土强度等级:C35 2. 混凝土拌和料要求: 3. 砂浆强度等级:	m³	603.61			
2	010401003004	满堂基础（C30） 1. 混凝土强度等级:C30 2. 混凝土拌和料要求: 3. 砂浆强度等级:	m³	5411.94			
3	010401003011	满堂基础(集水井 C30) 1. 混凝土强度等级:C30 2. 混凝土拌和料要求: 3. 砂浆强度等级:	m³	9121.40			

图 5-57   施工工程量统计与指标对比分析

3. 施工阶段 BIM 应用与规划

承包商在完成部分区域场地平整后准备开始土方与基础开挖工作，BIM 团队主要实施施工方案模拟与交底、现场资源控制、现场协调、资料管理四个 BIM 应用。以下是目前正在实施的 BIM 应用点：

1）基础施工方案模拟与交底

根据承包商施工组织设计土方开挖与基础施工方案在土建模型中进行基础施工方案的三维呈现，明确土方开挖范围、基础施工放坡、现场独立基础位置等技术要点，并通过三维模型结合施工方案进行现场施工方案交底和现场施工人员布置。图 5-58 为某中学教学区土方开挖方案三维呈现。

2）现场资源控制

根据施工准备阶段输出基于施工段的工程量与资源计划，在造价软件中通过框图出价计算所需的人材机工

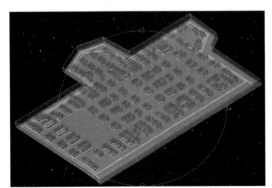

图 5-58   某中学教学区土方开挖方案三维呈现

程量；根据 BIM 软件数据库指标库确定基础施工资源量和负责人目标成本；基于三维施工方案施工段布置现场机械与人员的组织配合，提高机械、人力工作效率；根据施工进度将现场数据上传至某 BIM 软件的 BE、MC 系统，用 MC 系统进行资源、成本的审核分析；通过动态管理流程控制施工成本。图 5-59 为中学教师公寓对于所选构件人材机以及资金等资源的输出和操作界面。

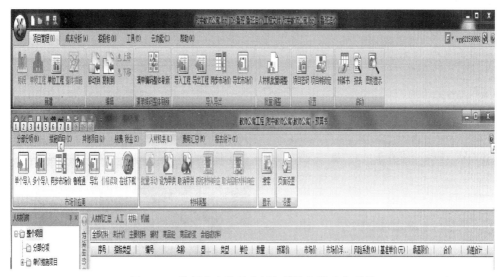

图 5-59　教师公寓构件人材机等资源输出与操作

3）现场协调

通过某 BIM 软件的 BE、MC 系统以及工程模型进行现场遇到问题的展示与解决方案模拟。承包商通过 Iban 将施工实际照片上传 BE 系统，通过 EDS 系统实现基建处、承包商、监理单位、设计单位实时查看项目模型与现场施工状况，并就存在问题进行协调。在教学楼项目中，在 BE 系统中对模型的构件进行进度、工程量、材料等属性的设置，并由模型提供构件二维码。在施工过程中将二维码附着于实体构件上，现场施工可通过扫码获得相应工程信息。图 5-60 为教学区地下室模型构件信息。

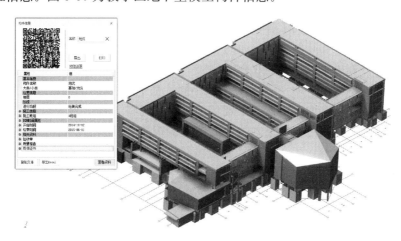

图 5-60　教学区地下室模型构件信息

4）资料管理

将施工合同、施工过程资料扫描转化为 PDF 文件上传至某 BIM 软件的 BE 系统，并将资料同模型构件相关联，同时可将各类资料分类存储，便于使用者调取。各相关者通过 BE 和 EDS 系统查看权限内项目资料。图 5-61 为教学楼 BE 系统资料管理。

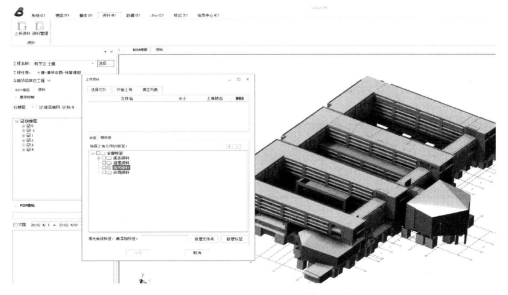

图 5-61   教学楼 BE 系统资料管理

5.5   竣工、移交的 BIM 成果交付

5.5.1   竣工、移交的成果交付概述

在完成工程设计和合同规定的各项内容后，由施工单位对工程质量进行检查，确认工程质量符合有关法律、法规和工程建设强制性标准，符合设计文件及合同要求，然后提出竣工验收报告。建设单位收到工程竣工验收报告后，对符合竣工验收要求的工程，组织勘察、设计、监理等单位和其他有关方面的专家组成验收组，制定验收方案。在各项资料齐全并通过检验后，方可完成竣工验收。

基于 BIM 的竣工验收与传统的竣工验收不同。基于 BIM 的工程管理注重工程信息的实时性，项目的各参与方均需根据施工现场的实际情况将工程信息实时录入到 BIM 模型中，并且信息录入人员需对自己录入的数据进行检查并负责到底。在施工过程中，分部、分项工程的质量验收资料，工程洽商、设计变更文件等都要以数据的形式存储并关联到 BIM 模型中，竣工验收时信息的提供方需根据交付规定对工程信息进行过滤筛选，不宜包含冗余的信息。

竣工 BIM 模型与工程资料的关联关系，通过分析施工过程中形成的各类工程资料，结合 BIM 模型的特点与工程实际施工情况，根据工程资料与模型的关联关系，将工程资料分为三种：

(1) 一份资料信息与模型多个部位关联；

(2) 多份资料信息与模型一个部位发生关联；

(3) 工程综合信息的资料，与模型部位不关联。

将上述三种类型资料与 BIM 模型链接在一起，形成蕴含完整工程资料并便于检索的竣工 BIM 模型。

基于 BIM 的竣工验收管理模式的各种模型与文件的模型与文件、成果交付应当遵循项目各方提前制定的合约要求。

5.5.2 竣工验收阶段 BIM 模型内容

建筑专业竣工模型内容如表 5-8 所示。

建筑专业竣工模型内容表　　　　　　　　　表 5-8

序号	构件名称	几何信息	非几何信息
1	场地	场地边界(用地红线、高程、正北)、地形表面、建筑地坪、场地道路等	地理区位、基本项目信息
2	建筑物主体	外观形状、体量大小、位置、建筑层数、高度、基本功能分隔构件、基本面积、建筑标高等	建筑房间与空间类别及使用人数；建筑占地面积、总面积、容积率及覆盖率；防火类别及防火等级；人防类别及等级；防水防潮等级等基础数据
3	主体建筑构件(楼地面、柱、外墙、外幕墙、屋顶、内墙、门窗、楼梯、坡道、电梯、管井、吊顶等)	几何尺寸、定位信息	材料信息、材质信息、规格尺寸、物理性能、构造做法、工艺要求等
4	次要建筑构件(构造柱、过梁、基础、排水沟、集水坑等)	几何尺寸、定位信息	材料信息、材质信息、物理性能、构造做法、工艺要求等
5	主要建筑设施(卫浴、家具、厨房设施等)	几何尺寸、定位信息	材料信息、材质信息、型号、物理性能、构造做法、工艺要求等
6	主要建筑细部(栏杆、扶手、装饰构件、功能性构件如：防水防潮、保温、隔声吸声设施等)	几何尺寸、定位信息	材料信息、材质信息、物理性能、设计参数、构造做法、工艺要求等
7	预留洞口和隐蔽工程	几何尺寸、定位信息	材料信息、材质信息、物理性能、设计参数、构造做法、工艺要求等

5.5.3 集成交付总体流程

对于 BIM 竣工模型，其数据不仅包括建筑、结构、机电等各专业模型的基本几何信息，还应该包括与模型相关联的、在工程建造过程中产生的各种文件资料，其形式包括文档、表格、图片等。

通过将竣工资料整合到 BIM 模型中，形成整个工程完整的 BIM 竣工模型。BIM 竣工模型中的信息，应满足国家现行标准《建筑工程资料管理规程》JGJ/T 185、《建筑工程施工质量验收统一标准》GB 50300 中要求的质量验收资料信息及业主运维管理所需的相关资料。

竣工验收阶段产生的所有信息应符合国家、行业、企业相关规范、标准要求，并按照合同约定的方式进行分类。竣工模型的信息管理与使用宜通过定制软件的方式实现，其信息格式宜采用通用且可交换的格式，包括文档、图表、表格、多媒体文件等。

竣工模型数据及资料包括但不限于：工程中实际应用的各专业 BIM 模型（建筑、结构、机电）；施工管理资料、施工技术资料、施工测量记录、施工物资资料、施工记录、施工试验资料、过程验收资料、竣工质量验收资料等。涵盖工程建设阶段的总体信息模型处理整体流程如图 5-62 所示。

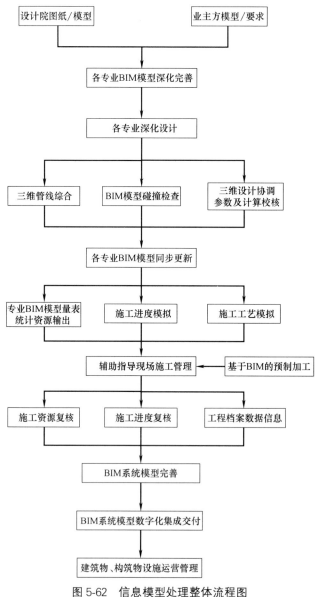

图 5-62　信息模型处理整体流程图

由施工方主导，根据相关勘察设计和其他工程资料，对信息进行分类，对模型进行规划，制定相关信息文件、模型文件格式、技术、行为标准。应用支持 IFC 协议的不同建筑机电设计软件虚拟建造出信息模型。将竣工情况完整而准确地记录在 BIM 模型中。

通过数字化集成交付系统内置的 IFC 接口，将三维模型和相关的工程属性信息一并导入，形成 MEP-BIM，将所建立的三维模型和建模过程中所录入的所有工程属性同时保留下来，避免信息的重复录入，提高信息的使用效率。

通过基于 BIM 的集成交付平台，将设备实体和虚拟的 MEP-BIM 一起集成交付给业主，实现机电设备安装过程和运维阶段的信息集成共享、高效管理。

数字化集成交付总体流程如图 5-63 所示。

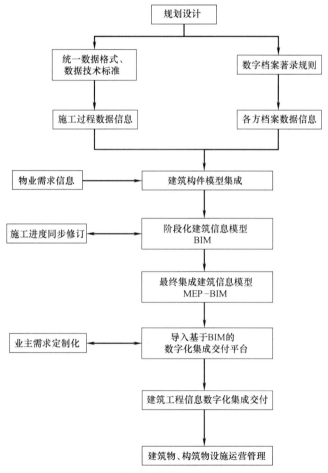

图 5-63　数字化集成交付总体流程图

5.5.4　BIM 模型交付要求

在工程建设的交界阶段，前一阶段 BIM 工作完成后应交付 BIM 成果，包括 BIM 模型文件、设计说明、计算书、消防、规划二维图纸、设计变更、重要阶段性修改记录和可形成企业资产的交付及信息。项目的 BIM 信息模型所有知识产权归业主所有，交付物为纸质表格图纸及电子光盘，且需加盖公章。

为了保证工程建设前一阶段移交付的 BIM 模型能够与工程建设下一阶段 BIM 应用模型进行对接，对 BIM 模型的交付质量提出以下要求：

（1）提供模型的建立依据，如建模软件的版本号、相关插件的说明、图纸版本、调整过程记录等，方便接收后的模型维护工作。

（2）在建模前进行沟通，统一建模标准，如模型文件、构件、空间、区域的命名规则，标高准则，对象分组原则，建模精度，系统划分原则，颜色管理，参数添加等。

（3）所提交的模型，各专业内部及专业之间无构件碰撞问题的存在，提交有价值的碰撞检测报告，含有硬碰撞和间隙碰撞。

（4）模型和构件尺寸形状及位置应准确无误，避免重叠构件，特别是综合管线的标高、设备安装定位等信息，保证模型的准确性。

（5）所有构件均有明确详细的几何信息以及非几何信息，数据信息完整规范，减少累赘。

（6）与模型文件一同提交的说明文档中必须包含模型的原点坐标描述及模型建立所参照的 CAD 图纸情况。

（7）针对设计阶段的 BIM 应用点，每个应用点分别建立一个文件夹。对于 3D 漫游和设计方案比选等应用，提供 AVI 格式的视频文件和相关说明。

（8）对于工程量统计、日照和采光分析、能耗分析、声环境分析、通风情况分析等应用，提供成果文件和相关说明。

（9）设计方各阶段的 BIM 模型（方案阶段、初步设计阶段、施工图阶段）通过业主认可的第三方咨询机构审查后，才能进行二维图正式出图。

（10）所有的机电设备、办公家具有简要模型，由 BIM 公司制作，主要功能房、设备房及外立面有渲染图片，室外及室内各个楼层均有漫游动画。

（11）由 BIM 模型生成若干个平面、立面剖面图纸及表格，特别是构件复杂，管线繁多部位应出具详图，且应该符合《建筑工程设计文件编制深度规定》。

（12）搭建 BIM 施工模型，含塔吊、脚手架、升降机、临时设施、围墙、出入口等，每月更新施工进度，提交重点难点部位的施工建议，作业流程。

（13）BIM 模型生成详细的工程量清单表，汇总梳理后与造价咨询公司的清单对照检查，得出结论报告。

（14）提供 iPad 平板电脑随时随地对照检查施工现场是否符合 BIM 模型，便于甲方、监理的现场管理。

（15）为限制文件大小，所有模型在提交时必须清除未使用项，删除所有导入文件和外部参照链接，同时模型中的所有视图必须经过整理，只保留默认的视图和视点，其他都删除。

（16）竣工模型在施工图模型的基础上添加以下信息：生产信息（生产厂家、生产日期等）、运输信息（进场信息、存储信息）、安装信息（浇筑、安装日期、操作单位）和产品信息（技术参数、供应商、产品合格证等），如有在设计阶段没能确定的外形结构的设备及产品，在竣工模型中必须添加与现场一致的模型。

5.5.5 BIM 成果交付内容

BIM 成果的主要交付类型包括以下四类：

1）模型文件

模型成果主要包括建筑、结构、机电、钢结构和幕墙专业所构建的模型文件，以及各专业整合后的整合模型。

2）文档格式

在 BIM 技术应用过程中所产生的各种分析报告等由 Word、Excel、PowerPoint 等办公软件生成的相应格式的文件，在交付时统一转换为 PDF 格式。

3）图形文件

图形文件主要是指按照施工项目要求，针对指定位置经 Autodesk Navisworks 软件进行渲染生成的图片，为 PDF 格式。

4）动画文件

BIM 技术应用过程中基于 Autodesk Navisworks 软件按照施工项目要求进行漫游、模拟，通过录屏软件录制生成的 AVI 格式视频文件。

本章小结

本章涉及建筑施工场地布置、施工进度管理、质量与安全管理、成本管理以及竣工、移交阶段的成果交付等施工阶段的 BIM 技术应用，应在熟悉各阶段的施工内容基础上，掌握 BIM 技术在各阶段的实施途径、实施流程、信息构成、模型要求和使用方式，结合具体案例，了解不同 BIM 软件在施工阶段管理内容的应用成果表现。

思考与练习题

5-1 场地布置的主要内容有哪些？在场地布置内容中，哪些可以使用 BIM 技术实现？

5-2 BIM 技术的场地布置与传统场地布置的区别是什么？

5-3 BIM 技术对进度管理的辅助作用主要体现在哪些方面？

5-4 基于 BIM 技术实施进度管理的主要内容包括哪些？

5-5 采用 BIM 技术进行工程质量安全管理时，哪些是需要考虑采集和输入的工程信息和数据？

5-6 工程质量安全管理的典型 BIM 应用有哪些内容？你对质量安全管理的应用还有什么其他建议？

5-7 BIM 技术在工程成本管理上有哪些应用范围？

5-8 在招标投标、施工准备、施工和竣工等各阶段，采用 BIM 技术进行成本管理都有哪些主要工作？

5-9 竣工移交时的 BIM 成果集成交付的总体流程一般包括哪些阶段？BIM 竣工成果需要交付哪些类型的资料？

第 6 章　BIM 技术在运营维护阶段的应用

本章要点及学习目标

本章要点：
(1) 建筑全生命周期的概念。
(2) BIM 技术在运维中的应用方法和步骤。
学习目标：
(1) 了解建筑全生命周期的概念。
(2) 通过案例掌握利用 BIM 技术在运维中的应用方法和步骤。

6.1　建筑全生命周期的基本概念

传统上理解的建筑全生命周期是包括规划设计、施工、竣工、运维及拆除在内的一个时间周期，在整个周期内贯彻信息化协作，这是 BIM 的一个最基本的理念。置于 BIM 的语境下，我们可以将整个时间周期以竣工为界划分为"虚拟的建筑"和"物理现实的建筑"两个大阶段。

前者相当于建设过程，以处理虚拟建筑模型结合建筑原材料为主要的 BIM 运作方式，后者则是运维过程，以处理虚拟建筑模型结合建筑物整体为主要的 BIM 运作方式。两个过程的基本逻辑关系是：运维是为最终用户服务的，建设是为了运维服务。

既然所有的建设是为了运维，那么在建设之前就应该出现一个"运维向建设提需求"的过程，特别是 BIM 的数据需求（Data Requirement）就在此阶段提出。这里的运维前置实际上是建筑的本性（Nature of Building），但是在国内传统的"重建设、轻管理"的时代被忽视了，此处的管理即指运维管理，只有少数开发商项目实现了部分的"物业前置"，即物业在竣工之前的一段时间就进场准备接收。在这种理念之下，我们就得到一个全生命周期信息协作的新模式，如图 6-1 所示。

著名的 BIM 建筑设计公司 HOK 总结了在这种协作模式下的流程总图，如图 6-2 所示。

图 6-2 出自 HOK 与佩纳的《Problem Seeking：An Architectural Programming Primer》，表达了建筑前期需求—建设期间的 BIM—建成后的工作空间管理系统三者之间的信息互操作关系。作者对此逻辑关系的解释是：建筑信息的全生命周期始于前期需求策划（POR，Program of Requirement）和那些让这个策划方案（Program）得以能够指导后续设计过程（Feed the Design Process）的详细信息。为了更有效率地工作，这个过程必须注重这些信息——这些经由整个设计、施工、调试和占用过程而开发出来的信息，确保某

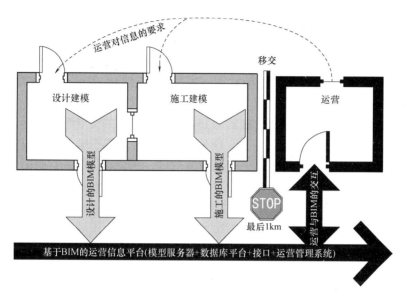

图 6-1　全生命周期信息协作模式

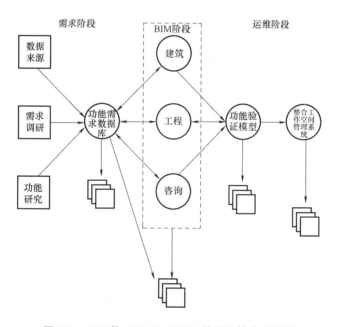

图 6-2　HOK 的 POR-BIM-IWMS 信息互操作关系图

一环节的信息能够更好地被其他环节所利用。最终这些信息都汇入一个综合运维管理平台 IWMS（Integrated Workplace Management System）。

　　当然这是信息化业已高度发达的社会所采用的流程，以国内现实情况来看这还是一个理想状态，但是这种理想状态所需要的方法、技术和工具都已经很完备了，国内可以完整地引入，从而可能引发整个行业的流程变革（BPR，Business Process Reengineering），尤其是运维与建设之间的流程关系，这就是 BIM 技术所带来的特有的效应。

6.2 运维的基本概念

国外的运维管理已经成为一个专门的学科体系，称之为 FM 体系（Facility Management），但是这个术语不可直译为设施管理（容易与国内的设备设施管理混淆），故以下我们都使用其英文简称 FM。在行业划分上，FM 与建设行业并称为 AEC/FM 产业，大致上相当于中国的建筑业和物业等产业的总和，是国民经济的重要组成部分；在专业教育体系上，是建筑技术、工程管理、企业管理、运筹学、计算机科学等多专业领域的交叉学科；在企事业单位管理中，它通常是一个由行政后勤、基建和运维、空间资产等职能组成的专业职能部门，与财务部、人事部、IT 部门并列属于企事业机构的内部支持服务的业务组团。近半个世纪以来，FM 已经逐渐发展成为一个高度整合的建筑全生命周期管理模式，FM 相关知识领域的关系如图 6-3 所示。BIM 在 FM 领域中的应用一般被称为"BIM＋FM 解决方案"。

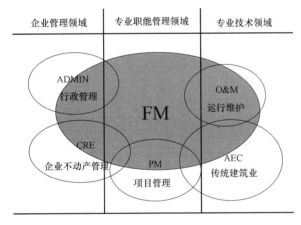

图 6-3   FM 相关知识领域的关系

国内原本就存在的各类相关专业不断整合的产业升级过程，FM 就是一个主要的发展方向。中国的全球性企业都已经开始建立这种管理模式，如腾讯、华为、联想等企业，大型国企、高等院校普遍建立后勤集团，政府机构也在学习美国联邦政府的 GSA（总务管理局，相当于联邦政府的后勤大管家机构，GSA 的建设管理部门在 2003 年发起的 BIM 计划曾极大地推动了 BIM 技术的发展）建立机关事务管理局。

我们将全社会的运维对象划分为如图 6-4 所示的类型，最后列举每种类型相应的服务形态：

自用物业是国外最典型的采用 FM 管理模式的领域，公共物业服务也参照这种模式简化操作，实际上在租售物业中的租户辖区内实际上也属于自用物业（相对于这个租户来说是自用，相对于开发商来说是租售）。相比于国外较为稳定的市场结构来说，国内行业还正处于剧烈的演化过程，目前是以住宅小区物业管理为主要形态，正在多方面借鉴先进管理理念和方法。这些对象就是"BIM＋FM"的主要业务对象。

运维并不总是与建设项目相关，相比于建设行业的鲜明的项目管理特征来说，运维管理更多的是处于某些企事业单位的机构组织管理中，于是建设与运维的行业主体视角就有巨大的不同，如图 6-5 所示。

从企业管理角度去看建筑业的情形是：一个在建工程只是企业所管理的不动产资产盘子（Portfolio）中的一部分，而对于建筑业来说，这个工程就是项目的全部。我们需要在建筑设施角度和企业管理角度之间来回切换，才能更好地理解设施运维管理。

以我国各级机关事务管理局所学习的对象美国联邦总务署（GSA）为例，GSA 在 20

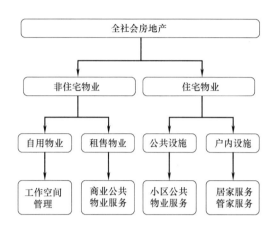

图6-4　全社会房地产分类与服务形态

世纪 80 年代拥有如图 6-5 所示的多种形式的不动产组合，但是逐渐发觉有很多不动产在租约到期后租金会上升，而未来如果选择盖楼，则在经济和法律风险方面不如买楼，于是改变不动产组合策略，这一战略决策影响着其在之后很多年运营管理方面的具体做法，其影响面是 GSA 所使用的（实际上是联邦政府各部门在使用、由 GSA 这个 FM 大管家所代管）高达数千万平方米的成千上万个单体建筑物。相应的，为 GSA 服务的建筑业供应商也在修订其策略，其中就有包括工程项目管理相关的因素，以至于 GSA 在 2003 年发起的BIM 计划，强制要求所有的工程类供应商在 2007 年之前的项目全部 BIM 化，此举极大地影响了整个美国的工程建设行业。

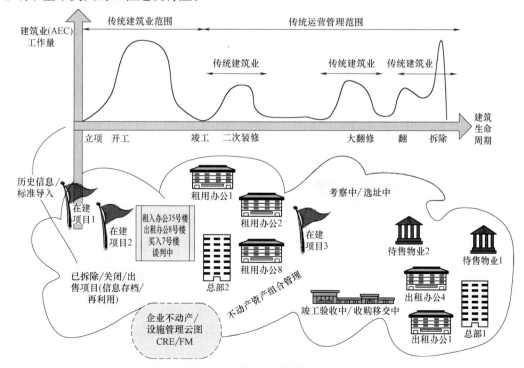

图6-5　建设与运维的视角对比

6.3　BIM 技术在运维中的应用

《BIM 手册》（文献 10）总结了在运维中应用的价值空间：从手工管理提升到计算机工具进行管理，再进一步提升到使用 BIM 技术管理，如图 6-6 所示。这两个提升空间在发达国家是分两个历史阶段分别完成的，而对于中国尚未充分发展起来的运维行业来说（具体表现之一就是信息化水平非常低），也有可能是一次性实现，这将会是一次巨大的技术带动的产业升级。

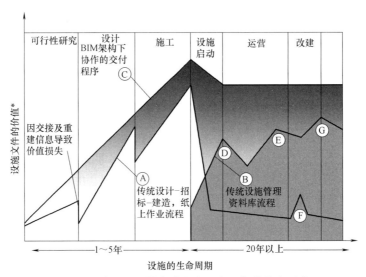

图 6-6　使用 BIM 技术减少全生命周期的信息丢失

A—传统的分阶段基于图纸的交付方式；B—传统的设施管理数据库系统；C—包括工程交付和运营过程的基于 BIM 的交付方式；D—设施管理数据库设置；E—设施管理和后台办公系统的集成；F—使用竣工图作为改建的基础；G—设施管理数据库的更新。

BIM 在运维中的应用在一定程度上取决于运维管理软件的发展，国外在这方面很发达，一般称为 CAFM（Computer-Aided Facility Management）软件行业，这是与 CAD（Computer-Aided Design）同时期诞生的术语，目前较新的术语则是 IWMS（Integrated Workplace Management System），而国内受制于管理模式尚未成熟，普及率、信息化水平较低等制约因素，导致这个软件细分市场还没有很好地成长起来。

BIM＋FM 的解决方案受软件平台、技术专家和管理顾问的水平制约较大，通常需要技术力量较强的三类专家（BIM 技术专家，拥有 FM 开发经验的 IT 开发专家，FM 管理顾问）才能够确保项目成功，这导致市场上可以直接采用的成熟解决方案较少，在客户不同等级的预算水平和目标水平上可选择性都不多。

纵观国内市场上各种可行的技术方案，比较可能成功实施的主要有以下三类：

（1）成熟 FM 平台＋BIM 模型（上海申都大厦）；

（2）自行开发 FM 平台＋BIM 模型（上海金桥开发区五维园区平台）；

（3）基于 BIM 模型技术开发 FM 平台（上海碧云社区市政维护管理系统）。

以下简介主要以第一种成熟技术为例进行介绍。成熟技术包括两方面：

（1）成熟的 BIM 平台，以 Autodesk 公司 Revit 为例；

（2）成熟的运维管理平台，以 ARCHIBUS 平台为例。

ARCHIBUS 平台是 B/S 结构的，即一般业务用户只需要浏览器就可以访问数据库和进行业务操作，所有数据和应用程序都在服务器上。

ARCHIBUS 的功能模块基本上代表了国外的 FM 管理模式，凡能够被信息化的管理职能在软件中均有体现，其数据结构、可扩展性、可靠性和功能完整性都已经达到了很高的成熟度，如图 6-7 所示。

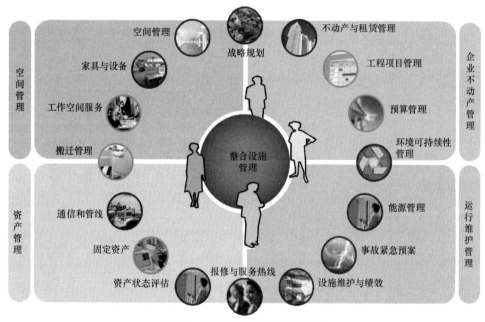

图 6-7 ARCHIBUS 主要功能模块

Revit 与 ARCHIBUS 的集成方法：ARCHIBUS 专门为 Revit 开发了插件，供 BIM 的使用者随时与运维平台之间进行数据的互操作。在 Revit 和 ARCHIBUS 之间，可以通过这个插件进行数据的双向操作，如图 6-8 所示。

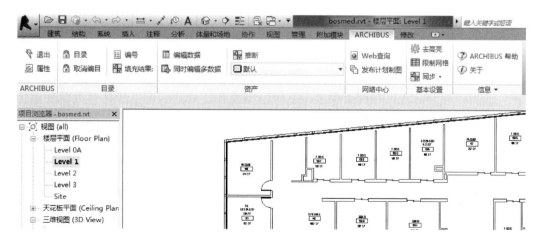

图 6-8 Revit 软件中的 ARCHIBUS 插件

这种利用插件进行数据传递的做法在 30 多年前就出现过：ARCHIBUS 在 1983 年最早期的版本就有针对 AutoCAD 的插件，以方便建筑设计与运维管理之间的数据相互操作，只不过图形使用的是平面图，这可以理解为一种"二维的 BIM"。而到现如今的 BIM 时代，即使原始模型是三维的，在进入空间管理日常操作的界面时，还仍然是以使用二维平面图为主。在 ARCHIBUS 空间管理模块中查看空间图形和数据，如图 6-9 所示。

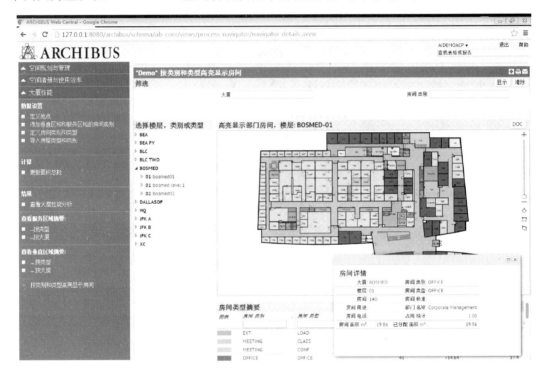

图 6-9   在 ARCHIBUS 空间管理模块中查看空间图形和数据

来自 BIM 模型的空间数据进入 ARCHIBUS 之后，极大节省了数据录入的工作量。原先进行这种数据初始化的工作量巨大，经常导致使用单位望而却步。此处的图形格式采用的是 Adobe 公司的 Flash 技术，这个技术允许在网页中显示图像，并与数据库进行互动操作，如图 6-10 所示。

在 ARCHIBUS 网页界面中展示三维模型查看设备属性，同时给设备建立预防性维护计划程序。图 6-11 的模型是取自 Autodesk 的云计算平台 BIM360 数据库，这是 Autodesk 的新一代 BIM 平台，允许在网页中进行三维模型操作，由此图可见的是背景模型虚化、高亮选中的设备、显示来自 Revit 的构件树及设备属性。

同样，在 Revit 软件中也可以调用来自 ARCHIBUS 网络数据库的设备数据，其中的设备照片与数据都是存储在 ARCHIBUS 数据库中，被 Revit 通过插件调取出来。此处是调用的 ARCHIBUS 交付功能验证模块，当一台设备被设计时应当具备的性能都已先期植入在 ARCHIBUS 数据库中，虽然有些经验数据来自于此机构在这个工程项目开展之前的若干年积累而得，但是在设计、采购和施工过程需要不断比对这个设计目标，就需要在 Revit 中调用运维平台的数据。

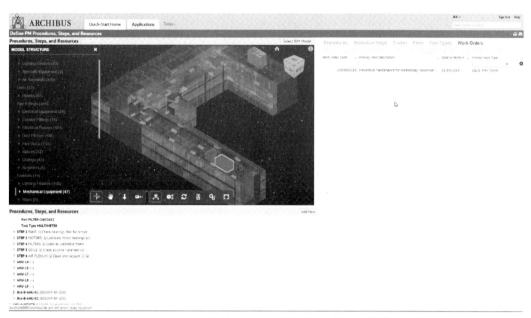

图 6-10　在 ARCHIBUS 预防性运维管理模块中查看模型、数据和维护计划

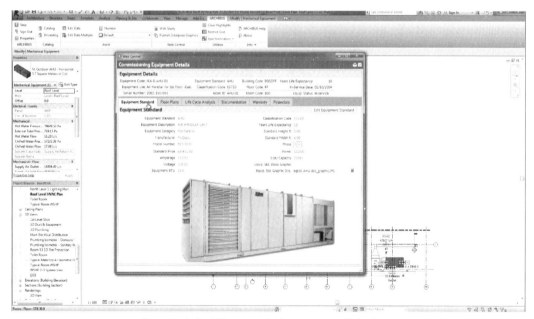

图 6-11　在 Revit 中查看模型所对应的 ARCHIBUS 数据库中的设备数据

本章小结

　　BIM 运维应用是一个前景广阔但是还未被充分挖掘的领域，在大建设时代向运营时代切换到过程中，运维 BIM 将会逐渐成为越来越重要的应用领域，也将会产生越来越多高附加值的做法。

思考与练习题

6-1   建筑全生命周期的概念是什么？如何理解。

6-2   运维的含义及特点是什么？

6-3   如何使 BIM 技术运用在建筑运维方面，有哪些应用点？

第7章 BIM的应用展望

本章要点及学习目标

本章要点：
(1) BIM技术的未来发展趋势。
(2) BIM技术与三维激光扫描、3D打印、增强现实等技术的集成应用方案及优势。

学习目标：
(1) 了解BIM技术的未来发展趋势。
(2) 了解BIM技术与三维激光扫描、3D打印、增强现实等技术的集成应用方案及优势。

7.1 BIM的发展趋势总述

7.1.1 统一化

1. 背景及障碍

BIM是以建筑工程项目的各项相关信息数据作为基础，为建设项目全生命周期设计、施工和运营服务的"数字模型"。随着建筑业信息化进程的不断加快，BIM技术的应用已经成为提升施工项目管理水平和企业核心竞争力的关键。

2002年，BIM这一方法和理念由欧特克公司率先提出，身为建筑大国的中国，一直为在国内推广BIM技术在各方面应用不断做出努力。然而，施工阶段的BIM应用还存在很多问题。设计模型未能传递到施工阶段，大部分施工企业都自己创建模型，数据流动性差，资源浪费严重。

2. 国内外现状分析

在国内，近几年涌现出了一系列BIM软件公司，例如广联达、鲁班、斯维尔等，都一步步地推广自己的BIM软件和思想。由于国内BIM软件的开发都是基于自身算量软件，并且其所依赖的平台软件也有一定的区别，例如鲁班软件大多基于CAD2012或者CAD2006，而广联达则是基于自行开发的模型绘制软件，因此对于BIM软件使用者来说，使用国内不同BIM软件商提供的BIM建模软件并不能够做到模型的统一建立和使用。

在国际上，作为BIM技术基础的IFC（工业分类基础标准）、IFD（数据框架字典）、IDM（信息交付手册）仍不成熟且难以适应我国国情。在中国，BIM还处于行业推广阶段，在BIM设计标准、BIM模型建立、BIM交付、BIM模型应用等方面缺乏统一的实施标准和规范。

图 7-1 国内外软件统一化

3. BIM 发展趋势

随着我国建筑业 BIM 技术进程的不断推进，BIM 平台和 BIM 标准的统一化已成为一种趋势。统一标准的制定是 BIM 技术推广与应用的关键所在，如图 7-1 所示，国内不同 BIM 软件商之间的模型共用统一平台的构建也会是本土化 BIM 战略中不可缺少的一环。

7.1.2 协同化

BIM 技术的突出特点和优势就在于 BIM 技术能够实现各项目参与方之间的协同作业，如图 7-2 所示。

1. 设计协同化

BIM 的协同性体现在项目成员的协同化设计中，所有的项目成员共用同一标准进行该项目各专业的设计，并且在设计中实现并行设计，及时准确地沟通，减少因沟通缺失或受阻导致的一系列设计问题，避免引发大范围的设计变更、索赔等。

2. 施工协同化

BIM 的协同性体现在施工的协同性。BIM 的施工协同机制体现在施工前以及施工中的施工模拟，BIM 技术的碰撞检查功能能够有效地整合设计和施工两个阶段，更有效率地解决在施工过程中可能发生的图纸问题。同时，结合施工现场的具体情况，及

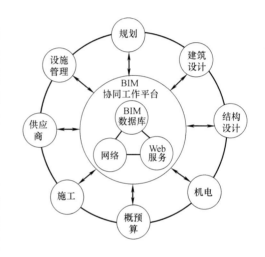

图 7-2 BIM 协同作业示意图

早发现存在的施工问题并针对该问题提出解决的方法，节约时间和资源。

3. 模型参数化更新

BIM 的协同性还体现在模型的参数化更新中。随着工程进入不同的施工阶段，BIM 模型也在不断地更新中，不同建设阶段的项目参与方共用一个不断完善、更加接近现实施工场景的模型，实现不同建造阶段的协同作业。当然，BIM 的协同化也可以理解为 BIM 技术为项目建设提供了一个信息实时交流的平台，实现在特定平台上项目各参与方的协同作业。

4. BIM 协同发展的阻碍与趋势

建筑业信息化水平不断提高，如表 7-1 所示 BIM 技术的使用提高了设计、施工阶段的效率和效果。然而，BIM 技术的应用仍然存在一定的瓶颈问题，阻碍着 BIM 技术在建筑领域的深入发展。对于设计单位来说，BIM 技术的使用成为核心竞争力的重要组成部分，然而，不少设计单位并不倾向于抛弃使用多年的 CAD，转而使用可视化、参数化更强的 BIM 技术。同样，对于施工单位而言，传统的施工方式已成为习惯，难以在很短的时间内接受并使用未来期望值不确定的新兴信息技术。进一步来说，设计单位的 BIM 模

型更多地用于招标投标，很难将 BIM 模型传递至施工阶段，实现全生命周期的 BIM 运用，这也就失去了 BIM 存在的核心价值。

CAD 和 BIM 协同设计比较   表 7-1

比较项目	CAD 协同设计	BIM 协同设计
综合功能	效果图、构建尺寸、虚拟现实	效果图、虚拟现实、集成信息、碰撞检查、设计分析、图纸综合管理
联动性	根据需要逐一修改	修改一处，处处联动
参数化模型	无模型	有模型

尽管阻碍重重，但 BIM 技术所带来的革命性的意义是前所未有的。目前，国家推行"互联网＋"，强调信息技术的重要性，在国家以及行业的大力推进下，BIM 技术将会引领建设项目全生命周期内各项目参与方的全面协同，这也是 BIM 技术发展的必然趋势。

7.1.3 集成化

集成化是 BIM 技术与 CAD 技术的根本区别所在，BIM 模型中集成了建筑中所有构件的几何信息和技术信息，贯穿于项目建设的全生命周期。然而，在这一节中，我们所提到的集成化趋势并非赘述 BIM 模型的信息高度集成化，而是强调在如今信息技术高速发展的社会，基于 BIM 技术的二次开发以及 BIM 与新兴信息技术的融合已经成为一种趋势。

1. 基于 BIM 的二次开发

如今的建筑项目朝着大型化、复杂化、智能化发展，仅仅依靠 BIM 技术实现建模、算量、碰撞检测、可视化检查已经不能满足当今社会的需求，也无法解决层出不穷的技术问题。在技术水平要求不断提高的情况下，BIM 技术解决问题能力的不足与高技术水平要求直接的矛盾日益突出，BIM 的平台作用日益明显。为了应对建设行业中的各专业的各类问题，技术人员已经对于 BIM 技术做出了一定的二次开发成果，将 BIM 模型作为载体，例如基于 Revit 的插件开发、支吊架设计插件、BIM 族库管理系统、基于 BIM 数据的施工管理软件开发、基于 BIM 数据的运营维护管理软件开发、基于 WebGL 和 OpenGL 的 BIM3D 查看模块，支持浏览器、手机、客户端、基于 ARCHIBUS 的开发（运营维护）等。

2. BIM 与信息技术的集成应用

面对比比皆是的技术问题，信息技术的优势显得格外突出，基于 BIM 提供的建设项目的全面信息，同时，融合各种信息技术，产生建设问题的集成化解决方案。

BIM 与相关技术和方法融合的概念，衍生出 BIM＋CAD、BIM＋可视化、BIM＋参数化建模、BIM＋GIS、BIM＋BLM、BIM＋RFID 等。在"互联网＋"如火如荼推进的时代，"BIM＋"也作为一种新兴的建造模式被提出，如图 7-3 所示，BIM 与高新信息技术的集成化应用是当代建筑业发展的必然趋势，也是 BIM 技术内

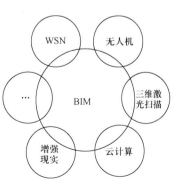

图 7-3   "BIM＋"集成示意图

涵和地位的体现和发展。

7.2 BIM 与物联网的集成应用

7.2.1 物联网技术特点和优势

当今社会是一个信息爆炸的社会，如何高效率地获得和处理海量的信息是一个亟待解决的问题。BIM 技术实现了建筑中各构件的信息集成，而如何将模型中的信息运用到实际施工中来，将 BIM 软件中的模型构件与现实中的构件相结合，用模型来指导施工，是一个需要思考的问题。

互联网实现了地球上人与人之间的互联互通，使世界连成了一个整体。然而现实中的物体并不具有使用工具的能力，因此，单纯依靠互联网并不能实现物与物之间的联系。物联网（Internet of Things）技术的出现实现了物与物的联系，物联网的核心和基础是互联网，是在互联网基础上的延伸和扩展的网络。

IBM 公司在 2008 年提出了"智慧地球"的概念，强调了把实现更广泛的互联互通作为智慧地球的一个突出特点。另外，物联网中的一大核心技术——无线射频识别技术 RFID（Radio Frequency Identification），可通过无线电信号识别特定目标并读写相关数据，而无需识别系统与特定目标之间建立机械或光学接触。RFID 技术为物联网的构建提供了所需数据的采集方式，进而通过互联网传输到信息处理中心，实现信息的处理和应用。

7.2.2 BIM & 物联网的集成应用方案

BIM 与物联网的集成应用在装配式建筑中应用较为广泛，BIM 技术在装配式建筑施工管理中的应用主要包括三个部分：施工场地管理、5D 动态成本控制和可视化交底。RFID 技术在装配式建筑施工管理中应用不同于传统的建筑工程施工作业管理，装配式建筑的施工管理过程可以分为五个环节：制作、运输、入场、存储和吊装。

现代信息管理系统中，BIM 与 RFID 分属两个系统——施工控制和材料监管。将BIM 和 RFID 技术相结合，建立管理平台，如图 7-4 所示。即在 BIM 模型的数据库中添加位置属性和进度属性，能够实现构件在模型中的位置和进度信息的可视化，具体如下：

（1）构件制作、运输阶段。以 BIM 模型建立的数据库为数据基础，RFID 收集到的信息及时传递到基础数据库中，并通过定义好的位置属性和进度属性与模型相匹配。此外，通过 RFID 反馈的信息，预测构件是否能按计划进场并做出实际进度与计划进度对比分析，适时调整进度计划或施工工序，避免出现窝工或构配件的堆积，以及场地和资金占用等情况。

（2）构件入场、存储阶段。构件入场时，RFID 阅读器将读取到的构件信息传递到数据库中，并与 BIM 模型中的位置属性和进度属性相匹配，保证信息的准确性；同时通过BIM 模型中定义的构件的位置属性，可显示各构件所处区域位置，在构件或材料存放时，做到构配件精确堆放，避免二次搬运。

（3）构件吊装阶段。若只有 BIM 模型，单纯地靠人工输入吊装信息，信息传递的正确性和及时性无法得到保证；若只有 RFID，则只能在数据库中查看构件信息，通过二维图纸进行抽象的想象，仅凭借个人的主观判断，其结果可能不尽相同。BIM＋RFID有利于信息的及时传递，从具体的三维视图中呈现及时的进度信息。

在项目的建设过程中，通过融合BIM和物联网技术，可以实现BIM模型与施工现场构件的紧密结合，并在实践中不断完善模型，真正做到用BIM技术来指导施工。另外，如图7-5所示，BIM＋RFID的融合应用还用于施工安全管理，可实现建筑工人高处坠落的可视化识别和事故的智能预警等。

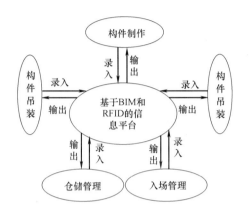

图 7-4　BIM＋RFID 构件管理系统

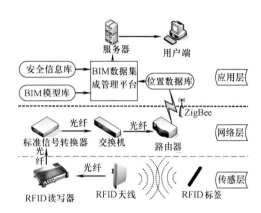

图 7-5　BIM＋RFID 建筑工人高处坠落预警系统

7.3　BIM 与云计算的集成应用

7.3.1　云计算优势及发展障碍

1. 云计算简介

云计算（Cloud Computing）是基于互联网的相关服务的增加、使用和交付模式，通常涉及通过互联网来提供动态易扩展且经常是虚拟化的资源。它大量使用分布式计算机，而非本地计算机或远程服务器，企业数据中心的运行将与互联网更相似。这使得企业能够将资源切换到需要的应用上，根据需求访问计算机和存储系统。云计算具有规模大、虚拟化程度高、可靠性高、通用性强、经济性强等特点。

2. BIM 与云计算集成应用优势

云计算技术的快速发展推动了BIM技术的进步，可实现很多超大型BIM工程一次性完整建模，这在传统的工作站模式下是无法完成的。相关学者认为，云技术在BIM中的应用为设计方、业主方和施工方创建了一种非常高效的合作模式，这将对BIM技术在中国的快速推广发挥重大推动作用。在中国，由BIM设计完成的建筑模型在全国的占比不到1％，但是在欧洲和日本，用BIM来设计的建筑模型已占到本国的20％以上，在美国这一比例更是高达65％。有业内人士分析，中国BIM发展缓慢的原因很大程度上是因为传统的IT平台无法满足BIM技术的需求。

3. BIM 与云计算集成应用障碍

BIM 基于三维的工作方式，相比二维建筑模型软件，对硬件的计算能力和图形处理能力的要求更高，而且在 BIM 应用中，异地多公司、多团队经常需要协同工作，跨地域、跨系统合作中文件的安全保证也是问题的所在。在 BIM 项目中，大量的三维设计和渲染工作需要同时进行，这对硬件的图形渲染能力和计算能力提出非常高的要求，如果采取通用的云计算技术价格并不便宜，再加上用户需要熟悉通用的云计算操作系统还需要大量时间，其时间成本和价格成本都非常高。

7.3.2 基于云计算的 BIM 系统架构

随着计算机技术的发展，云计算是当前 IT 及相关行业研究和应用较多的一项新技术，它为这些行业带来一种廉价和高效的软件应用模式，即服务模式。采用云计算的 BIM 系统，可克服传统模式 BIM 技术应用所受的各种限制，并能充分发挥 BIM 技术收集各种数据、集成度高的多维建模优势。

现有的基于云计算的 BIM 技术应用方案的框架如图 7-6 所示，包括了支撑层、应用层、门户层和用户层。支撑层主要包括支撑平台运行的各种物理资源和虚拟资源，形成 BIM 技术应用的云计算基础环境；应用层包括了各类 BIM 应用程序子层和数据类型子层，该层主要将建筑处理及信息服务组件按 Web Service 标准进行封装，并能通过工作流引擎进行业务流程建模；门户层提供了用户注册、计费、权限分配、界面、目录和个性化等服务，这是保证 BIM 技术应用平台良性运行的保障；用户层涵盖了建筑领域的各类用户，用户只要通过授权，可利用终端设备，一般包括通用 PC、工作站、平板电脑、智能手机和传感器（收集数据）等通过门户层使用 BIM 软件功能服务、数据服务、开发环境、高性能计算和存储服务。

根据 BIM 技术应用特点，云模式 BIM 技术应用平台，应是计算和存储兼有的平台类型，如图 7-7 所示，BIM 云服务可部署在公共云、私有云或两者混合的云拓扑上。出于对

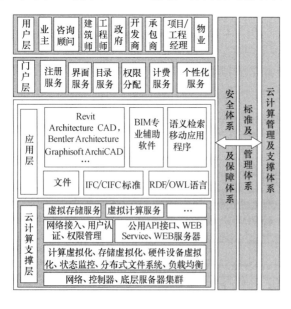

图 7-6　基于云计算的 BIM 应用架构

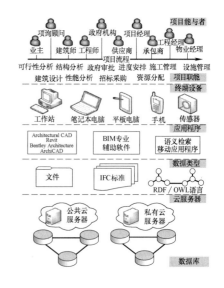

图 7-7　BIM 云系统实施架构

安全和性能的考虑，企业可在自己的 IT 基础设施上组建私有云，结合公共云组成混合云则具有更高的灵活性和成本优势。云 BIM 技术应用实施可基于开源和商业模式，传统平台下 BIM 应用接口和中间件较丰富，将已有的应用接口和中间件转化为云平台服务接口和相应服务，是云 BIM 技术应用走向成功的快速捷径。

7.3.3 BIM 与云计算集成应用的发展趋势

云计算技术为 BIM 技术的发展解决了硬件资源限制的问题，使得 BIM 技术能够快速地融入信息量大、复杂程度高的建设工程领域，提高信息处理的能力和效率，实现信息的实时更新，云计算能够将 BIM 能力延伸到施工现场，但需要有良好的网络带宽条件作为支撑。然而，目前我国大部分施工现场都缺乏联网条件，而移动 4G 网络的覆盖度和资费标准也不足以满足使用需求。除了从应用层面进行机制创新（如增加对离线场景的支撑等），正在全面加强的网络基础设施建设将是根本的解决之道。

BIM 与云计算的集成应用方案拥有广阔的市场前景，必定会成为 BIM 技术在建筑领域蓬勃发展的强大驱动力。

7.4 BIM 与增强现实的集成应用

7.4.1 增强现实技术特点及优势

增强现实技术（Augmented Reality，AR），是一种实时地计算摄影机影像的位置及角度并加上相应图像的技术，其目标是在屏幕上把虚拟世界套在现实世界并实现互动。增强现实技术，它是一种将真实世界信息和虚拟世界信息"无缝"集成的新技术，是把原本在现实世界的一定时间和空间范围内很难体验到的实体信息（视觉信息、声音、味道、触觉等），通过电脑等科学技术，模拟仿真后再叠加，将虚拟的信息应用到真实世界，被人类感官所感知，从而达到超越现实的感官体验。

增强现实技术的特点在于真实世界和虚拟世界的信息集成、实时交互性以及在三维尺度空间中增添定位虚拟物体。与虚拟现实技术（Virtual Reality，VR）让用户完全沉浸在虚拟环境中不同，AR 技术是将计算机生成的虚拟物体、场景或系统提示信息无缝地融合到用户所看到的真实场景中，借助显示设备对真实世界进行景象增强的技术，提高使用者对真实世界的感知能力。

7.4.2 BIM 与增强现实技术集成应用方向

1. 施工前的应用

基于 AR 技术的特点和优势，BIM＋AR 的集成应用方案能够实现施工前的计划检查，即通过 BIM 技术和 AR 技术的可视化特点，进行施工前设计方案和施工方案的可行性检查和分析，减少返工、方案不可行导致的工期拖延、窝工等问题。

BIM＋AR 的集成应用方案能够提供施工前的培训和教育，从施工方法培训到安全教育等多方面的指导建设施工，针对关键的质量控制点，提取相应构件的 BIM 模型信息，对施工工序进行模拟并制成相应的模拟动画，然后借助 AR 技术将三维模型或模拟动画等不同形式的教育培训材料叠加到真实场景中，将其生动形象地呈现在用户的眼前。

2. 施工过程中的应用

如图7-8和图7-9所示，可以运用以BIM技术作为建筑物的施工建造背景，以AR技术模拟出现实的施工场景，检测工人独立辨别施工危险的相关能力和意识；BIM＋AR的集成应用方案能够在施工过程中提供现场指导，在施工过程中，如果工人对某项活动的施工过程存在困惑，工人可通过佩戴装配有AR技术的可穿戴设备直观地观察施工现场复杂部位的施工方式和施工过程，如图7-9所示，将三维模型或施工动画等呈现在工人眼前，从而指导施工，实现建筑工人的辅助作业，这种边指导边施工的方法具有良好的视觉效果和用户体验，有利于工人准确、高效、轻松地完成工作。

3. 施工完成后的应用

BIM＋AR的集成应用方案能够为施工后的质量检查提供参考的依据。首先，将BIM模型作为质量检查依据，并转化为AR程序可以调用的模型文件，再通过AR程序将模型与标识按对应关系匹配成功。管理人员向其他人员说明清楚标识和相对应的实体构件的位置，继而针对已完工程，工人在指定的位置放置相应的标识上，将两者对比便能很快识别出缺陷和错误。工人对检查比对的结果进行截图，发送给管理人员和检查人员，当发现问题时，便会立即要求工人停止相关工作，并发送返工指令，待返工完成后，重复检查直至合格。

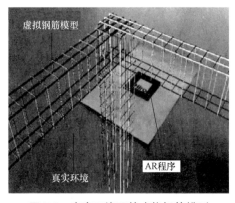

图7-8　真实环境下的虚拟钢筋模型　　　图7-9　真实环境下的虚拟钢筋的施工作业

BIM＋AR的集成应用方案综合了BIM技术的可视化、集成化、参数化优势以及AR技术真实性强、实时交互性的特点，使得虚拟的BIM模型真实性更强，充分发挥了BIM模型实实在在指导施工的作用，是一种新型的集成应用方案，对于解决复杂施工问题有着独特的技术方法，在施工安全和施工技术领域有着广阔的应用前景。

7.5　BIM与三维激光扫描的集成应用

7.5.1　三维激光扫描技术特点及优势

三维激光扫描是通过连续的发射激光，将空间信息以点云（Point Cloud）形式记录，采集范围更可达360°×270°以上，扫描距离可以到达1～6000m，通过拼接等技术手段，可实现更大的扫描范围，真正实现所见即所得的效果，其有着扫描速度快、精度高、红外探测、数字化建模的特点。在建设项目建设过程中，结合计算机视觉技术、无人机技术可以用于施工区域内的施工全过程监控、安全设备检查等，很大程度上减少了施工管理人员的工作量，提高了管理效率。

7.5.2　三维激光扫描技术的应用

三维激光扫描技术于20世纪90年代末在欧美研发，近年来已逐步广泛应用于测量、设计、文物保护、施工监控、三维数字化、现场快速记录及备份、三维数据库及建模分析等，还可以通过三维激光扫描设备自身携带的影像设备来获取物体的影像信息。

三维激光扫描技术能够实现对现存不同大小的物体做快速三维数字化扫描，例如小的机器零件、整座楼房等。将影像信息和方位信息结合，能够实现快速获取三维物体影像和方位信息的目的。如图7-10和图7-11所示，目前三维激光扫描技术主要用于三维测量、三维可视化设计、三维建模、文物保护和修复领域。

图7-10　基于BIM+三维激光扫描的管道施工　　图7-11　建筑物的三维激光扫描模型

7.5.3　BIM与三维激光扫描的集成应用方向

在建设工程领域，三维激光扫描技术的应用相当广泛，三维激光扫描技术与BIM技术的集成应用方案能够用于实现施工前的方案设计校对、施工过程中的变形监测、部分施工过程完成后的可视化核准以及全部工程完工后的拟建项目模型与已完工程项目的综合比对。

简单地说，BIM技术提供了拟建建筑的三维BIM模型，用于与三维激光扫描技术扫描、处理之后生成的三维模型作比对，经过计算、分析之后得到BIM模型与实测模型在各方面的差异，从而作为项目建造质量与效果的评价。另外，三维扫描技术、BIM技术与计算机视觉技术的集成应用，能够实现建筑物三维场景的重建，可用于施工现场复原、灾后原因调查等方面。

7.6　BIM与3D打印的集成应用

7.6.1　3D打印技术及特点

3D打印技术是快速成型技术的一种，它是一种以数字模型文件为基础，运用粉末状金属或塑料等可粘合材料，通过逐层打印的方式来构造物体的技术。

3D打印机工作原理：当打印机开始工作时，软件通过电脑辅助设计技术完成一系列数字切片，并将这些切片的信息传送到3D打印机上，后者会将连续的薄型层面堆叠起来，直到一个固态物体成型。它的上千个喷嘴中会同时喷出沙子和一种镁基胶。这种特制的胶水会将沙子粘成像岩石一样坚固的固体，并形成特定的形状，然后只需要按照预先设定的形状一层层喷上这种材料，最终就可以"打印"一个完整真实的立体物体。

3D打印机功能上与激光成型技术一样，采用分层加工、叠加成型，即通过逐层增加材料来生成3D实体，与传统的去除材料加工技术完全不同。3D打印机与传统打印机最大的区别在于它使用的"墨"是实实在在的原材料，如橡胶、塑料、金属，甚至生物材料等均可成为3D打印原料。3D打印机既不需要用纸，也不需要用墨，而是通过电子制图、远程数据传输、激光扫描、材料熔化等一系列技术，使特定金属粉或者记忆材料熔化，并按照电子模型图的指示一层层重新叠加起来，最终把电子模型图变成实物。

7.6.2　3D打印技术应用现状

目前，3D打印技术已经在建筑领域得到了应用并且取得了不错的成果。在2014年8月，10幢3D打印建筑在上海张江高新青浦园区内交付使用，作为当地动迁工程的办公用房。这些"打印"的建筑墙体是用建筑垃圾制成的特殊"油墨"，按照电脑设计的图纸和方案，如图7-12和图7-13所示经一台大型3D打印机层层叠加喷绘而成，10幢小屋的建筑过程仅花费24h。

图7-12　3D房屋打印示意图

图7-13　3D打印实体房屋

7.6.3　BIM＋3D打印技术优势及发展障碍

当今社会，装配式建筑逐渐引起了人们的重视，装配式建筑的高效、绿色、标准化程度高是其能够在建筑业独占鳌头的突出特点。在装配式建筑中，如何做到构件的统一化、标准化预制是亟待解决的问题。

对于这种模块化、标准化的特点，3D打印技术恰好能够高效地完成相应的生产任务，如图7-14所示，运用BIM＋3D打印技术可以简化复杂的管道系统的施工过程，进而使用BIM技术代替原来使用的CAD技术。直接使用BIM模型中各构件的相关几何与技术信息，能够更加高效地实现从BIM模型信息到3D打印信息的转化，更加方便、快捷地使用必要的信息。但是3D打印技术还正处于快速发展的阶段，3D打印机的数据格式在国际上也没有统一的标准。

目前，用于建筑行业的 3D 打印机多为自主开发，数据格式混乱，部分企业甚至还将其作为核心机密予以保护，这就使得制定 BIM 模型与 3D 打印机统一的数据接口十分困难，制约了 BIM 技术与 3D 打印技术的融合。

图 7-14　BIM＋3D 打印的管道系统

7.6.4　BIM＋3D 打印技术发展趋势

随着技术的发展，现阶段 BIM 技术与 3D 打印技术集成所存在的许多技术问题将会得到解决，3D 打印机和打印材料的价格也会趋于合理。应用的成本下降会扩大 3D 打印技术的应用范围和数量，进而促进 3D 打印技术的进步，随着 3D 打印技术的成熟，施工行业的自动化水平也会得到大幅提高。BIM 与 3D 打印的集成应用必将随着 3D 打印技术的发展而成为装配式建筑中的主流技术。

本章小结

本章指明了 BIM 技术的未来发展趋势为统一化、协同化和集成化，并重点介绍了 BIM 技术与物联网、云计算、增强现实技术（AR）、三维激光扫描、3D 打印等技术的集成应用方案及优势。

通过融合 BIM 和物联网技术，可以实现 BIM 模型与施工现场构件的紧密结合，并通过在实践中不断完善模型，真正做到用 BIM 技术来指导施工。

云计算技术为 BIM 技术的发展解决了受硬件资源限制的问题，使得 BIM 技术能够快速地融入信息量大、复杂程度高的建设工程领域，提高了信息处理的能力和效率，实现了信息的实时更新，云计算能够将 BIM 能力延伸到施工现场，但需要有良好的网络带宽条件作为支撑。

BIM＋AR 的集成应用方案综合了 BIM 技术的可视化、集成化、参数化与 AR 技术真实性强、实时交互性的特点，使得虚拟的 BIM 模型更加真实，充分发挥了 BIM 模型实实在在指导施工的作用，是一种新型的集成应用方案，对于解决复杂施工问题有着独特的技术方法，在施工安全和施工技术领域有着广阔的前景。

三维激光扫描技术与 BIM 技术的集成应用方案能够用于实现施工前的方案设计校对、施工过程中的变形监测、部分施工过程完成后的可视化核准以及全部工程完工后的拟建项目模型与已完工程项目的综合比对。

运用 BIM＋3D 打印技术可以简化复杂的管道系统的施工过程，使 BIM 技术代替原来使用的 CAD 技术，直接使用 BIM 模型中各构件的相关几何与技术信息，能够更加高效地实现 BIM 模型信息到 3D 打印信息的转化，更加方便、快捷地使用必要的信息。

思考与练习题

7-1　你认为目前阻碍 BIM 技术在中国推广和应用的最大障碍是什么？

7-2　你认为BIM与物联网的集成应用的核心优势是什么？

7-3　请比较"云平台"和常规单机平台的BIM系统在配置、功能、成本等方面的差异。

7-4　请查找并探索如何将使用BIM建立的三维模型转换为VR、AR中的场景？有哪些软件可用？

7-5　请思考BIM建立的三维模型能够直接作为3D打印的基础模型吗？

参 考 文 献

[1] 丁烈云. BIM 应用. 施工［M］. 上海：同济大学出版社，2015.

[2] 焦柯. BIM 结构设计方法与应用［M］. 北京：中国建筑工业出版社，2016.

[3] 中华人民共和国住房和城乡建设部. 绿色建筑评价标准（2024 年版）：GB/T 50378—2019［S］. 北京：中国建筑工业出版社，2014.

[4] 何关培. 如何让 BIM 成为生产力［M］. 北京：中国建筑工业出版社，2015.

[5] 李久林. 智慧建造理论与实践［M］. 北京：中国建筑工业出版社，2015.

[6] 李建成. BIM 应用·导论［M］. 上海：同济大学出版社，2015.

[7] 工信部电子行业职业技能鉴定指导中心. BIM 应用案例分析［M］. 北京：中国建筑工业出版社，2016.

[8] 冯康曾. 节地·节能·节水·节材：BIM 与绿色建筑［M］. 北京：中国建筑工业出版社，2015.

[9] 刘占省. BIM 技术与施工项目管理［M］. 北京：中国电力出版社，2015.

[10] 查克. 伊斯曼，保罗·泰肖尔兹，拉斐尔·萨克斯，等. BIM 手册［M］. 耿跃云，尚晋，译. 北京：中国建筑工业出版社，2016.

[11] 丁烈云. 建造平台化［J］. 施工企业管理，2022（6）.

[12] 丁烈云. 大数据驱动的工程决策［J］. 施工企业管理，2022（10）.

[13] 丁烈云. 智能技术促进绿色城市建设［J］. 城乡建设，2022（5）.

[14] 李美华，夏海山，李晓贝. BIM 技术在城市规划微环境模拟中的应用［J］. 施工企业管理，2018（5）.

[15] 李建成，卫兆骥，王沽. 数字化建筑设计概论［M］，北京：中国建筑工业出版社，2015.

[16] 何关培，BIM 技术基础［M］. 2 版. 北京：中国建筑工业出版社，2018.

[17] 欧特克软件（中国）有限公司. Revit Architecture 2024 官方标准教程［M］. 北京：人民邮电出版社，2023.

[18] 张建平. BIM 技术的数据标准与交换机制研究［M］. 北京：清华大学出版社，2019.

[19] 赵雪锋. BIM 基础技术在建筑性能模拟中的应用［J］. 建筑科学，2020，36（10）.

[20] 李竹. BIM 技术在医院建筑工程中的应用案例解析［M］. 北京：中国建材工业出版社，2022.

[21] 中国 BIM 联盟. 2023 年中国 BIM 技术应用行业发展白皮书［R］. 2023.

[22] 李智. BIM 模型与数据资产关系的若干思考［J］. 土木建筑工程信息技术，2024（16）.

[23] 杨松霖，等. AI 审图机器人在消防图审业务运营管理系统中的应用［J］. 土木建筑工程信息技术，2024（16）.

[24] 潘有岩. 基于 IFC 的结构 BIM 模型创建和数据管理技术研究和实现［J］. 土木建筑工程信息技术，2024（16）.

[25] 梁成业. BIM 集成技术在"一带一路"援建工程的数字化设计应用［J］. 土木建筑工程信息技术，2024（16）.

[26] 郭峰. 基于数字孪生的智慧建筑综合管控技术研究［J］. 土木建筑工程信息技术，2024（16）.

[27] 黄俊炫. 基于多元复核映射的道路交通数字孪生体系研究［J］. 土木建筑工程信息技术，2024（16）.